大学研究型课程专业教材

地理与海洋科学类

数字地球导论

吴国平 李 闽 著

南京大学出版社

图书在版编目(CIP)数据

数字地球导论 / 吴国平，李闽著. —南京：南京大学出版社，2018.8(2023.8 重印)
大学研究型课程专业教材. 地理与海洋科学类
ISBN 978-7-305-20552-1

Ⅰ. ①数… Ⅱ. ①吴…②李… Ⅲ. ①数字地球—高等学校—教材 Ⅳ. ①P208

中国版本图书馆 CIP 数据核字(2018)第 163745 号

出版发行 南京大学出版社
社　　址 南京市汉口路 22 号　　　邮　编 210093
出 版 人 金鑫荣

书　　名 数字地球导论
著　　者 吴国平　李　闽
责任编辑 陈　露　吴　汀　　编辑热线 025-83593947

照　　排 南京紫藤制版印务中心
印　　刷 江苏凤凰数码印务有限公司
开　　本 787×960　1/16　印张 19.75　字数 308 千
版　　次 2018 年 8 月第 1 版　2023 年 8 月第 2 次印刷
ISBN 978-7-305-20552-1
定　　价 88.00 元

网　　址:http://www.njupco.com
官方微博:http://weibo.com/njupco
官方微信:njupress
销售咨询热线:(025)83594756

总　序

研究生是高校学术研究的主力军。他们的独特优势在于热情一旦被激发，巨大的能量将在瞬间释放，足以化解众多科学难题。纵观科学发展历史，多数学者后来取得的重要成果和学术声誉的基础，是在研究生阶段奠定的。当然，优势不会凭空转化为胜势，还需要一些基本的条件。

首先，研究生要有过硬的写作功夫。学术写作的要点是清晰表述事实、阐明逻辑关系。刻画事实如同画家给人画像，准确、逼真、神似是应追求的标准。各种事实之间、事实与理论之间、不同理论之间隐含着严密的逻辑，揭示这些逻辑关系要通过论说来实现，一篇论文的水平在很大程度上就是论说的水平，具体而言就是解释、比较、讨论的水平。平时多写短文，每年完成从一定数量的学术论文，这是提高写作水平的有效途径。

其次，研究生要有攻克科学难题的勇气。科学发展的历史就是不断克服困难的历史；如今，人类虽然获得了许多知识，但尚未攻克的难题更多。研究生是有能力应对其中部分难题的，他们不应该由于学校的考核标准压力而忽视了自身的潜力，限制了自身的发展。如果能够找到合适的研究切入点，从相对容易的论题入手，取得初步成果，然后逐步深入，以少积多，最终将能完成一项原本难以想象的任务。研究切入点的确定要靠研究生的主观努力，阅读文献、参加学术会议、与指导老师和同学进行讨论，这些活动都能引发许多有价值的论题，经过进一步消化、吸收和凝练，可转化为自己的研究内容。

最后，研究生应在发展新技术、新方法上有所作为。有了科学问题，下一步的任务就是明确要做哪几项工作、如何完成，也就是明确研究方案。研究工作涉及数据和样品采集、实验室分析和数据处理，因而需要掌握一定的操作技能，但要做出更具创新性的成果这还不够。有哪些前人没有采集过的数据、是否需要设计新的仪器来采集和分析数据、能否建立更新更有效的计算和模拟方法？研究生要经常思考这些问题，有意识地朝着研制新仪器、发展新方法的方向去努力。

我们出版这套“导引”系列教程的目的就是要帮助研究生们提高研究能力。与通常的教材不同，这套教程的重点不是专业知识的系统介绍，而是要在发现科学问题、寻找研究切入点、发展方法技术上提供线索。我们期待研究生能从中获益，促进他们早期学术生涯的发展。

南京大学地理与海洋科学学院

2013 年 5 月 20 日

目 录

1 绪 论

数字地球(Digital Earth)作为一个完整的名词,最初于1997年下半年出现在科技界。但世界范围内有影响力的国家领导人的几次重要讲话,使它具有了超出一般科技名词的权威性和重要性。数字地球既是科技发展的战略目标,也是全新的学科领域。

1.1 数字地球概念

1.1.1 数字地球概念的提出

1.1.1.1 数字地球概念的提出

1998年1月31日,美国副总统戈尔在美国加利福尼亚科学中心发表题为"数字地球:21世纪认识地球的方式"的演讲。

1.1.1.2 数字地球概念的推广

1998年3月13日,美国副总统戈尔在美国麻省理工学院的一次演讲中建议实施一项卫星计划,用于在电视和因特网上实时反映台风、森林火灾、云图以及其他地球现象。这可以说是数字地球设想的一项具体措施。

1998年6月1日,江泽民总书记在接见出席中国科学院第九次院士大会和中国工程院第四次院士大会的部分院士与外籍院士时的讲话。

1998年6月23日,美国国家航空航天局和地质调查局等联合举行为期两天的首次数字地球研讨会。与此同时，中国科学院遥感所向中国科学院提交数字地球项目书面建议。

1998年8月31日，中国学者提交数字地球的技术集成框架和原型研究的课题申请书。

1998年9月22日，美国国家航空航天局和地质调查局等联合举行为期两天的第二次数字地球研讨会。

1998年10月16日，中国科学院有关专家举行小型数字地球研讨会。

1998年10月24日，中国北京大学举行数字地球研讨会。

1998年10月29日，中国“863”计划召开有60多位专家、学者参加的数字地球研讨会。

1998年11月1日，中国科学院地学部召开“资源环境信息与数字化地球”院士和专家研讨会。

1998年8月到12月，中国《文汇报》《中国科学报》《地球信息》《人民日报》《科技日报》等先后发表以数字地球为专题的文章。

1999年2月1日，在美国地质调查局召开由美国联邦地理数据委员会举办的美国第四次数字地球研讨会。

1.1.1.3 数字地球北京宣言

来自20个国家的500多位政府官员、科学家、工程师、教育家、管理专家以及企业家会聚历史名城北京，于1999年11月29日至12月2日参加了由中国科学院主办、19个部门和组织共办的首届“数字地球国际会议”。这次会议显示了中国在数字地球理论研究和应用发展方面的巨大贡献。

1.1.2 数字地球概念

1.1.2.1 数字地球

与数字地球相似的概念有数字世界(Digital World)、地球建模或建模地球(Modeling Earth)，以及地球信息圈层(Infosphere of Earth)等，都与地球的数字化或信息化相关，但最能被大家接受的还是数字地球。

Al Gore在其1998年的报告中指出：“数字地球是指一个以地理坐标(经纬网)为依据的、具有多分辨率海量数据的、立体显示地球的技术系统。”

陈述彭院士指出:“从科学的角度讲,数字地球通俗易懂,是一个面向社会的号召;实质地说,数字地球就是要求地球上的信息全部实现数字化。”

数字地球是继国家信息基础设施(NⅡ,俗称信息高速公路)和国家空间数据基础设施(NSDI,俗称地学信息高速公路)之后的又一个意义更加深远的国家信息基础设施。它是以地球作为研究对象的高新技术系统,是很多技术,尤其是信息技术的综合,是21世纪的重大技术工程。

数字地球是以遥感技术、遥测技术、数据库与地理信息系统技术、高速计算机网络技术和虚拟技术为核心的信息技术系统。数字地球是地球科学与信息科学技术的综合,是一门综合性的科学技术。

1.1.2.2 数字地球基本概念

数字地球的基本概念,可以归纳为以下三个方面:

(1) 数字地球是指数字化的三维显示的虚拟地球,或指信息化的地球,包括数字化、网络化、智能化与可视化的地球技术系统。

(2) 实施数字地球计划,需要政府、企业和学术界共同协力参加。实施数字地球计划是社会的行为,需全社会来关心和支持。

(3) 数字地球是一次新的技术革命,将改变人类的生产和生活方式,进一步促进科学技术的发展和推动社会经济的进步。

1.1.2.3 数字地球的英文概念

按照因特网上介绍的美国国家航空航天局和地质调查局等联合举行的数字地球研讨会,数字地球的英文概念是这样表述的:

“The Digital Earth is a virtual representation of our planet that enables a person to experience and use the vast amounts of natural, cultural, and historical data being gathered about the Earth, the Digital Earth comprises data interfaces and standards enabling access to geo-referenced data from remote sensing, cartographic, demographic, medical, and other sources, based on the interests of the user.”

1.1.3 数字地球的两个层次

所谓数字地球,就是指在全球范围内建立一个以空间位置为主线,将信息组织起来的复杂系统,即按照地理坐标整理并构造一个全球的信息模型,描述地球上每一点的全部信息,按地理位置组织、存储起来,并提供有效、方便、直观的检索手段和显示手段,使每一个人都可以快速、准确、充分和完整地了解及利用地球各方面的信息。在这个意义上,数字地球就是一个全球范围的以地理位置及其相互关系为基础的信息框架,并在该框架内嵌入我们所能获得的信息的总称。

因此,我们应该清楚地认识到数字地球并不是只针对地球系统科学层面上的地球而言,而必须从两个层次上来正确理解广义上的数字地球。

一个层次是将地球表面每一点上的固有信息(即与空间位置直接有关的相对固定的信息,如地形、地貌、植被、建筑、水文等)数字化,按地理坐标组织一个三维的数字地球,全面、详尽地刻画我们居住的这个星球,亦即我们通常所指的数字地球。

另一个层次是在狭义的数字地球的基础上再嵌入所有与人类生活息息相关的各方面的信息(即与空间位置间接有关的相对变动的信息,如人文、经济、政治、军事、科学技术乃至历史等),组成一个意义更加广泛的多维的广义数字地球,为各种应用目的服务。

显然,人类认识世界和改造世界的过程是无止境的,建造数字地球的进程也永远不会终结。

1.2 数字地球背景

数字地球的提出不是偶然的,有其深刻的时代背景、经济背景和技术背景。

经过几十年的努力,计算机的处理速度和处理能力得到了爆炸性的发展。据统计,微处理器芯片处理能力上升一倍,价格则下降一半,每百万次处理能力的价格从几百美元下降到仅仅几美元。计算机应用已经深入社会生活的各个方面,世界开始进入信息时代。

最近十几年来,世界经济和技术呈现出高速发展的局面。中国政通人和,重视知识,发展经济,创造了连续 20 年经济高速发展的奇迹,为世界所瞩目;美国经济连续多年增长,其经济增长持续时间是近年来最长的一次,由于重视了科技对提高经济竞争力所产生的巨大影响,美国已经从日本手中夺回了经济、技术的竞争优势。世界其他国家的经济情况也不错。虽然发生了东南亚经济危机,但若干年来世界经济的发展情况仍然是良好的。

知识不断创新,高新技术迅速产业化。在数字地球概念提出的20世纪90年代,美国经济生产力增长的50%得益于科技创新,其中,IT行业在经济中所占的比重越来越大。1996年,全世界IT行业的产值达到了6000亿美元,发展势头迅猛。IT行业在美国国民经济中所占的比重从1977年的4.2%上升到1998年的8.2%,对整体经济净增长的贡献超过30%。在中国,IT制造业每年以27%、软件产业每年以37%、计算机生产每年以47%的速度激增。

21世纪以来,世界IT行业产值已达数十万亿美元,利用因特网所创造的商业产值也达到了数万亿美元。

遥感(RS)技术的迅速发展,使高分辨率的遥感影像已经进入民用领域,GPS技术的应用也日益普及。这一切极大地增强了人类对地球的认知能力。全球信息高速公路、3S集成技术、多媒体技术、GIS技术的发展不断地丰富着人类处理地球信息的能力。人类需要更深入、更系统、更全面地了解我们生活的这个地球,科学技术的发展也为人类达到这一目的提供了越来越丰富的手段。所有这一切,就是数字地球被提出的背景。

数字地球的热潮会不会只是名人效应或政治口号?不少人有此顾虑。

数字地球与科技兴国、知识经济和知识创新等提法有什么关系?

经过许多专家学者的研究探讨,可以说国际和国内都基本认同数字地球有超越名人效应或政治口号的更深层含义和作用。

1.2.1 社会背景

1.2.1.1 全球化与地球村

信息时代产生了信息社会、数字生存与数字经济(Digital Economy)或知识经济(Knowledge Economy)。在全球化与“地球村”的背景下,社会对于全球信息的需求更加迫切。因此,一系列的全球性的研究在有计划、有步骤地开展。如人与生物圈计划(MAB)、世界气候研究计划(WCRP)、国际水文研究计划(IHRP)、国际地圈与生物圈计划(WEHARP)、世界数据中心(WDC),国际科学联合会理事会(ICSU)的国际数据中心(IDC),还有全球海洋观测计划(GOOS)、全球变化研究计划等。

社会对全球信息的迫切需求,对“数字地球”的诞生起到了催化作用。

1.2.1.2 社会背景

陈述彭院士指出:“‘数字地球’并非是一个孤立的科技项目或技术目标,而是一个整体性的、导向性的战略思想。美国提出‘数字地球’这一战略思想,绝非偶然,有着深远的政治意义和经济背景。”其主要有三方面因素:

(1) 为美国经济复苏,刺激国内经济发展。美国近七八年来经济持续增长、失业率下降,得益于信息技术及产业的发展,美国政府要通过“数字地球”继续把持信息技术和信息产业的制高点,推动经济发展。

(2) 信息“爆炸”是美国“信息高速公路”和国家空间数据基础设施的自然延伸。美国前总统克林顿曾在1993年签署法令,建设全美的“信息高速公路”,将信息技术推进到人们的日常生活中;1994年又签署了“建立国家空间数据基础设施”的行政命令,为开拓“信息高速公路”提供了地理空间数据。在空间数据基础设施上发展的“数字地球”将为“信息高速公路”提供内容丰富、形式多样的“信息货物”,是未来信息社会的重要信息资源。

(3) 美国全球战略的延续和发展。“冷战”结束后,能源、全球环境等问题成为世界政治和外交斗争的焦点。涉及跨国公司、区域重组等全球经济事务的美国,重视发展能覆盖全球热点地区和战略要点的“三维数字地图”,曾在调解波黑三方边界争端和中东海湾战争等方面起到了重要作用。“数字地球”的发展将进一步增强美国对全球事务的快速反应能力,掌握对国际热点问题的发言权。

1.2.2 科学背景

以地球科学的发展史为例,从定性的认识、逐渐细分的学科、半定量的描述和分析,到多学科共同协作、各种技术的综合运用,来对地球科学的重大事件如白垩纪地球之谜、地震预报、资源分布、环境与生态进行定量和综合研究。数字地球即代表这种发展趋势,同时,数字地球的含义已远超出地球科学的范畴。

1.2.2.1 地理信息科学的战略领域

美国国家地理信息与分析中心(National Center for Geographic Information and Analysis,NCGIA)与大学地理信息科学研究会(University Consortium for Geographic Information Science, UCGIS)于 1995 年提出了“数字世界(Digital World)”的概念,并对研究内容作了阐明。

美国国家地理信息与分析中心给美国自然科学基金委员会(NSFC)提出建议并发表《高级地理信息科学》(Advancing Geographic Information Science, 1995)报告,提出地理信息科学的战略领域有三:

(1) 地理空间的认知模型(Cognitive Models of Geographic Space);

(2) 地理概念的计算机实现(Computational Implementations of Geographic Concepts);

(3) 信息社会的地理学(Geographies of Information Society)。

此外,报告中还重点讨论了数字时代的地理概念(Geographic Concepts in the Digital Era)等。

1.2.2.2 重点研究课题

美国大学地理信息科学研究会发表的总结报告《地理信息科学的优先研究领域》(Research Priorities for Geographic Information Science,1996)中,提出了以下重点研究课题:

(1) 分布式计算(Distributed Computing);

(2) 地理信息的认知(Cognition of Geographic Information);

(3) 地理信息的互操作(Interoperability of Geographic Information);

(4) 比例尺(Scale);

(5) 空间信息基础设施的未来(the Future of the Spatial Information Infrastructure);

(6) 地理数据的不确定性和基于分析的 GIS(Uncertainty in Geographic Data and GIS-Based Analysis);

(7) GIS 与社会(GIS and Society);

(8) 地理信息系统(GIS)环境中的空间分析(Spatial Analysis in a GIS Environment);

(9) 空间数据的获取与集成(Spatial Data Acquisition and Integration)。

报告中还讨论了地球表层的复杂性，地理信息是丰富的和海量的，对地球表面的描述总是近似的。地理信息技术已经达到较高的水平，将对人类社会产生很大的冲击。

1.2.3 技术背景

下面我们从技术发展的层面看看数字地球的背景。

1.2.3.1 信息时代的到来

计算机技术、数字化技术和信息网络技术是人类社会进入信息时代的主要标志。

20 世纪 70—80 年代，信息高速公路（Information Superhighway）是一个很前卫的概念。今天，因特网、内联网与外联网（Internet，intranet，extranet）作为技术和产业，高速发展，日新月异。数字地球就是几十年来计算机技术、数字化技术和信息网络技术促进多学科发展的产物，是 21 世纪信息时代的一个侧面，是科学与技术结合、发展的制高点。

1.2.3.2 高新技术

遥感(RS)、遥测技术(TM)、全球定位系统(GPS)及地理信息系统(GIS)等空间信息科学技术，已经成为研究地球的重要手段。气象卫星系列(NOAA，GOES，UARS 等)、海洋卫星系列(N - ROSS，ADEOS，Seastar，PRI RODA，IRS - IC，TOPEX/POSEIDON 等)、陆地卫星系列(Landsat，SPOT，ERS，Radarsat 等)、测地卫星系列(TOPEX 等)、地球物理卫星系列(重力测量卫星等)以及小卫星系统计划等组成了对地球的全面监测系统；空间分辨率可以从 4000 米到厘米级；波段覆盖从紫外线到超长波的多达 240 个波段；时间分辨率可以从每隔十多天一次到每天数次；对地下的探测深度从若干米到 10000 米。遥测技术和全球定位系统技术也已达到了较高的水平，以 GPS 来说，一般误差只有 2～3 米，利用差分分析方法等，误差可以减小到若干厘米。影像处理技术包括校正、增强、特征提取、模式识别技术、数据库技术与地理信息系统技术，不仅能对已有数据进行有效的管理，而且也有一定的分析能力，已经成为地球数据研究的重要科学手段。

1.2.3.3 NSDI

自 1993 年开始，信息传输技术，尤其是国家信息基础设施(National Information

Infrastructure,NII,俗称信息高速公路),以 Internet 与 Web 作为其初级形态,正以迅猛势态席卷全球。1994 年,国家空间数据基础设施[NSDI,俗称地学信息高速公路(GISH)]作为信息高速公路的补充,很快也遍及全球。这些都为数字地球的诞生提供了技术基础。

1.3 数字地球的基本框架

1.3.1 数字地球的基本内容

数字地球不仅是科技发展的战略目标,还是全新的学科领域。

数字地球的学科性质:数字地球是地球系统科学与信息科学技术高度综合的学科,是位于两者之间的边缘学科。

数字地球的研究对象:与地球有关的信息理论、信息技术及信息应用模型。

数字地球的研究方法:侧重运用现代信息技术,包括遥感、遥测、数据库和信息系统、宽带网及仿真与虚拟技术的综合,包括信息化的全部过程。

数字地球的特色:为地球科学的知识创新与理论深化研究创造了实践条件,为信息科学技术的研究和开发提供科学试验基地。

数字地球的服务对象:为全球、全国、城市、区域、资源、环境、社会、经济、减灾、可持续发展、科技与教育、行政及管理等开展全面性的服务。

数字地球领域在当下已有一定规模的研究队伍和研究机构。

根据以上情况,不难看出数字地球已经具备了形成新学科的全部条件,符合新学科产生的要求,所以有充足的理由认为它是新生的学科。

1.3.2 数字地球的基本框架

数字地球作为一个新的学科分支,由三个部分组成:基础理论、技术体系和应用领域。前面所提到的数字地球基础设施属技术体系或技术系统。它们三者的关系如表 1.1、图 1.1 和图 1.2 所示。

表 1.1　数字地球基本体系结构

<table>
<tr><td rowspan="5">数字地球</td><td>基础(理论)研究</td><td colspan="2">· 地球系统的信息理论
· 地球系统的系统理论
· 地球系统的非线性与复杂性特征</td></tr>
<tr><td rowspan="3">技术系统</td><td>基础设施</td><td>· 国家信息基础设施(NII)
——信息高速公路
· 国家空间信息基础设施(NSDI)
——地学信息高速公路
· 对地观测系统(EOS)
· 全球观测信息网络(GOIN)
· METADATA
· 标准与规范、法规
· 系统安全</td></tr>
<tr><td>核心技术</td><td>· 空间数据智能获取
· 海量数据的存取技术
· 网络数据库、信息系统及分布式计算技术
· 数据仓库、交换中心及知识挖掘
· 多种数据融合与立体表达
· 仿真与虚拟技术
· 虚拟地球系统模型
· Open GIS 标准与互操作技术</td></tr>
<tr><td>前沿技术</td><td>· 数字地球的数字神经系统
· 数字地球的网络生活方式
· 数字地球的进化机制与地学智能体
· Cyberspace
· Infosphere
· Modeling Earth</td></tr>
<tr><td>应用示范</td><td colspan="2">· 中国数字地球
· 数字中国
· 应用示范
——数字农业
——数字交通
——数字海洋
——数字虚拟学校
——数字城市
——数字政府
——数字水利</td></tr>
</table>

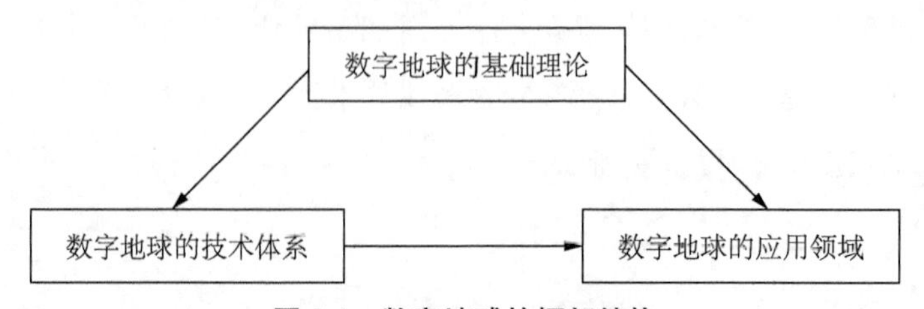

图 1.1　数字地球的框架结构

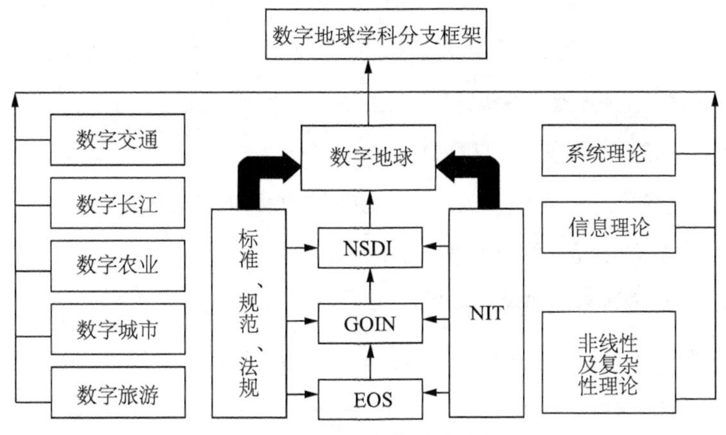

图 1.2　数字地球学科分支框架

1.3.3　数字地球的理论综述

1.3.3.1　基础理论的必要性

关于数字地球的基础理论研究，主要有以下三个方面的作用和意义：

(1) 对模型的研究具有指导作用，因为建立模型的过程要以基础理论为依据，尤其预测模型是建立在基础理论上的；

(2) 对技术开发也有指导作用，如果不知探测对象的基本规律，很难进行技术开发。基础研究为技术开发提供后劲和潜力；

(3) 对于应用来说，基础理论研究尤为重要，它能使应用获得最大效果。

1.3.3.2　基础理论研究的内容

根据数字地球的情况，选择以下三方面的基础理论研究是合适的：

(1) 地球信息的特征；

(2) 地球空间系统特征；

(3) 地球系统的非线性与复杂性特征。

因为这三个方面是密切相关的，是符合以信息作为主线的情况的。系统离不开信息，非线性与复杂性特征也是通过信息来表达的，是信息的一种特殊形式。

1.3.4　数字地球的技术系统综述

数字地球技术系统包括：数据获取技术，以多种分辨率的卫星遥感为主；数据传输技术，以宽带光纤和宽带卫星通信网为主；数据存储与管理技术，以分布式数据库及共享技术为主，包括互操作和标准、规范及法规等；数据应用技术，以仿真与虚拟技术为主，包括为应用目的服务的实验和试验。其技术系统的特点有：

(1) 速度快、精度高和实现共享；

(2) 从局部扩大到全球范围，即全球化；

(3) 包括资源、环境、经济、社会、人口等各种数据，以地球坐标进行组织和整合，提高了数据的应用水平与价值。

1.3.5 数字地球应用领域综述

数字地球技术系统的应用领域，既可以应用于局部地域(local)、地区(area)及全球(global)范围，也可以应用于不同行业与专业，如农业、林业、牧业、渔业、交通、建筑、矿业、工业、城市、环境、减灾等。

1.4 数字地球的研究内容

1.4.1 数字地球

1.4.1.1 地球及其信息

数字地球是以地球作为研究对象，以计算机为主体的技术系统。它不仅以地球表层自然的或人工的物体和过程的信息作为研究的主要对象，而且把上至电离层、下至莫霍面的物质和能量的信息也包括在内。因为如要进行天气预报及地震预报，仅研究地球表面或近地球表面是不够的，必须扩大范围。另外，数字地球的研究对象，除了一个区域或一个城市范围的自然及人工的物体或过程的信息外，还有整个地球的信息，这就增加了研究工作的复杂性和难度。

1.4.1.2 地球的形状

就整个地球的形状来说，它实际上并不是一个均匀的椭球体，而是一个难以形容的有点像梨子的球体，南半球略大、北半球略小。就洋面的形状来说，它也是不规则的，印度次大陆南端斯里兰卡附近的海面要比平均水平面高出 100 多米，而冰岛附近洋面比平均水平面要低 65 米，这是地壳厚度不均所引起的重力作用差异造成的。加上太阳、月球与地球之间的引力作用造成的潮汐或固体潮现象和板块漂移、地壳升降，以及气候、植物等处在不断的变化状态之中，所以马宗晋院士称数字地球是活的地球、动态的地球。

1.4.2 地球圈层

大气存在着圈层，各圈层在全球范围内的分布（密度与厚度）是不均匀的，而且是动态的。地球表面以下也有若干圈层，它们在全球的分布同样是不均匀的，因此，各圈层的形状也是不规则的，甚至也是动态的。

1.4.3 数字地球的数据结构

由于上述原因，数字地球的数据结构与数据库结构就与原来的有所区别，甚至有很大差别。例如原来 GIS 的地图或专题图的数据层，数字高程（等高线）、水系、交通、居民点等都是同一平面的；而在数字地球除同一平面外，还是多层的、立体的，范围大一些的则还有球面的和放射状的锤形体。例如，在同一经纬度坐标条件下，上层的面积大于下层的面积，所以，数字地球的数据库结构有其特殊性。

1.5 数字地球中的 GIS、GPS 和 RS 的本质及其集成

数字地球的核心是地球空间信息科学，而地球空间信息科学的技术体系中最基础和基本的技术核心是 3S 技术及其集成。所谓 3S 是全球定位系统（GPS）、地理信息系统（GIS）和遥感（RS）的统称。没有 3S 技术的发展，现实变化中的地球是不可能以数字的方式进入计算机网络系统的。

1.5.1 空间定位（GPS）

GPS 作为一种全新的现代定位方法，已逐渐在越来越多的领域取代了常规光学和电子仪器。20 世纪 80 年代以来，尤其是 90 年代以来，GPS 卫星定位和导航技术与现代通信技术相结合，在空间定位技术方面引起了革命性的变化。用 GPS 同时测定三维坐标的方法将测绘定位技术从陆地和近海扩展到整个海洋和外层空间，从静态扩展到动态，从单点定位扩展到局部与广域差分，从事后处理扩展到实时（准实时）定位与导航，绝对和相对精度扩展到米级、厘米级乃至亚毫米级，从而大大拓宽它的应用范围，强化它在各行各业中的作用。不久的将来，人人可以

戴上 GPS 手表，加上移动电话，个人活动就可以自动进入数字地球。

1.5.2 航空航天遥感(RS)

当代遥感的发展主要表现在它的多传感器、高分辨率和多时相特征。

1.5.2.1 多传感器技术

当代遥感技术已能全面覆盖大气窗口的所有部分。光学遥感可包含可见光、近红外和短波红外区域。热红外遥感的波长范围为 8～14 米；微波遥感观测目标物电磁波的辐射和散射，分被动微波遥感和主动微波遥感，波长范围为 1 毫米至 100 厘米。

1.5.2.2 高分辨率和多时相特征

随着小卫星群计划的推行，可以用多颗小卫星，实现每 2～3 天对地表重复一次采样，获得高分辨率成像光谱仪数据。多波段、多极化方式的雷达卫星将能解决阴雨多雾情况下的全天候和全天时对地观测。卫星遥感与机载和车载遥感技术的有机结合，是实现多时相遥感数据获取的有力保证。

遥感信息的应用分析已从单一遥感资料向多时相、多数据源的融合与分析过渡，从静态分析向动态监测过渡，从对资源与环境的定性调查向计算机辅助的定量自动制图过渡，从对各种现象的表面描述向软件分析和计量探索过渡。近年来，航空遥感具有的快速机动性和高分辨率的显著特点使之成为遥感发展的重要方面。

1.5.3 地理信息系统(GIS)

随着“数字地球”这一概念的提出和人们对它的认识的不断加深，从二维向多维动态以及网络方向发展是地理信息系统发展的主要方向，也是地理信息系统理论发展和诸多领域(如资源、环境、城市等)的迫切需要。在技术发展方面，一个发展是基于 Client/Server 结构，即用户可在其终端上调用服务器上的数据和程序；另一个发展是通过互联网络发展 InternctGIS 或 WebGIS，可以远程寻找所需要的各种地理空间数据，包括图形和图像，而且可以进行各种地理空间分析，这种发展是通过现代通信技术使 GIS 进一步与信息高速公路接轨；再一个发展方向则是数据挖掘(Data Mining)，从空间数据库中自动发现知识，用来支持遥感解译自动化和 GIS 空间分析的智能化。

1.5.4 3S 集成

3S 集成是指将上述三种对地观测新技术及其他相关技术有机地集成在一起。这里所说的集成，是英文 integration 的中译文，指一种有机的结合、在线的链接、实时的处理和系统的整体性。

GPS、RS、GIS 集成的方式可以在不同技术水平上实现。3S 集成包括空基 3S 集成与地基 3S 集成。

空基 3S 集成：用空-地定位模式实现直接对地观测，主要目的是在无地面控制点（或有少量地面控制点）的情况下，实现航空航天遥感信息的直接对地定位、侦察、制导、测量等。

地基 3S 集成：车载、舰载定位导航和对地面目标的定位、跟踪、测量等实时作业。

1.6 数字地球应用综述

对于地球科学来说，数字地球技术为地球科学开创了前所未有的科学实验条件，使过去认为不可能进行的时间和空间跨度太大、结构太复杂的地球系统过程实验成为可能，为地球科学的知识创新和理论研究提供了实验基地（test-bed），为地球科学的发展提供了强大的动力。

数字地球的思想和技术酝酿了很长时间，现已成功地进行了"龙卷风""海气交换""天体运行""圣安地列斯断层地震""恐龙生态环境""毛孔虫生态环境""洛杉矶城市改造"与"拉斯维加斯城市改造"等的计算机仿真和虚拟实验，取得了相当大的成功。另外，科幻艺术片《侏罗纪公园》《天地大碰撞》《星际穿越》等也有一定的科学参考价值。计算机虚拟实验技术不仅在制造业、建筑业及驾驶员培训等方面成绩突出，而且在生物实验、人体解剖学等方面都发挥了很好的作用。

数字地球为地球系统开创的科学实验条件，不仅可对未来的事件或过程进行模拟，还可以对已经发生过的系统过程进行反演实验，两者都提供了知识创新和理论研究的实验基地。数字地球提供的反演实验也是前所未有的。

在科学实验方面，利用数字地球技术可以做你想要做的，虽然不能说是一切，但可能是大部分的实验，包括物理学的或生物学方面的虚拟实验，如工程实验，特别是水工实验和风洞实验等，现在都可以运用计算机进行虚拟实验。又如，不同植物生长模型的计算软件的开发，使得区域或城市的生态设计、农业试验田的计算机虚拟等成为可能。再如，长江流域的全部信息化，包括数字化（计算机化）、网络化和智能化全部过程在内，如暴雨自动监测和预测、径流的自动监测与预测、险情的自动监测和预测、灾情的自动监测及预测，水库及分洪区、滞洪区的自动调控系统，险情自动警报系统及防洪救灾指挥系统等，使自然的长江成为可控制的长江或信息化的长江是有可能的。

智能大楼或大厦以及由许多智能大楼或大厦组成的智能小区，已经不再新鲜了，在日本和美国都有这样的示范区。美国计划着手建设 50～60 个数字化城市，将城市基础设施、功能设施和服务设施全部数字化，为城市规划、改造及生态设计等的实验创造了科学条件。新加坡将建设数字化的城市。

数字地球，即信息化的地球，不仅是国家信息化的重要组成部分，而且为地球科学开创了前所未有的科学实验条件，并为地球科学的知识创新和理论研究提供了科学实验基地。

数字地球的研究对象是带有地理坐标的空间信息，而空间信息约占总信息量的 80％。除了资源、环境具有明显的分布坐标以外，经济和社会也应具有空间分布特征，如电子商务、电子金融、电子社会似乎可以与数字地球没有关系，其实这种观点至少是不全面的。例如，人们可以通过网络选择厂家或商场及需购的货物，但厂家、商场给多个客户送货时，就应该充分利用数字地球技术系统。同样，电子金融、电子社会也不能离开数字地球技术。任何数据或信息必须具备三个要素，即属性、时间和空间。缺少其中任何一个要素，都不是完善的数据或信息，包括缺少空间位置的数据可能会失去它的意义。

数字地球的专题研究（部分）：

① 数字地球的理论模式和发展战略；

② 数字地球的集成可视交互平台或框架；

③ 数字地球的学科数据模型、存储和共享；

④ 数字地球的网络技术和智能化交互技术；

⑤ 数字地球的地下成像和模拟技术；

⑥ 数字地球的应用雏形和产业化进展。

1.7 数字地球的作用与意义

阿尔·戈尔的报告称:数字地球将使“我们有一个空前无比的机会,可以把关于我们社会和我们星球的原始数据流转换成可以理解的信息,这种数据不仅包括地球的高分辨率的卫星影像、数字地图,也包括经济、社会和人口的信息。如果成功的话,它将在教育、可持续发展的决策、土地利用规划、农业以及危机处理等领域产生很大的社会和商业效益。数字地球计划还可以使得我们在人为的或自然的灾害问题和长期面临的环境问题方面进行合作。数字地球计划,还能促进大型产业的增长并提供很多的就业机会”。他还列举了指导虚拟外交、打击犯罪、保持生态多样性、预测气候变化及增加农业生产等方面的例子。

数字地球还计划提供 1 米,甚至是 1 英尺(约 0.3 米)分辨率的卫星遥感影像,而且获得数据的频率很高,甚至保证每天可获得一次数据。为了达到这个目标,美国准备发射多个低轨卫星覆盖全球。这样的高分辨率卫星将使地上的房子、车子、船舶、树木,甚至街上的行人、商店招牌都清晰可见,不仅具有重大的经济意义,而且还有重大的政治意义和战略意义。全球的资源、环境、社会、经济的分布、变化都可以掌握,可见其意义之重大。正是“谁掌握了信息,谁就掌握了主动权,谁就可能获得胜利”。

数字地球系统将改变人类社会的生产和生活方式。例如,数字农业(也叫信息农业)、数字海洋捕捞、数字交通、数字旅游等,数字经济包括电子商务、电子金融(银行、保险、股票、期货和海关、税务)等,数字社会包括电子政务、电子公安、电子法院等,此外,还有数字区域、数字城市等,均将大大促使产业的生产规模扩大,推动社会经济的发展。由数字地球技术系统产生的数字战场、数字外交、数字政治等也将改变原来的思维模式和操作方式。

对于信息科学(包括计算机科学和通信科学)来说,数字地球如果能够解决非常复杂的地球各领域的信息化问题,那么信息科学不可能再会遇到什么难题了。如有,则也许还有生命科学的问题。因此,对于地球科学来说,数字地球技术系统是"一场新的技术革命,它正在使我们能够获取、存贮、处理和显示信息的方式发生天翻地覆的变化,使得我们对于我们所处的星球以及周围环境、文化现象等史无前例的海量数据的处理成为可能"。数字地球还为地球科学提供了"科学计算(Computational Science)的强大工具,为解决过去认为无法进行的时间和空间尺度跨度太大的或太小的地质、地理、大气或海洋过程的实验以及纯理论又无法解决的复杂自然现象的预测问题提供了可能性"(Al Gore,1998)。

数字地球可以用于政治、经济、军事、文化和科技各个方面。实际上,详细列举其应用的唯一困难恐怕还是受到我们自己想象力的局限。数字地球不仅仅是基础科学项目,也不仅仅是信息技术项目。

数字地球,即信息化的地球,不仅是国家信息化的重要组成部分,而且为地球科学开创了前所未有的科学实验条件,为地球科学的知识创新和理论研究提供了科学实验基地。数字地球技术系统将使"全球信息聚集在我手掌中"的科学幻想成为现实,它将是科技发展、工业应用、商业经济和人民生活的基础设施之一。

1.8 数字地球前景展望

1.8.1 数字地球的前景展望

数字地球工程浩大,不可能在短时期内实现,影响这一进程的既有技术因素,又有政治等其他因素。特别是第二层次上的数字地球将实现信息的"世界大同",更是遥远的事情。一方面,专以"数字地球"为研究命题的机构还只有美国国家航空航天局(NASA)的虚拟环境实验室。另一方面,数字地球的工作也不是现在才开始的。

实际上,人类几十年来在IT领域、空间领域的工作都是数字地球工作的一部分。根据NASA的意见,这一体系大致可以分为全球层、区域层、国家层三个层次。

建设全球空间数据基础设施的计划提出了数字地球的原型,随后开始各类标准、协议的制定,正在进行基础和规范性工作;各类区域性的组织正在积极倡导本地区采纳和使用国际标准,建立区域性的空间基础设施,作为数字地球的组成部分,建立"数字区域"。

建立一个"数字国家",更是各国业已开展的工作,世界各国一直在进行国家空间数据基础设施的建设。

1.8.2 中国开展数字地球研究开发的可行性

技术发展既需要宏观规划,又需要市场导向。技术发展的规律可以是多层次共存和跳跃式发展,例如,中国在普及有线电话的同时,无线电话的市场已居世界首位。

中国在因特网、内联网和外联网以及地理信息系统等方面的技术发展过程,与国际水平相比,是用户型、应用开发型和创新开发型。

在数字地球这个庞大项目上,中国有许多优势,如中国的科学和技术力量容易使其作为国家大项目驱动,数字地球的社会效益和产业化(如各种灾害的预防、预测和监控,交通、能源、商业信息等)有巨大的市场需要。

如果及时决策,中国的数字地球发展过程将是创新开发型、应用开发型和推广国内国际用户型。

在中国,科学技术部始终在积极推动建立国家对地观测体系,自然资源部已经建成了1∶100万和1∶25万基础地理数据库,各部门也在建立各类专题数据库。地理信息系统基础软件的开发和产品化已经达到了相当的水平,我国的GIS软件产业正在形成,并开始在建设、电力领域实施GIS示范应用工程。国家地球空间数据交换格式已经成型。凡此种种,都是在建设"数字中国"目标下的基础工作。只要统一规划,认真组织实施,踏踏实实地做好工作,发展数字地球所涉及的各项单元技术,积累数据,建设"数字中国"的目标一定能够实现(图1.3)。

总之,数字地球的概念、理论、技术和应用正在兴起,可谓日新月异,应是21世纪信息化时代的系统工程。

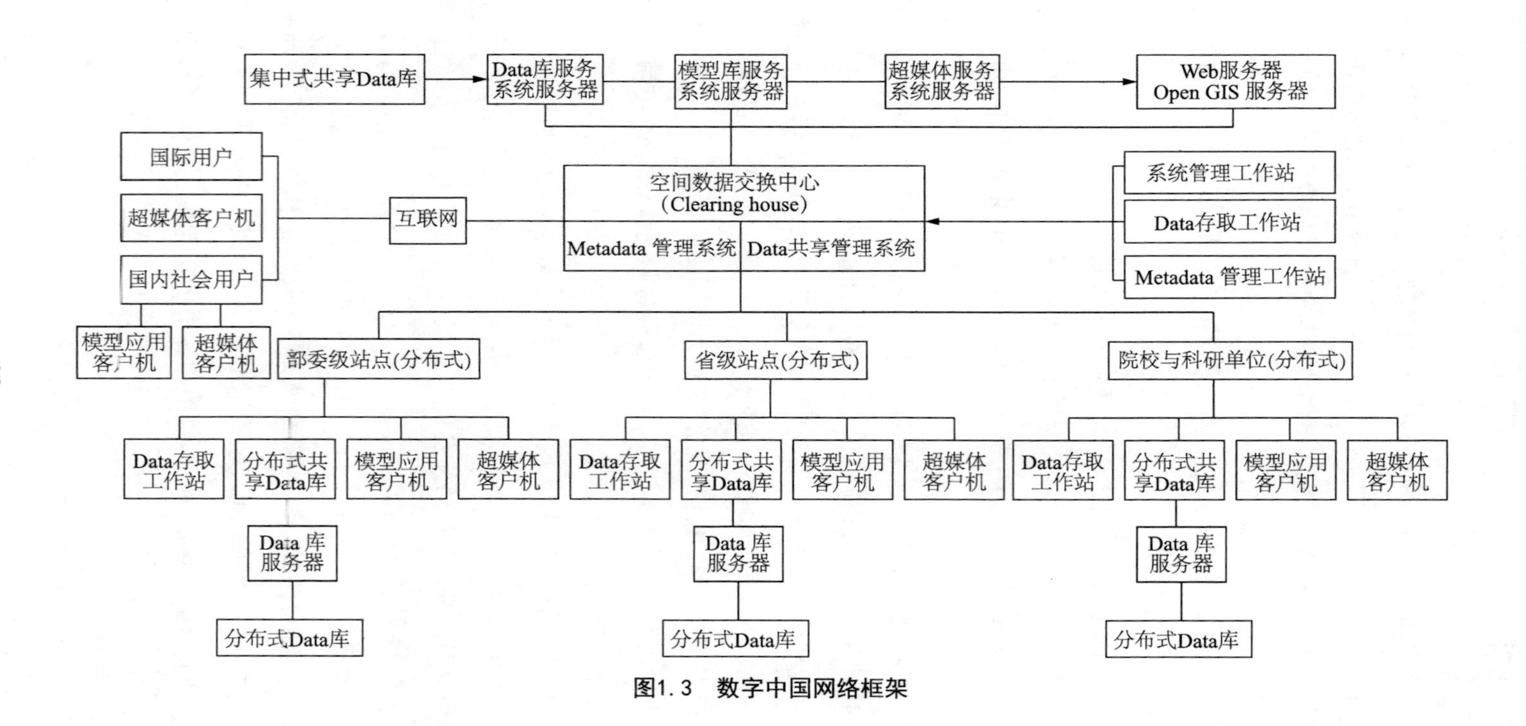

图1.3 数字中国网络框架

2　数字地球技术系统

2.1　数字地球的基础设施

1956年，美国政治家、国会议员艾伯特·戈尔（Albert Gore）单独提出了“州际高速公路网”的提案，并获得议会通过。这个提案计划建立7000多千米，连通美国各州的高速公路系统。1981年，他的儿子在美国科学与电视艺术研究院的演讲中，首次提出了“信息高速公路”的概念，从而开拓了后来逐渐形成的构成知识经济骨干部分的互联网经济（Internet Economy），把工业经济基础设施的“高速公路”概念引申为信息社会和知识经济时代的基础设施——“信息高速公路”。

毕业于哈佛大学政治专业的美国第45任副总统阿尔·戈尔于1998年1月31日在美国加利福尼亚科学中心进行题为“数字地球：对21世纪人类星球的认识”的演讲，首次明确提出了具有科学和政治双重意义的“数字地球”。

数字地球所需要的数据是非常庞大的，通过单一的数据库来存贮显然是不够的，需要由成千上万的不同组织和数据库来维护，并需要由高速网络来连接数字地球的服务器。数字地球最主要的基础设施就是“信息高速公路”和“国家空间数据基础设施”。

2.1.1　信息高速公路

2.1.1.1　信息高速公路

所谓“信息高速公路”并不是指交通公路，而是指高速计算机信息传输网络。

通过光纤或电缆把政府机构、科研单位、企业、图书馆、学校、商店以及家家户户的计算机连接起来，利用计算机、传真机、电视等终端设备，像使用电话那样方便、迅速地传递和处理信息，从而最大限度地实现信息共享。

信息高速公路实质上是高速信息电子网络，它是一个能随时给用户提供大量信息，由通信网络、计算机、数据库以及日用电子产品组成的完备网络体系。“信息高速公路”所起的作用除创造丰富的物质财富外，还有改变人类的生活方式。

2.1.1.2　信息高速公路的基本要素

(1) 用于传输、存储、处理和显现声音、数据与图像的物理设备。例如，摄像机、扫描仪、键盘、电话机、传真机、转换器、光盘、电缆、电线、卫星、光纤传输线、微波网、打印机等。

(2) 信息。包括资源、环境、社会、经济、文化、教育等各个领域的图形、图像、文本、多媒体等的海量信息，其中 80%与空间位置相关。

(3) 应用系统和软件。它们允许用户使用、处理、组织和整理由信息高速公路提供给用户的大量信息。

(4) 传输编码与网络标准。这些编码与标准促进网络之间互相联系和兼容，同时保证网络的安全性和可靠性。

(5) 人员。包括信息及设施的生产者、使用者和决策者等。

广域网技术是信息高速公路的重要组成部分，如光纤通信、卫星通信和微波通信技术，用户与主干线之间通过光缆、同轴电缆、有线及无线信道相连。信息服务将有超级计算机，大、中、小、微型计算机以及大量的并行机参与。用户终端使用传统的 PC 机、掌上机、智能电话以及电视设备等。网络上使用的软件包括网络通信协议、用户界面、数据库系统、业务管理系统、信息获取系统等。

2.1.1.3　国家信息基础设施

美国前总统克林顿于 1993 年 2 月签署法令，建立“国家信息基础设施(NII)”，即全美的信息高速公路。美国计划投入 4000 亿美元，耗时 20 年建立主要由网络设施、计算机服务器和计算机终端组成的 NII。

中国信息基础设施(CNII)计划投入1500亿～2000亿美元,到2020年建成。"九五"期间,主要建设"八金工程"。

信息高速公路的进一步目标就是将现有的电信网、计算机网和有线电视网三网合一,实现任何时间、任何地点、为任何人提供无缝隙的多媒体、智能化综合通信业务,实现全球一网、每人一号的个人多媒体通信。

从信息高速公路的组成可以看出,它所需要的技术几乎覆盖了当今信息科学领域中计算机、通信、信息处理等方面的尖端技术。能否有效地利用这些高新技术迅速地传输和利用各类信息,已成为判断一个国家的经济实力及国际竞争力的重要标志。所以,我们开发和利用信息高速公路,不仅仅是给人们的生活、学习、工作带来新的信息文明,其深远影响将辐射政治、经济、文化和军事等各个方面。

2.1.2 国家空间数据基础设施

美国联邦地理数据委员会(FGDC)按美国行政管理和预算局(Office of Management and Budget, OMB)No. A-16条例成立于1990年,负责测量、制图等空间数据活动方面的协调工作,目前有17个联邦机构加入,由内政部长负责。FGDC是跨机构的国家级空间数据使用共享的协调委员会,有基础制图数据、地籍、深水测量、人文数据、联邦测地、地质、地面交通、国界与主权、土地、水、植被和湿地等12个分委员会;生物数据、空间数据交换、教育与交流、地球覆盖、基础设施数据、历史数据、元数据、特别国家自然资源和环境、基本调查和标准等10个工作组。1998年,美国在"国家空间数据基础设施(NSDI)"方面共有31个合作协议项目,大部分与数据交换有关;16个框架示范项目,涉及交通、水文、地籍数据,并集中在多源数据融合、国家水文数据库、质量控制、网络公众服务、乡村经济开发、海洋管理、城市规划等领域。

美国于1994年开始实施NSDI建设计划,并确定由FGDC协调NSDI的实施工作。NSDI是国家信息基础设施的一部分,包括空间数据框架,空间数据协调、管理与分发体系和机构,空间数据交换标准,空间数据交换网站。

2.1.2.1 空间数据框架

提供一个可以精确地、始终如一地获取、配准和集成地球空间信息的基础。

此框架中包括正射影像、大地控制、高程、交通、水系、政区、公用地籍以及资源、环境、社会、经济、历史记录等方面的数据。

2.1.2.2 空间数据协调、管理与分发体系

组织生产和使用地理数据的人员，建立相应的组织机构，制定有关空间数据的发展战略和政策，建立地理空间数据个人和机构间的联系渠道，传输数据和开发数据库。其目标是生产和使用公用的空间地理数据集，共享和开发基础数据资源以提高决策能力。

2.1.2.3 空间数据交换标准

异种计算机间空间数据转换的进程。该标准规定了带有空间参考系信息的矢量和栅格（包括格网）数据的交换约定、寻址方式、结构和内容。标准中包括概念模型、质量报告、传输组件说明和对空间要素与属性的定义。

2.1.2.4 空间数据交换网站

拥有地理空间信息，在地理空间数据生产者、管理者和用户之间的一个分布式电子网络。其用户有权决定保存哪类地理空间数据；了解数据状况（内容、质量及其他特征等）；寻找他们需要的数据；根据他们的应用项目，评价数据是否有用；尽可能经济地获取或订购数据。地理空间数据生产者以各种软件工具提供电子形式的元数据（关于数据的数据）。元数据标准规定了不同地理空间数据的元数据的内容，其目的是提供一个共同的标准化的元数据术语和定义。

目前，已有 60 多个国家有 NSDI 计划或类似 NSDI 的计划。这些国家有美国、英国、法国、德国、日本、瑞典、荷兰、新西兰、澳大利亚、芬兰、印度、巴基斯坦、希腊、俄罗斯、波兰、加拿大等。

2.1.2.5 全球空间数据基础设施

1996 年在德国召开的国际会议上，“全球空间数据基础设施（Global Spatial Data Infrastructure，GSDI）”被提出来。目前，以 GSDI 为主题的国际会议已开了 3 次，有近 30 个国家参加。

2.2 数字地球技术系统的基本框架

2.2.1 数字地球技术系统的基础技术

数字地球技术系统的基础技术，由遥感(RS)、遥测(TM)、地理信息系统(GIS)、互联网(Internet)-万维网(Web)等一系列技术系统所组成。

2.2.1.1 获取数据技术

遥感(RS)与遥测(TM)计算技术系统获取数据。

(1) 遥感(RS)

遥感是通过遥感器这类对电磁波敏感的仪器，在远离目标和非接触目标物体条件下探测目标地物，获取其反射、辐射或散射的电磁波信息(如电场、磁场、电磁波、地震波等信息)，并进行提取、判定、加工处理、分析与应用的一门科学和技术。

遥感，从字面上来看，可以简单理解为遥远的感知，泛指一切无接触的远距离的探测；从现代技术层面来看，"遥感"是一种应用探测仪器。

当前，遥感形成了一个从地面到空中，乃至空间，从信息数据收集、处理到判读、分析和应用，对地球进行探测和监测的多层次、多视角、多领域的观测体系，成为获取地球资源与环境信息的重要手段。

为了提高对这样庞大数据的处理速度，遥感数字图像技术随之得以迅速发展。

遥感技术已广泛应用于农业、林业、地质、海洋、气象、水文、军事、环保等领域。在未来的十年中，预计遥感技术将步入一个能快速、及时提供多种对地观测数据的新阶段。遥感图像的空间分辨率、光谱分辨率和时间分辨率都会有极大的提高。其应用领域随着空间技术发展，尤其是地理信息系统和全球定位系统技术的发展及相互渗透，将会越来越广泛。遥感技术也成为了数字地球研究的基础技术之一。

(2) 遥测(TM)

遥测(TM)是将对象参量的近距离测量值传输至远距离的测量站来实现远距离测量的技术。

遥测是利用传感技术、通信技术和数据处理技术的一门综合性技术。遥测主要用于集中检测分散的或难以接近的被测对象，如被测对象距离遥远、所处环境恶劣或处于高速运动状态。

遥测信息是RTU采集到的电力系统运行的实时参数，如发电机出力、母线电压、系统中的潮流、有功负荷和无功负荷、线路电流、电度量等测量信息。遥测在国民经济、科学研究和军事技术等方面得到了广泛应用。利用遥测可以实现集中监测，提高自动化水平，提高劳动生产率，改善劳动条件，提高调度质量。

遥测为科学研究提供了一种重要的测试手段，使原来难以进行实测的研究项目获得重要的动态性能数据。实际遥测系统包括传感器、通信设备和数据处理设备。传感技术和信号传输技术是遥测的两项关键技术。传感器的精度、响应速度和可靠性以及通信系统的传输速度和抗干扰能力等决定了遥测系统的性能。

现代遥测系统广泛应用高精度的传感器、数字通信和电子计算机等先进设备。最先进的遥测系统则是航空航天遥测系统。遥测系统也可以看作一类特殊的通信系统。遥测常按信号传输方式来进行分类，如有线遥测和无线遥测、时分遥测和频分遥测、模拟遥测和数字遥测、实时遥测和循环遥测等。

2.2.1.2 传输数据技术

互联网(Internet)-万维网(Web)传输数据。

(1) 互联网(Internet)

互联网(Internet)，又称网际网络，或音译为因特网、英特网，是网络与网络之间所串连成的庞大网络，这些网络以一组通用的协定相连，形成逻辑上的单一巨大国际网络。这种将计算机网络互相连接在一起的方法可称作“网络互联”，在此基础上发展出的覆盖全世界的全球性互联网络称“互联网”，即“互相连接在一起的网络”。

互联网技术的普遍应用，是进入信息社会的标志。不同的人和不同的书对此有不同的解释。但一个基本上大家都同意的观点是，IT由以下三部分组成：

——传感技术，这是人的感觉器官的延伸与拓展，最明显的例子是条码阅读器；

——通信技术，这是人的神经系统的延伸与拓展，承担传递信息的功能；

——计算机技术，这是人的大脑功能的延伸与拓展，承担对信息进行处理的功能。

(2) 万维网(Web)

万维网(亦作“Web”“WWW”“W3”，英文全称为“World Wide Web”)，基于超文本相互连接而成的全球性系统，且是互联网所能提供的服务之一。在这个系统中，每个有用的事物称为一样“资源”；并且由一个全局“统一资源标识符(URI)”标识；这些资源通过超文本传输协议(Hypertext Transfer Protocol)传送给用户，而后者通过点击链接来获得资源。万维网联盟(World Wide Web Consortium，简称 W3C)又称 W3C 理事会，于 1994 年 10 月在麻省理工学院(MIT)计算机科学实验室成立。万维网联盟的创建者是万维网的发明者蒂姆·伯纳斯-李。

万维网是一个庞大的信息网络集合，可通过诸如 Microsoft IE、Netscape Navigator 或 Firefox 之类的浏览器访问。利用浏览器，在客户计算机的屏幕上可以显示文本和图片。采用浏览器与其他应用程序相结合的办法还可以播放声音。用户可以很方便地从网站中选取各种内容，也可以利用该网站中的超链接转到其他网站。

2.2.1.3 处理、存贮及分析数据技术

地理信息系统则承担处理、存贮及分析数据的任务，同时形成万维网地理信息系统(WebGIS)和组件式地理信息系统(ComGIS)。

(1) 基本概念和理论

① 概述

地理信息系统的基本概念：信息、数据、地理数据、地理信息；地理信息系统及其重要类型；地理信息功能概述；地理信息系统的研究内容；地理信息系统发展简史。

② 从现实世界到比特世界

对现实世界的地理认知：认知与认知模型；现实世界的抽象：现实世界、概念世界、地理空间世界、纬度世界、项目世界、比特世界。

③ 空间数据模型

空间数据模型基本概念：场模型；要素模型；基于要素的空间关系分析；网络结构模型；时空模型；三维模型。

④ 空间参照系与地图投影

地球椭球体;坐标系;地图投影基本问题;高斯-克吕格投影;地形图的分幅与编号。

⑤ GIS中数据

数据含义与类型;数据的测量尺度:命名量、次序量、间隔量、比率量;地理信息系统数据质量:数据质量来源与控制;空间数据元数据:元数据的基本概念、元数据的应用、元数据的获取、元数据的存储与功能实现。

(2) 地理信息系统的框架与功能

① 空间数据获取与处理

地图数字化:概述、地图数据类型、数字化仪数字化、扫描矢量化及常用算法;空间数据录入后处理:坐标变化、图形拼接、拓扑生成。

② 空间数据管理

空间数据库:空间数据库、GIS内部数据结构;栅格数据及其编码:栅格数据结构、决定栅格单元代码的方式、编码方法;矢量数据结构及其编码:矢量数据结构、编码方法;矢量与栅格结构的比较与转换算法;空间索引机制;空间信息查询:基于属性特征的查询、基于空间关系和属性特征的查询(SQL)、空间扩展SQL查询语言(GSQL)。

③ 空间分析

空间查询与量算;空间变换;再分类;缓冲区分析;叠加分析;网络分析;空间插值;空间统计分类分析。

④ 数字地形模型(DTM)与地形分析

DEM与DTM;DEM的主要表示方法:规则网格模型、等高线模型、TIN模型、层次模型;DEM模型的相互转换:不规则点生成TIN、网格DEM转成TIN;等高线转为格网DEM、利用格网DEM提取等高线、TIN转为格网DEM;DEM建立:DEM数据采集方法、数字摄影测量、DEM数据质量控制;DEM的分析与应用:格网DEM应用、TIN分析应用。

⑤ 空间建模与空间决策支持

空间分析过程及其模型;空间决策支持模型:空间分析决策的复杂性、基本理论与方法，空间决策系统，空间决策的模型管理；专家系统：专家系统的基本组成、知识处理与系统实例；数据仓库与空间数据挖掘：数据仓库、数据挖掘、空间数据挖掘；GIS空间分析与空间动态建模：GIS与空间动态模型的结合方式、元胞自动机简介、元胞自动机模拟林火蔓延模型、元胞自动机的局限性；空间相互作用与位置(分配模型)：空间优化模型的定义与分类、静态离散空间优化模型的数学表达(线性规划)。

⑥ 空间数据表现与地图制度

地理信息系统数据表现与地图学：数学法则、符号、制图综合；地图的符号；专题信息表现：分类与内容、表现方法、表现手段；专题地图设计：图幅基本轮廓设计、区域范围的确定、专题地图数学基础的设计、图面设计；制图综合：概念、影响因素、基本方法；地理信息的可视化：基本概念、地学可视化类型、虚拟地理环境。

(3) 地理信息系统应用

① 3S集成技术

遥感简介；GPS简介；GIS与RS的集成及具体技术；GIS与GPS的集成及具体技术；GIS、RS、GPS的集成。

② 网络地理信息系统

网络的基本概念；分布式地理信息系统：分布式系统和C/S模型、网络地理信息系统的组合方式、网络地理信息系统的概念设计；WebGIS：简介与实现技术。

③ 地理信息系统应用实例

城市规划、建设管理；农业气候区划；大气污染监测管理；道路交通管理；地震灾害和损失估算；地貌研究；医疗卫生；军事应用。

④ 地理信息系统应用项目组织与管理

地理信息系统应用项目简介：模式与分类、开发方式；应用项目策略规划；应用项目合同；应用项目软硬件规划；子项目划分与管理；项目预算；人员管理；开发与数据管理；项目控制与评估；软件研制与开发质量管理：ISO9000、CMM模型。

⑤ 地理信息系统软件工程技术

软件工程简介；GIS领域的体系结构与构件；GIS需求分析；数据管理设计；界面设计；GIS设计模式；使用CASE工具。

(4) 地理信息系统的前沿问题与发展趋势

① 地理信息系统标准

地理信息系统标准简介;ISO/TC211;OpenGIS。

② 地理信息系统与社会

GIS的社会化;GIS的社会化的相关问题:产业—政策—法律—教育与评估认证;社会对GIS发展的影响。

③ 地球信息科学和数字地球

地球信息科学的概念与研究内容;数字地球的产生背景与概念;数字地球核心技术综述;国家信息基础设施和国家空间数据基础设施。

2.2.2 数字地球的信息基础设施框架

数字地球技术系统是继地球观测系统(Earth Observation System, EOS)、国家信息基础设施(National Information Infrastructure, NII)、全球观测信息网络(GOIN)及国家空间数据基础设施(NSDI)之后的又一信息基础设施。

地球观测系统获取数据,国家信息基础设施传输数据,全球观测信息网络获取和传输数据,国家空间数据基础设施存贮、分发和共享数据,数字地球对数据进行分析、仿真和虚拟实验。

2.2.3 数字地球技术系统的框架

根据阿尔·戈尔的报告,数字地球技术系统的框架是由4个部分组成的。

2.2.3.1 基础技术

多种分辨率的遥感,以计算机为核心的WebGIS与OpenGIS和高速计算机通信网络。

2.2.3.2 关键技术

1米分辨率的卫星遥感技术,海量数据的快速存贮与处理技术,高速网络技术,WebGIS与OpenGIS的互操作技术,多分辨率、多维数据的融合与主体动态表达技术,仿真与虚技术,Metadata技术。

2.2.3.3 实现层

区域与目标层、国家层、地区层和全球层。

2.2.3.4　应用层

专业生产、城市与区域、政治与外交、安全与国防、科研与教学等。

2.3　数字地球核心技术

阿尔·戈尔在他的报告中提及，数字地球技术系统的核心技术包括以下几个方面。

2.3.1　计算科学(Computational Science)

地球是一个复杂的巨系统，地球上发生的许多事件，变化和过程又十分复杂而呈现非线性特征，时间和空间的跨度变化大小不等，差别很大，只有利用高速计算机，我们在今日和跨世纪的未来才有能力来模拟一些不能观测到的现象。

在计算机出现前，科学试验或实验这种创造知识的方法一直受到限制，尤其是对复杂的自然现象(包括地球的某些现象)是不能进行实验的。计算机，尤其是高速计算机，不仅能对复杂的数据进行实时、准实时的分析，而且还能对复杂的现象进行仿真和虚拟实验，从而获得知识创新和发展理论的效果。所以，科学计算被放在首位。

利用数据挖掘技术，我们将能够更好地认识和分析所观测到的海量数据，从中找出规律和知识。计算科学将使我们突破实验和理论科学的限制，建模和模拟可以使我们更加深入地探索搜集到的有关我们星球的数据。

2.3.2　海量存贮(Mass Storage)

仅美国航空航天局(NASA)就每天产生 1000 G 字节的信息，需求每天能存贮和处理 1015 字节以上信息的设施，而且信息量还在不断增长。

1 米分辨率影像覆盖广东省大约有 1TB 的数据，而广东仅是中国的 1/53。所以，要建立起中国的数字地球，仅仅影像数据就有 53TB，这还只是一个时刻的，多时相的动态数据的容量就更大。目前，美国的 NASA 和 NOAA 已着手建立用原型并行机管理的可存贮 1800TM 的数据中心，数据盘带的查找由机器自动而快速地完成。此外，为了在海量数据中迅速找到需要的数据，元数据(metadata)库的建设是非常必要的。元数据是关于数据的数据，通过它可以了解有关数据的名称、位置、属性等信息，从而极大减少用户寻找所需数据的时间。

2.3.3 卫星图像(Satellite Image)

卫星遥感是数字地球获取数据的主要手段，包括不同高度、不同分辨率的陆地卫星系列、海洋卫星系列、气象卫星系列以及小卫星系列，其分辨率从 1 米到 4000 米不等。遥感数据的处理包括辐射纠正、几何纠正、增强、特征提取、自动分类、白动成图、数据压缩等，高分辨率卫星每天都要产生大量的数据，对这些数据的自动的、快速的处理以实时、准确地提取信息是实现数字地球信息获取的关键。

美国行政部已授权商业卫星系统提供 1 米分辨，甚至 1 英尺(约 0.3 米)分辨力的图像，这为编制地图提供了足够的精度，实现了以前只有航空影像才能达到的精度。

2.3.4 宽带网络(Broadband Networks)

数字地球所需要的数据已不能通过单一的数据库来存贮，而需要由成千上万的不同组织来维护。数字地球的服务器需要由高速网络来连接。数字地球需要的数据是由无数个分布在不同部分、不同地点的，即分布式的数据库来存贮，并由高速网络来连接的。

网络的传输速度目前要求 10 G/s，将来要求 1000 G/s。

传输带宽(100 M 到大楼、10 M 到桌面的高速连接)提供各种多媒体服务(视频点播、远程教育、远程医疗、电子商务、电视会议、视频电话等)，24 小时随意上网、不受时间限制的全新网络结构，无需使用电话线，结构简单，维护方便(只需增加一个附加设备即可)，可靠性和安全性高、扩展性强。

2.3.5 互操作(Interoperability)

地理信息互操作技术、空间数据转换标准、转换格式及相关软件的研究也是实现数字地球构想的基础与关键技术。对于使用不同计算机硬件、操作系统和空间数据管理软件的用户，要实现易行而完整无损地将空间数据在系统之间转换，需制定并遵循统一的空间数据转换标准，提供转换机制，保证数据接收者能正确调用所需数据。

随着技术的发展，按照互操作规范开发的不同空间数据处理系统将逐步取代空间数据转换格式的中介作用，通过公共接口来实现不同系统之间、不同数据结构、不同数据格式的数据动态调用。

目前，国际标准化组织地理信息、地球信息业委员会(FGDC)、开放地理数据协会(OpenGIS 协会)等单位都致力于互操作技术的研究，寻求解决空间信息共享的方案。Internet(信息高速公路的雏形)和 World Wide Web 之所以成功，是因为它们有几个简单的且被广泛接受的协议。WebGIS 是一个基于网络的，以地球空间信息的管理、开发、处理和应用为目标的技术系统。OpenGIS 是 GIS 的开放、集成、合作和人机和谐的标准与规范。它可以进行不同层次的互操作，可以使一种应用软件产生的地理信息被另一个软件读取。GIS 产业部门正在通过 OpenGIS Consortium 解决这个问题。

2.3.6 元数据(Metadata)

在创建数字地球的过程中，全球范围内对数字地理信息的需求越来越大，许多单位和个人开始生产、处理和修改地理数据。另外，在计算机信息系统中，在采用模型对地理实体进行研究时，为了保证信息不被误用，需要通过 Metadata 对数据进行详细的描述，这样不仅数据生产者能够充分描述数据集，用户也可以估计数据集对其应用目的的适用性。

元数据是“关于数据的数据”或“管理数据的数据”。通过它可以了解有关数据的名称、位置、作者(或来源)、日期、数据格式以及分辨率等信息。目前，美国联邦地理数据委员会正在同产业界、企业及地方政府共同发展有关诠释数据的标准。

2.4 数字地球关键技术

数字地球关键技术主要包括：信息高速公路与高速网络技术；高分辨率卫星遥感技术；空间信息技术与空间数据基础设施；大容量数据存储技术；可视化和虚拟现实技术；高性能计算能力。

2.4.1 信息高速公路

2.4.1.1 基本概念

信息高速公路，是把信息的快速传输比喻为“高速公路”。所谓“信息高速公路”，就是一个高速度、大容量、多媒体的信息传输网络。其速度之快，比目前网络的传输速度高1万倍；其容量之大，1条信道就能传输大约500个电视频道或50万部电话。此外，信息来源、内容和形式也是多种多样的。网络用户可以在任何时间、任何地点以声音、数据、图像或影像等多媒体方式相互传递信息。

国际互联网是当前信息领域发展最快、作用最大、影响最广、公众关注程度最高的通信网络，它是信息高速公路的具体体现。

2.4.1.2 基本构成

用于传输、存储、处理和显现声音、数据和图像的物理设备，如摄像机、扫描仪、键盘 、电话机、传真机、转换器、光盘、电缆、电线、卫星、光纤传输线、微波网、打印机等。

信息。包括资源、环境、社会、经济、文化、教育等各个领域的图形、图像、文本、多媒体等的海量信息，其中80%与空间位置相关。

应用系统和软件。它们允许用户使用、处理、组织和整理由信息高速公路提供给用户的大量信息。

传输编码与网络标准。这些编码与标准促进网络之间的互相联系和兼容，同时保证网络的安全性和可靠性。

人员。包括信息及设施的生产者、使用者和决策者等。广域网技术是信息高速公路的重要组成部分，如光纤通信、卫星通信和微波通信技术，用户与主干线之间采用光缆、同轴电缆、有线及无线信道相连。信息服务将由超级计算机，大、中、小、微型计算机以及大量的并行机参与。用户终端使用传统的PC机、掌上机、智能电话以及电视设备等。网络上使用的软件将包括网络通信协议、用户界面、数据库系统、业务管理系统、信息获取系统等。

2.4.1.3 关键技术

① 通信网技术；

② 光纤通信网(SDH)及异步转移模式交换技术；

③ 信息通用接入网技术；

④ 数据库和信息处理技术；

⑤ 移动通信及卫星通信，数字微波技术；

⑥ 高性能并行计算机系统和接口技术；

⑦ 图像库和高清晰度电视技术；

⑧ 多媒体技术。

2.4.2 遥感卫星影像

20世纪的遥感卫星影像，在卫星遥感问世的20多年里，分辨率已经有了飞快的提高。这里所说的分辨率指空间分辨率、光谱分辨率和时间分辨率。空间分辨率指影像上所能看到的地面最小目标尺寸，用像元在地面的大小来表示。遥感卫星影像的分辨率已从遥感产生之初的80米提高到30米、10米、5.8米，乃至2米，军用的甚至可达到10厘米。

卫星遥感影像数据实时性强、覆盖面广，已成为获取和更新国家基本比例尺地形图与国家基础地理信息系统不同种类、不同尺度数据库所需信息的重要途径。

2.4.3 空间信息

空间信息(Spatial Information)是反映地理实体空间分布特征的信息。地理学通过空间信息的获取、感知、加工、分析和综合，揭示区域空间分布、变化的规律。空间信息借助空间信息载体(图像和地图)进行传递。图形是表示空间信息的主要形式。地理实体可被描述为**点**、**线**、**面**等基本图形元素。空间信息只有和属性信息、时间信息结合起来才能完整地描述地理实体。

空间信息用于地球研究即为地理信息系统。当人们在数字地球上，进行处理、发布和查询信息时，将会发现大量的信息都与地理空间位置有关。国家空间数据基础设施是数字地球的基础。

2.4.4 信息存贮

2.4.4.1 定义

信息存储是将获得的或加工后的信息保存起来，以备将来应用.信息储存不是一个孤立的环节，它始终贯穿于信息处理工作的全过程。

2.4.4.2　信息储存与数据储存

信息储存和数据储存应用的设备是相同的，但信息储存强调储存的思路，即为什么要储存这些数据、以什么方式储存这些数据、存在什么介质上、将来有什么用处、对决策可能产生的效果是什么等。

2.4.4.3　信息存储的指导思想

“只有正确地舍弃信息，才能正确使用信息。”

2.4.4.4　存储介质

(1) 纸

优点：存量大，体积小，便宜，永久保存性好，并不易涂改。存数字、文字和图像一样容易。

缺点：传送信息慢，检索起来不方便。

(2) 胶卷

优点：存储密度大，查询容易。

缺点：阅读时必须通过接口设备，不方便，价格昂贵。

(3) 计算机

优点：存取速度极快，存储的数据量大。

信息存储应当决定什么信息存储在什么介质中比较合适。总的来说，凭证文件应当用纸介质存储；业务文件用纸或磁带存储；而主文件，如企业中企业结构、人事方面的档案材料、设备或材料的库存账目，应当存于磁盘，以便联机检索和查询。

2.4.4.5　信息存储的作用

信息的储存是信息系统的重要方面，如果没有信息储存，就不能充分利用已收集、加工所得信息，同时还要耗资、耗人、耗物来组织信息的重新收集、加工。有了信息储存，就可以保证随用随取，为单位信息的多功能利用创造条件，从而大大降低费用。

2.4.4.6　信息存储的技术走势

(1) 存储虚拟化技术

随着计算机内信息量的不断增加，以往直连式的本地存储系统已无法满足业务数据的海量增长,搭建共享的存储架构,实现数据的统一存储、管理和应用已经成为一个行业的发展趋势,而虚拟存储技术正逐步成为共享存储管理的主流技术。存储虚拟化技术将不同接口协议的物理存储设备整合成一个虚拟存储池,根据需要为主机创建并提供等效于本地逻辑设备的虚拟存储卷。

使用虚拟存储技术可以实现存储管理的自动化与智能化:在虚拟存储环境下,所有的存储资源在逻辑上被映射为一个整体,对用户来说是单一视图的透明存储,科技网络中心系统管理员只需专注于管理存储空间本身,所有的存储管理操作,如系统升级、改变 RAID 级别、初始化逻辑卷、建立和分配虚拟磁盘、存储空间扩容等常用操作都比从前更加容易。

使用虚拟存储技术可以极大地提高存储使用率:以前困扰科技网络中心的最大问题就是物理存储设备的使用效率不高,以传统磁盘存储为例,一些主机的磁盘容量利用率不高。而一些主机空间却经常不足,致使客户不得不购买超过实际数据量较多的磁盘空间,从而造成存储空间资源的浪费。虚拟化存储技术解决了这种存储空间使用上的浪费,把系统中各个分散的存储空间整合起来,按需分配磁盘空间,客户几乎可以 100% 地使用磁盘容量,从而极大地提高存储资源的利用率。

使用虚拟存储技术可以减少存储成本:由于历史的原因,科技网络中心不得不面对各种各样的、异构环境,包括不同操作系统、不同硬件环境的主机,采用存储虚拟化技术,支持物理磁盘空间动态扩展,而无须新增磁盘阵列,从而降低用户总体拥有成本,增加用户的投资回报率。

(2) 分级存储技术

对于大多数科技文献来说,对文献“引用”的次数在其生命周期内会随着时间的推移而显著下降。基于这一基本的观察推论,我们可以把相对不“活跃”的文献迁移到成本较低的存储级别,从而使存储管理更具成本效益。

分级存储管理(HSM)技术,就是系统根据数据的重要性、访问频次等指标分别存储在不同性能的存储设备上,采取不同的存储方式,实时监控数据的使用频率,并且自动地把长期闲置的数据块迁移到低性能的磁盘上,把活跃的数据块放在高性能的磁盘上。

(3) 数据保护技术

数据保护系统的建设是一个循序渐进的过程，在进行了本地备份系统建设之后，建立一套可靠的远程容灾系统。当灾难发生后，通过备份的数据完整、快速、简捷、可靠地恢复原有系统，以避免因灾难对业务系统的损害。

数字地球将需要存贮 1015 字节的(Quadrillions)信息。1 米分辨率影像覆盖广东省大约有 1 TB 的数据，而广东仅是中国的 1/53。所以，要建立起中国的数字地球，仅仅影像数据就有 53 TB。

2.4.5 可视化

可视化(Visualization)是利用计算机图形学和图像处理技术，将数据转换成图形或图像在屏幕上显示出来，并进行交互处理的理论、方法和技术，是实现数字地球与人交互的窗口和工具，没有可视化技术，计算机中的一堆数字是无任何意义的。数字地球的一个显著的技术特点是虚拟现实技术。建立了数字地球以后，用户戴上显示头盔，就可以看见地球从太空中出现。

2.4.6 数据仓库

地球是一个复杂的巨系统，地球上发生的许多事件、变化和过程又十分复杂而呈非线性特征，时间和空间的跨度变化大小不等，差别很大，只有利用高速计算机，我们在今日和跨世纪的未来才有能力模拟一些不能观测到的现象。利用数据挖掘技术，我们将能够更好地认识和分析所观测到的海量数据，从中找出规律。

数据仓库，是在数据库已经大量存在的情况下，为了进一步挖掘数据资源、为了决策需要而产生的，它并不是所谓的“大型数据库”。数据仓库的建设目的，是为前端查询和分析打好基础，由于数据冗余，所以需要的存储空间也较大。数据仓库往往有如下几个特点。

2.4.6.1 效率足够高

数据仓库的分析数据一般分为日、周、月、季、年等，可以看出，日为周期的数据要求的效率最高，要求 24 小时甚至 12 小时内，客户能看到昨天的数据分析。由于有的企业每日的数据量很大，设计不好的数据仓库经常会出问题，延迟 1～3 日才给出数据显然不行。

2.4.6.2 数据质量

数据仓库所提供的各种信息，肯定要准确的数据，但由于数据仓库流程通常分为多个步骤，包括数据清洗、装载、查询、展现等，复杂的架构会有更多层次，那么由于数据源有脏数据或者代码不严谨，都可以导致数据失真，客户看到错误的信息就可能导致分析出错误的决策，造成损失，而不是效益。

2.4.6.3 扩展性

之所以有的大型数据仓库系统架构设计复杂，是因为考虑到了未来 3～5 年的扩展性，这样的话，未来不用太快去重建数据仓库系统，就能很稳定地运行。主要体现在数据建模的合理性，数据仓库方案中多出一些中间层，使海量数据流有足够的缓冲，不至于数据量大很多，就运行不起来了。

广义地说，基于数据仓库的决策支持系统由 3 个部件组成：数据仓库技术，联机分析处理技术和数据挖掘技术，其中数据仓库技术是系统的核心。

2.5 数字地球无级比例尺数据管理技术

2.5.1 概述

无级比例尺数据管理是多种数据融合与仿真虚拟技术的必要条件。

所谓“数字地球”无级比例尺数据管理是指以一个大比例尺（如 1∶5 万）空间数据库为基础数据源，在一定区域内空间对象的信息量随比例尺变化自动增减，从而使得空间地理信息的压缩和复现与比例尺自适应的一种信息处理技术。

“数字地球”无级比例尺数据管理技术是一个世界性的难题，同时它也潜藏着巨大的商业和社会应用价值。随着 3S 技术的飞速发展，各行业对不同地学应用目的和比例尺条件的地图产品需求与日俱增，规模空前。但是由于数字制图综合（无级比例尺）技术的瓶颈限制，目前大规模地图生产仍停留在传统手工作业的水平，因此不论从地图产品的种类、数量，还是生产速度和周期等方面都远远不能满足飞速发展的社会需要。

尽管无级比例尺信息综合技术具有极为重要的价值，但由于该技术体系涉及的地理要素复杂多样，空间信息的综合规律难以描述和表达，因此需要非常先进、科学的制图综合模型、数据库、计算机人工智能与GIS信息处理技术的支持。近年来随着现代地图学、现代应用数学及相关信息综合技术理论的发展，以数字制图综合为基础的无级比例尺信息处理技术研究得到很大进步，从学术理论探讨到技术系统开发已成为20世纪90年代GIS的研究热点。其中，比较典型的具有部分无级比例尺信息处理功能的商业化产品是Autodesk公司的MapGuide和Intergraph公司的MGE，这些产品通过人机交互可进行一定程度上的信息综合处理。

2.5.2 研究内容

制图综合中各地理要素的“取舍”与“概括”是按照地物在时空范围内表现出来的差异性，由主要到次要、从高级到低级、由大到小、从整体到局部的严格次序来进行的，然而要用数学和逻辑语言来描述这个过程，必须首先将地物要素在空间属性方面进行等级化标定，然后建立面向空间对象的属性数据库，为实现无级比例尺信息处理提供准确、可靠的背景知识。

无级比例尺信息综合的实现将涉及以下几个方面的关键技术。

2.5.2.1 无级比例尺GIS数据库

地球是一个无限复杂、丰富多彩的世界，各种空间对象的层次结构和重要程度(从属地位)是通过该地理实体的空间属性所体现的。为了精确描述各空间对象之间所存在的差异性和相互关系，需要建立以属性特征为基础的地理实体空间数据库，这是实现GIS无级比例尺信息处理的核心技术。

2.5.2.2 面向空间对象的地理实体分类

由于自然界中的任何事物都具有整体上的统一性和内部结构上的差异性，具体表现为时间上的次序性和空间上的层次性，从而构成完整、严密的地物分类分级系统。空间对象质量和数量特征分类系统。通过面向空间对象的地理实体分类可以建立结构化的空间地理信息体系，为空间属性数据库的生成奠定基础。

2.5.2.3 无级比例尺GIS地理信息编码

研究用数学和逻辑语言描述地理实体空间分布特征及其变化规律的空间对象地理编码模型。由于计算机模拟人脑思维的本质是要将一个复杂的质的问题转化为多个简单的量的问题，因此必须首先对空间实体在质量和数量等属性特征方面进行等级化标定，以便计算机能够“判断”出不同空间对象的主次、轻重地位，为地理要素的取舍提供客观、准确、科学的依据。

2.5.2.4　无级比例尺 GIS 信息综合模型

研究地图制图综合的本质特征及空间地理信息随比例尺变化的信息量增减规律，其内容是构建无级比例尺 GIS 的空间对象数量选择模型、空间对象内容选取模型和空间对象图形概括模型。

2.5.2.5　无级比例尺 GIS 的图形语义模型库

为了形象、直观、科学地表达各地学领域的地理信息，需要建立面向不同地学应用的地图符号库管理系统，以便计算机在完成地理实体的无级比例尺 GIS 信息处理后，自动调用相应的地图符号为每个空间对象赋予适宜的图形语义。因此，我们需要根据现代地图学理论，研究适于表达不同地学领域的无级比例尺 GIS 地图符号库系统。

2.5.2.6　WebGIS 无级比例尺数据管理组件

WebGIS 是“数字地球”无级比例尺信息处理所依赖的基础技术平台，它的设计方法和技术路线将直接影响 WebGIS 信息综合的功能和效率。WebGIS 无级比例尺管理组件主要包括：嵌入 WebGIS 服务器、WebGIS 编辑器和 WebGIS 浏览器 3 个平台层次的无级比例尺数据库管理、信息综合、图形语义模型，等等。

2.5.3　无级比例尺信息处理流程

无级比例尺信息综合的目标是根据数据显示窗口大小来确定该区域范围的地理要素选取数量和选取内容。人工制图综合主要依靠人眼识别区域地理特征，并通过大脑综合判断各地理要素的重要性，然后按照“重要程度”从高到低的次序将地物选取到新编地图上。显然，计算机没有综合与模糊判断能力，但是我们可以让机器模仿人工制图综合的思想过程，将一个复杂的质的问题转化为多个简单的量的问题。这样充分利用计算机的高速计算能力可以将复杂问题简化处理，其方法是通过空间属性数据库先将各地理要素根据其空间属性特征之间的差异进行等级化标定，这样计算机就能够根据不同的属性特征值精确计算不同地理要素的“重要程度”，并对每个类别的要素按照重要性程度高低进行排序，为计算机自动选取各类重要地物提供客观、准确、科学的依据。

“数字地球”无级比例尺技术的具体目标是:在 Internet 环境下,通过人机交互和消息传递模式,实现以主题(地学应用)和地理区域为条件的空间对象无级比例尺信息处理。

在进行无级比例尺 GIS 信息处理时,以原图内容载负量为基础,按照空间对象的信息综合模型,先确定新图比例尺条件下的空间对象数量选取标准,然后确定选取内容,继而对线状要素进行图形概括,最终在满足地图编绘规范和最佳目视效果条件下,以最大的信息载负量进行可视化输出。具体实现过程如下。

2.5.3.1 确定地学应用

用户通过 TCP/IP 在客户端确定具体的地学应用目标,包括应用专题(如土地利用分类)和地区范围(如,黄淮海地区),WebGIS 将远程浏览器上的请求传送到 WebGIS 服务器。

2.5.3.2 指定信息源

信息源是指 WebGIS 无级比例尺管理所依赖的原始数据源,它是以某区域范围(如,中国全境)的大比例尺(如 1∶5 万)基础地理和专题信息所构成的大型空间数据库,该数据库通常由数千或数万幅同比例尺的系列图件(如地形图、专题图)在统一的地理坐标参照下逻辑拼接而成,并由地图库管理系统负责维护和更新。

2.5.3.3 计算新图比例尺

有了用户选定的区域范围及其在屏幕上的显示面积(或成图幅面),即可推算出新的地图比例尺,这是无级比例尺 GIS 信息处理的前提条件。

2.5.3.4 分层处理

一个应用项目通常由多个数据层(地物要素)构成,对不同的空间对象进行无级比例尺 GIS 信息处理时需要与之相适宜的模型和算法,这样可以将复杂的地学问题分别加以解决,这种方法称为地理要素的分层、分维。例如,可将地理要素分为基础地理要素(居民地、道路网、水系、等高线、境界)和专题地理要素两大类(如土地利用分类),然后再按各地理要素的内容特点细分数据层,对水系来说可细分为点层(井、泉)、线层(单线河、双线河)和面层(水库、湖泊、池塘),最后根据不同数据层的要素进行相应的信息综合处理。

2.6 数字地球的虚拟与仿真技术

2.6.1 基本概念

2.6.1.1 虚拟技术

全称为虚拟现实(Virtual Reality)技术,是指运用计算机技术生成一个逼真的具有视觉、听觉、触觉等效果的可交互、动态世界,人们可以对该虚拟世界中的虚拟实体进行操纵和考察。它具有以下特点:

第一,用计算机生成一个逼真的物体,具有三维视觉、立体听觉和触觉的效果。

第二,用户可以通过五官、四肢与虚拟实体进行交互,如移动由计算机生成的虚拟物体,并产生符合物理的、力学的和生物原理的行为和逼真的感觉。

第三,虚拟技术具有从外到内,或从内到外观察数据空间的特征,在不同空间漫游。而一般可视化,仅仅是从计算机的监视器上从外到内进行观察数据空间,缺乏临场感。

第四,往往需要借助三维传感技术(如数字头盔、手套及外衣等)为用户提供一个可操作的环境,然后可在该环境生成的虚拟世界中自由漫游。

第五,虚拟有三种类型:只看到计算机产生的虚拟世界,即图像(投入式);既能看到虚拟世界,又能看到真实世界(非投入式);能把虚拟与真实世界相叠加(混合式)。

2.6.1.2 仿真技术

仿真技术与虚拟技术有很多相同之处,但存在着一定的差别。仿真技术的特点是:用户对虚拟的物体只有视觉或听觉,没有触觉;用户没有亲临其境的感觉,只有旁观者的感觉;不存在交互作用;如用户推动计算机环境中的物体,不会产生符合物理的、力学的行为或动作。

虚拟与仿真都是由计算机进行科学计算和多维表达(显示)的重要方面。它的应用前景与科学价值广泛受到注意。尤其是虚拟技术,近来日益受到重视。

虚拟技术的基础:高级的三维图形技术、问题求解工具、多媒体技术、网络通信技术、数据库、信息系统、专家系统、面向对象技术和智能决策支持系统等技术的集成。

虚拟技术的一个特点是将过去认为只擅长于处理数字化的单维信息的计算计发展会也能处理适合人的特性的多维信息。G. Burdea(1993)提出了虚拟技术是由 Immersion-Interaction-Imagination(沉浸-交互-想象),即“I3”组成,它强调人的主导作用。

2.6.1.3　沉浸

沉浸是指具有立体视觉、听觉甚至触觉的身临其境的感觉,它有以下特点:

第一,从过去只能从外部去观察仿真建模的结果,到人能够沉浸到仿真建模的环境中去。

第二,从只能通过键盘、鼠标与计算机环境中的单维数字化信息发生作用,到人能通过多种传感器与多维化信息的、适合人的环境发生交互作用,即人们能通过人的视觉、听觉、嗅觉、体势、手势或口令参与到信息处理的环境中去。

第三,从人只能以定量计算为主的结果中得到启发,到获得亲临其境的体验,从而加深对事物的认识,并有可能从定性和定量的综合集成环境中得到感性和理性的认识,直到参与和深化人的认知与思维。

虚拟技术所支持的多维信息空间将提供一种能使人沉浸其中、超越其上、进出自如、交互作用的环境,从而为人类认识世界和改造世界提供了强大的武器。

虚拟技术在制造业、建筑业、驾驶员培训等方面已经取得了很大的成绩,在虚拟教室、虚拟实验室、虚拟解剖室、虚拟商场、虚拟银行、虚拟法院等方面也有一定的效果。

虚拟现实的另一个概念是“遥操作”或“遥现”技术,它们指基于虚拟现实技术在远离处对分布式的计算机系统,包括 GIS 或其他仪器和机器进行控制或操作,包括对远距离的机械进行操作或将远距离处的景象进行显示的技术,即 WebGIS、ComGIS 与 VR - GIS 相结合的技术。

2.6.2 虚拟现实系统的基本类型

2.6.2.1 视频映射系统

指使用常规计算机的显示器表达虚拟世界的技术系统，又称桌面虚拟现实系统或世界之窗。人们可以通过计算机屏幕看见一个虚拟世界，景象看起来和听起来真实，而且行为或运动也真实。

2.6.2.2 沉浸式系统

指运用头盔式、手套式、盔甲式的显示器和传感器使人的视觉、听觉、触觉及其他一切感觉沉浸在虚拟世界的计算机系统中，或者是指利用多个大型投影产生一个房间，观众处于其中而有一个身临其境的感觉。这是较高级的虚拟现实系统。

2.6.2.3 分布式虚拟系统

指 VR 技术与 Internet - Web(包括 Intranet 和 Extranet)相结合的多媒体虚拟系统。该系统的特点是数据存放在不同地点、不同单位的，即分布式的数据库中，使用时通过 Internet - Web 标尺集成，再用 VR 技术处理、显示，通过遥测、遥控技术把用户的感觉和真实世界中的远程传感器连接起来，形成与真实世界结合在一起的感觉。

2.6.3 虚拟技术系统的结构

2.6.3.1 输入处理技术

除了一般的硬件和软件外，还要有方位跟踪器手套、小棒、头部跟踪器(头盔)、数据衣(盔甲)以及高精度实时跟踪用户形体输入处理器、网络化的 VR 系统，还需加上接收器。语音识别系统也是其主要的组成部分，数据手套还需增加姿态识别功能。

2.6.3.2 仿真处理技术

这是 VR 系统的核心。它处理交互执行物体的脚本，以实现所描述的动作，仿真真实的或想象的物理规律，并确定世界的状态。仿真引擎(Simulation Engine)负责把用户输入、碰撞检测、脚本描述等既定任务送入世界，并确定虚拟世界中将要发生的动作。对网上 VR 系统来说，可能在多个仿真过程互相不同的计算机上运行，而其中每一个都使用不同的时间步，调度十分复杂。

2.6.3.3 描绘输出技术

这是VR技术系统的最终成果，目的是使用户有身临其境的感觉，包括视觉、听觉、触觉和力觉及其他生物学的感觉等。

视觉描绘器：以计算机图形学、科学可视化和动画为基础的，包括实体造型、光照模型、实体绘制、消影、纹理影射、场景造型及材质等。其绘制质量取决于阴影模型。动态性和适时性是视觉描绘的关键。

听觉描绘器：音频组件的质量对听觉描绘影响很大。它能产生单声道、立体声或3D效应。仅有立体声是不够的，因为人的思维总是力图在头脑中对声音定位。声音只有通过头相关变换函数(HRTF)处理，才能产生3D效果。

触觉描绘系统：主要是接触和力反馈的感觉的描述。很多力觉系统是一种骨架形式，它既能确定方位，又能产生移动阻力和抵抗阻力的感觉。目前，对温度感觉的研究也已经有了一定的进展。

2.6.3.4 数据库系统

包括现势数据和历史数据都是主要的数据内容。数据库应包括分布式的在内，都是以地理坐标为依据，多分辨率的、三维的、动态的和空间场景的海量数据。每一个数据都有属性、空间和时间三大特征。

2.6.3.5 虚拟语言

这是系统操作或处理的纽带。虚拟现实建模语言(Virtual Reality Modeling Language，VRML)是一项与多媒体通信、互联网、虚拟现实密切相关的技术系统，是一种描述互联网上交互式、多维、多媒体的标准文件模式。VRML技术能把2D、3D文本和多媒体集成为统一的整体，是Cyber Space的基础。VRML文件是一个基于时间的三维空间的图形对象(视觉对象)和听觉对象的描述技术，并能支持多个分布式文件的多种对象和机制，产生全新的交互式的应用。

2.6.4 虚拟地理信息系统(VR-GIS)

2.6.4.1 虚拟地理信息系统(VR-GIS)

VR-GIS技术是指虚拟现实技术与地理信息系统技术的相结合的技术，包括与网络地理信息系统(WebGIS、ComGIS)相结合的技术。VR-GIS技术是指一种专门用于研究地球科学的，或以地球系统为对象的虚拟现实技术，是20世纪

90年代才开始的。

VR-CIS技术目前还不用数字化头盔、手套和衣服，而是运用虚拟现实建模语言(VRML)，可以在PC机上进行，使费用大幅降低，所以它具有被广大用户接受的特点，但实际上只能称为仿真。它虽然只具有三维立体、动态、声响，即具有视觉、听觉、运动感觉(假的)的特点，而没有触觉、嗅觉的特点，只是通过大脑的联想，但也有一定的身临其境的效果，如洛杉矶城市改造的虚拟、寒武纪古环境的虚拟、圣安得利斯断层地震的虚拟等科学性很强的教学虚拟光盘，以及《侏罗纪公园》《龙卷风》等娱乐性虚拟影视等典型例子。所以它还不是真正的虚拟，而是一种准虚拟或不完善的虚拟，又或半虚拟技术。

VR-GIS与WebGIS相结合技术，可以进行远距离“遥操作”和“遥显示”或“遥视”“遥现”的技术，如美国6所大学的高层大气物理学家与加拿大的大学同行合作，对格陵兰上空的大气与太阳风之间的相互作用进行了网上的共同观测与讨论。该项目的名称为“高层大气研究网上合作(UARC)计划”，使那些相隔千山万水的科学家相会在同一虚拟实验室，让分布在不同地区的专家进行共同实验、讨论、分享成果。

2.6.4.2 虚拟地理信息系统(VR-GIS)的特点

(1) Fause的VR-GIS特征

Fause(1993)提出理想的VR-GIS有以下特征：

① 对现实的地理区域的非常真实的表达；

② 用户在所选择的地理带(地理范围)内和外自由移动；

③ 在3D数据库的标准GIS功能(查询、选择和空间分析等)；

④ 可视化功能必须是用户接口的自然的整体部分。

(2) Berger的VR-GIS的主要特征

Berger(1996)等人指出，GIS和VR两个技术的连接，主要是通过虚拟现实建模语言(VRML)转换文件格式，把GIS信息转到VR中表示。VR-GIS方法是基于一个耦合的系统，由一个GIS模块和VR模块组成。目前，VR-GIS的主要特征有：

① 系统的数据库是传统的GIS。

② VR 的功能是增加 GIS 的制图功能。

③ 越来越多的解决方案采用 VRML 标准，尽管它有一些限制。VR-GIS 不仅是一个工具盒，而且有 Internet 的功能。

④ 基于 PC 系统的趋势，它依赖于桌面 GIS。

⑤ 松耦合的 VR 和 GIS 软件，图形数据通常是通过一个共同的文件标准来转换的，系统间的同步依赖于通信协议，如 RCP。

3 数字国土

3.1 数字国土

3.1.1 数字国土概念

国土资源调查、评价、管理、规划、开发与利用等各个环节，都涉及海量数据资料的采集、管理、处理与决策，在信息资源与物质资源同等重要的今天，迫切需要利用现代信息技术，来实现国土资源信息的采集、传输、存储、处理和服务的数字化、网络化、可视化和智能化，全面提升国土资源工作的效率，实时地为政府决策和社会应用提供信息服务。

数字国土即国土资源综合信息系统，是以国土资源为研究对象，以遥感技术(RS)、地理信息系统技术(GIS)、全球定位系统技术(GPS)及计算机网络技术为支撑，获取、存储、分析和处理多源、多分辨率的国土资源数据，运用多媒体和虚拟仿真技术对国土资源的研究成果进行空间表达，具有数字化、时间化、空间化、网络化和可视化的技术系统，是“数字地球”在国土资源领域的应用和实现。

3.1.2 数字国土的特点

数字国土本质上就是国土资源综合信息系统，除了超大量的信息和信息系统外，其主要特点如下：

数字国土具有数字性、时间性、空间性和整体性，四者融合统一，形成了与其他信息系统的根本区别，是人类历史上的最重大的信息系统。

数字国土的数据是多源、多比例尺、多分辨率的，有历史的和现时的，有矢量和栅格格式的数据，并且具有无边无缝的分布式数据结构。

数字国土具有可以及时获取、存储、分析与处理超大量数据的数据仓库，以及多种可以融合、显示和处理多源数据的机制。其数据也按照不同用户的权限划分为普通、限制和保密等不同等级。

数字国土采用开放平台、模块化结构和动态互操作等先进的技术方案。以文字、图形图表和影像等形式提供免费或者收费的局部或者全球范围内的国土资源的数据、信息和知识的服务。

数字国土的用户可以用多种方式、实时调用有关国土信息，Internet 上的用户可以根据自己的权限查询数字国土信息并进行可视化操作。

数字国土服务于整个社会领域，无论是政府机关、企业，还是科研院所或者生产部门，无论是专业技术人员或者普通老百姓，都可以在数字国土里找到相关国土资源信息。

3.1.3 数字国土主要内容

数字国土是支持构建国土资源管理的信息系统。全国国土资源管理信息系统是国家、省、地、县多级分布式系统，是利用计算机网络技术构建的全国国土资源管理信息系统专业网。各地区的国土资源管理单位是全国国土资源管理信息系统中的一个节点，拥有独立运行的国土资源管理信息系统，其功能可以支持本单位的国土资源管理工作，其内容包括支持国土资源管理业务运作的应用系统和存储图文数据的数据库两大部分，同时定期更新图件和数据，保持数据的完整性和一致性。支持国土资源管理业务运作的应用系统在系统分析的基础上设计和建设，既有通用性，又有特殊性，可以依据单位的特点自行开发和扩充。系统包括国土资源规划子系统、耕地保护子系统、地籍管理子系统、土地利用管理子系统、矿产开发管理子系统、矿产资源储量管理了系统、地质环境管理子系统、地质勘查管理子系统、国土资源政策法规子系统和国土资源执法监察子系统等。

数字国土基础数据库，包括土地资源数据库；矿产资源数据库；辅助决策数据库（决策模型、决策方法）和法规标准数据库等。基础数据库是数字国土工程建设的核心内容，它涵盖了土地管理规划、矿产资源管理规划、地质环境等应用系统的所有基础数据。

数字国土工程数据更新与国土资源动态监测，包括斑块监测、总量监测和变化报警等。斑块监测主要通过地面调查和遥感调查监测全国和省、自治区、直辖市的耕地、林地和草地；而总量监测则主要通过地面及遥感抽样调查监测。数字国土工程是国土资源的数字网络系统，其相关业务范围包括国土规划、耕地保护、地籍管理、土地利用管理、矿产开发管理、矿产资源管理、地质勘探管理、地质环境管理、法规监察、战略决策、政务办公、综合管理、综合统计等。

3.2 数字国土的技术系统

3.2.1 数字地球与数字国土

数字国土是伴随着数字地球的深入研究而产生的，是数字地球在国土资源领域的应用研究。数字地球和数字国土技术创新的浪潮使我们能够大量地获得、存储、处理和显示关于我们行星的各种环境和文化信息。如此大量的信息构成了"地理坐标系"，它涉及地球表面每一个特定的地方。美国的地球资源技术卫星已经工作了好多年，我国的地球资源技术卫星也已升空。尽管我们对这类信息有着巨大的需求，但大多数图像还不能被我们所利用。问题在于用什么方法把信息显示出来。"数字地球"使我们有机会把有关我们社会和星球的巨量原始数据转变为有用的信息。这种数据将不仅包括高分辨率的地球卫星图像，而且包括数字地图，以及经济、社会和人口统计方面的信息。

数字地球是以全球范围内的自然、社会、人文作为研究对象的，是人类以数字形式来表达地球信息，是信息化、数字化的地球。数字国土则主要是以国土范围内的资源、环境为研究对象，在建立系统的基础上，研究资源配置和可持续发展的关系及环境演变与人类生存的关系。

3.2.2 网络技术

3.2.2.1 基本概念

网络技术是 20 世纪 90 年代中期发展起来的新技术，它把互联网上分散的资源融为有机整体,实现资源的全面共享和有机协作,使人们能够透明地使用资源的整体能力并按需获取信息。资源包括高性能计算机、存储资源、数据资源、信息资源、知识资源、专家资源、大型数据库、网络、传感器等。当前的互联网只限于信息共享,网络则被认为是互联网发展的第三阶段。网络可以构造地区性的网络、企事业内部网络、局域网网络,甚至家庭网络和个人网络。网络的根本特征并不一定是它的规模,而是资源共享,消除资源孤岛。

3.2.2.2 主要功能

一般来说,计算机网络可以提供以下主要功能:

(1) 资源共享

网络的出现使资源共享变得很简单,交流的双方可以跨越时空的障碍,随时随地传递信息。

(2) 信息传输与集中处理

数据是通过网络传递到服务器中,由服务器集中处理后再回送到终端。

(3) 负载均衡与分布处理

负载均衡同样是网络的一大特长。举个典型的例子:一个大型 ICP(Internet 内容提供商)为了支持更多的用户访问其网站,在全世界多个地方放置了相同内容的 WWW 服务器;通过一定技巧使不同地域的用户看到放置在离他最近的服务器上的相同页面,这样来实现各服务器的负荷均衡,同时用户也少走了不少冤枉路。

(4) 综合信息服务

网络的一大发展趋势是多维化,即在一套系统上提供集成的信息服务,包括政治、经济等各方面的资源,甚至同时还提供多媒体信息,如图像、语音、动画等。

3.2.2.3 网络技术

网络技术主要解决数字国土工程中海量数据高速传输的问题,为国土资源信息共享打下了良好的基础,尤其是宽带网络,是数字国土工程的基础和骨架,在系统中发挥重要的作用。

3.2.3 3S技术

3.2.3.1 RS

遥感技术是从远距离感知目标反射或自身辐射的电磁波、可见光、红外线对目标进行探测和识别的技术。例如，航空摄影就是一种遥感技术。人造地球卫星发射成功，大大推动了遥感技术的发展。现代遥感技术主要包括信息的获取、传输、存储和处理等环节。完成上述功能的全套系统称为遥感系统，其核心组成部分是获取信息的遥感器。遥感器的种类很多，主要有照相机、电视摄像机、多光谱扫描仪、成像光谱仪、微波辐射计、合成孔径雷达等。传输设备用于将遥感信息从远距离平台（如卫星）传回地面站。信息处理设备包括彩色合成仪、图像判读仪和数字图像处理机等。

它的特点就是多传感器、高分辨率、多时相，能快速获取信息。

3.2.3.2 GIS

GIS就是一个专门管理地理信息的计算机软件系统，用于查询、检索、修改、输出、更新数据和信息等，可视化功能，可以清晰直观地表现出信息的规律和分析结果，同时还能在屏幕上动态地监测“信息”的变化。地理信息系统一般由计算机、地理信息系统软件、空间数据库、分析应用模型、图形用户界面及系统人员组成。地理信息系统技术现已在资源调查、数据库建设与管理、土地利用及其适宜性评价、区域规划、生态规划、作物估产、灾害监测与预报、精确农业等方面得到了广泛应用。

地理信息系统技术的发展为数字国土提供了重要的技术支撑，利用地理信息系统软件可以以地理信息为定位基础管理各个层次的数字国土信息，可以体现数字国土信息的综合性、层次性特点；地理信息的可视化表现能力尤其适合直观、准确地表现不同决策阶段的各种数字国土资源信息；地理信息系统的处理和分析功能，可以直接支持与地理位置和地类有关的问题分析和决策。

3.2.3.3 GPS

利用卫星，在全球范围内实时进行定位、导航的系统，称为全球定位系统，简称GPS。GPS功能必须具备GPS终端、传输网络和监控平台三个要素。

GPS是美国从20世纪70年代开始研制，于1994年全面建成，具有海、陆、空全方位实时三维导航与定位能力的新一代卫星导航与定位系统。GPS是由空间星座、地面控制和用户设备等三部分构成的。GPS测量技术能够快速、高效、准确地提供点、线、面要素的精确三维坐标以及其他相关信息，具有全天候、高精度、自动化、高效益等显著特点，广泛应用于军事、民用交通（船舶、飞机、汽车等）导航、大地测量、摄影测量、野外考察探险、土地利用调查、精确农业以及日常生活（人员跟踪、休闲娱乐）等不同领域。

全球定位系统、全球轨道导航卫星系统、双星导航定位系统，与导航技术、现代通信技术相结合的全新的空间定位技术。

3.2.3.4　3S技术

3S技术是遥感技术（Remote Sensing，RS）、地理信息系统（Geography Information System，GIS）和全球定位系统（Global Positioning System，GPS）的统称，是空间技术、传感器技术、卫星定位与导航技术和计算机技术、通信技术相结合，多学科高度集成的对空间信息进行采集、处理、管理、分析、表达、传播和应用的现代信息技术。

我国GPS技术应用已开始进入民用和商业化阶段；RS技术应用具有世界先进水平；GIS技术已广泛应用于全国大部分城市的UIS建设中。

3S技术是数字国土工程中的空间数据获取、处理和管理的技术基础。

3.2.4　数据库技术

数据库技术是通过研究数据库的结构、存储、设计、管理以及应用的基本理论和实现方法，并利用这些理论来实现对数据库中的数据进行处理、分析和理解的技术。也就是说，数据库技术所涉及的具体内容主要包括：通过对数据的统一组织和管理，按照指定的结构建立相应的数据库和数据仓库；利用数据库管理系统和数据挖掘系统设计出能够实现对数据库中的数据进行添加、修改、删除、处理、分析、理解、报表和打印等多种功能的数据管理和数据挖掘应用系统；并利用应用管理系统最终实现对数据的处理、分析和理解。

数据库技术为海量数据的高效存贮访问、优化管理以及分布式异地共享提供了保障和基础；另外，相关的专业理论与地理信息领域的交叉结合也必不可少。

国土资源数据库涵盖人口、资源和环境，是国土资源的信息化（或数字化）表示，是国家经济和社会发展的基础信息资源平台。

3.2.5 其他技术

3.2.5.1 Web 技术

Web 是互联网的使用环境、氛围、内容等。Web 技术是指开发互联网应用的技术总称，一般包括 Web 服务端技术和 Web 客户端技术（包括网站的前台布局、后台程序、美工、数据库领域等的技术概括性的总称）。

WWW 是当前 Internet 上最流行的分布式多媒体超文本信息系统，它把国土资源相关的文本、图像、图形、声音、视频等信息集成，为数字国土各级各类用户服务。

3.2.5.2 虚拟仿真技术（VR）

虚拟仿真技术又称虚拟现实技术或模拟技术，就是用一个虚拟的系统模仿另一个真实系统的技术。从狭义上讲，虚拟仿真是指 20 世纪 40 年代伴随着计算机技术的发展而逐步形成的一类试验研究的新技术；从广义上来说，虚拟仿真则在人类认识自然界客观规律的历程中一直被有效地使用着。由于计算机技术的发展，仿真技术逐步自成体系，成为继数学推理、科学实验之后人类认识自然界客观规律的第三类基本方法，而且正在发展成为人类认识、改造和创造客观世界的一项通用性、战略性技术。同时，人们对仿真技术的期望也越来越高，过去，人们只用仿真技术来模拟某个物理现象、设备或简单系统；今天，人们要求能用仿真技术来描述复杂系统，甚至由众多不同系统组成的系统体系。这就要求仿真技术进一步发展，并吸纳、融合其他相关技术。

虚拟现实（Virtual Reality）技术，简称 VR，是 20 世纪 80 年代新崛起的一种综合集成技术，涉及计算机图形学、人机交互技术、传感技术、人工智能等。它是由计算机硬件、软件以及各种传感器构成的三维信息的人工环境——虚拟环境，可以逼真地模拟现实世界（甚至是不存在）的事物和环境，使人投入这种环境中时立即有“亲临其境”的感觉，并可亲自操作，自然地与虚拟环境进行交互。

3.3 数字国土的应用体系

数字国土主要研究国土范围内的国土资源与环境，因此，依据我国目前的行政单位级别，可以把数字国土的应用单位体系划分为国家级、省级、地市级、县市级、乡镇级和村级六个不同体系，不同体系有不同的结构。

3.3.1 国家级

国家级应用体系是数字国土最大的应用级别，以国家范围内国土资源综合调查为支撑。在国家范围内，在国土资源、环境等全方位的综合、系统调查获取信息的基础上，研究国土资源的时间上、空间上的分布规律及其相互联系、相互制约的关系，进一步建立由国家主管部门（如自然资源部）负责实施的综合性的国家级国土资源信息系统。

国家级数字国土的建立，为国家从宏观上制定经济发展规划提供了依据，由于国家级数字国土项目覆盖范围为国土范围，涉及面广，所以通常都采用 1∶500 万至 1∶400 万比例尺，数据源以 TM 遥感图像为主，结合有关数据统计资料。

3.3.2 省级

省级数字国土的建立，依据其覆盖范围，拟采用 1∶25 万至 1∶100 万比例尺，TM、SPOT 为主要数据源，对省级范围内典型地区则辅以航空相片。

省级数字国土以省级国土资源遥感综合调查为依托，为省级国民经济和社会发展跃升期规划、国土综合开发整治、地区经济发展规划提供决策依据。

3.3.3 地市级

地市级和重点开发区如大江、大河流域数字国土的建立，是对地市一级国土资源进行管理与分析，为地区经济发展规划提供决策依据。

该级数字国土建立以 1∶10 万至 1∶25 万比例尺为宜，数据源以 SPOT、TM 和航空相片为主，辅以野外实测资料。

3.3.4 县市级、乡镇级、村级

县级和重点工程区以 1∶5 万至 1∶10 万比例尺为宜，数据源为航空相片和

野外实测资料。

乡镇级的数字国土以 1∶10000 至 1∶25000 为基础比例尺，数据源以实测为主，辅以航空相片。

村级数字国土是数字国土应用系列的最小级别，工作比例尺为 1∶1000 至 1∶2000，为村级国土规划提供科学资料。

3.4 我国“数字国土工程”

3.4.1 总体部署

3.4.1.1 基础数据库

基本建成土地和矿产资源以及相关地学的基础数据库，建成国家油气资源数据库，基本完成重要地质资料的数字化，使国土资源数字化信息初步满足国土资源管理和调查评价的需要；基本形成国土资源信息社会化服务体系。

3.4.1.2 政务管理信息系统

政务管理信息系统建设基本满足地政、矿政管理工作的需求，初步实现国土资源政务管理工作流程的信息化；现代信息技术得到较为广泛的应用，实现地质调查评价主流程的信息化。

3.4.1.3 国土资源信息网络

初步形成国家、省、地（市）、县四级国土资源信息网络；基本完成国土资源信息化标准建设。数据交换技术取得实质性进展。

3.4.2 主要成果

3.4.2.1 基础数据库建设

在基础数据库建设方面，初步形成了地政、矿政两大基础数据库管理体系和基础地学数据库管理体系，建立了全国土地资源数据库、矿产资源基础数据库和基础地学数据库。

土地资源数据库包括国家级、省级和 50 万以上人口城市的土地利用规划、50 万人口以上城市的全国土地利用遥感监测、建设项目用地等数据库。

矿产资源基础数据库包括国家级和省级矿产资源规划、矿产资源储量、矿业权、全国近万个大中型及部分小型矿产资源储量空间数据库。

基础地学数据库包括中小比例尺区域地质图(全国 1∶200 万、全国 1∶250 万、全国 1∶500 万)、区域水文地质图系列、全国地质工作程度、矿产地、区域重力、地球化学、全国地质资料目录等数据库。

3.4.2.2 政务管理信息系统建设

21 世纪以来,在国土资源政务管理信息系统已经建设完成了土地利用规划、建设用地审批、矿政管理信息化、国土资源部[①]电子政务基础平台、国土资源遥感运行系统、国土资源综合统计信息系统和办公自动化系统等。

3.4.2.3 信息服务系统建设

国土资源部门门户网站。相继建成并运行了国土资源新闻网、虚拟办事大厅和交易大厅、行政审批结果公告、矿业权评估机构公示、视频点播系统、土地估价机构和人员信息公示系统,构建了国土资源信息强大的应用服务体系和统一权威的发布窗口。

地质调查信息服务体系。1∶20 万、1∶50 万数字地质图;全国地质资料目录数据库;全国 1∶50 万、1∶20 万数字地质图空间数据库;1∶50 万、1∶20 万区域地质图解密处理试验研究。

国土资源国家级数据库。形成集数据接收、数据处理、数据提取与使用等功能于一体的数据库;进行必要的应用开发,提供使用与数据共享;对系统进行维护,对系统软硬件进行及时升级更新。

国土资源信息集成分析。基础数据集成、指标体系研究、系统软件开发等各项工作稳步推进,取得了一些重要的阶段性的成果和进展。

3.4.2.4 基础网络与信息化标准建设

完成了国土资源网络信息安全保密系统的总体建设方案设计;建立了中国地质调查局直属机关、发展中心、地调中心等单位的局域网和国际互联网与广域网

---

① 2018 年 3 月 13 日第十三届全国人民代表大会第一次会议发布《关于国务院机构改革方案的说明》,不再保留国土资源部,组建自然资源部。本书中对于自然资源部组建之前的国土资源部仍沿用该名称。

(城域网)的建设。已初步形成以地理分布为原型、以工作职能为基础的三级网络管理系统,包括局域网建设、国际互联网建设、广域网建设、基础网络的运维和用户的技术支持、基础网络应用支撑平台建设。

一批重要标准和急需标准已经完成,《国土资源信息化标准化指南》和《国土资源信息核心元数据标准》等一批重要信息化标准已由国土资源部颁布实施;涉及数据库建设、信息系统建设、网络建设等标准,已基本形成了一套较为完整、科学和实用的国土资源信息采集、处理、存储和开发利用的国土资源信息化标准体系框架。

3.5 国土资源信息化"十三五"规划

3.5.1 发展现状与形式

3.5.1.1 "十二五"发展成就

"十二五"时期,特别是党的十八大以来,各级国土资源主管部门坚持以信息化促进国土资源管理的规范和创新,通过推进国土资源"一张图"和综合监管平台、政务办公平台、公共服务平台等建设与应用,国土资源信息化取得了显著成效,为履行国土资源管理职责、提升国土资源管理服务水平提供了有力的支撑和保障。

国土资源"一张图"数据库基本建成。部和31个省(区、市)建立了包括遥感影像、土地利用、矿产资源、地质环境与地质灾害防治等内容的"一张图"数据库,基本完成了馆藏地质资料数字化,积累了海量国土资源数据。"一张图"数据库有效支撑了各项业务,保障了各级国土资源管理事业的不断发展。

数字化的调查评价技术体系初步建立。持续开展全国范围内的遥感监测,实现了遥感监测数据和土地调查数据年度更新;建成了覆盖重要地区的城市地价动态监测网络;数字地质调查系统在全国1000多家地质与煤炭企业、高校科研单位和矿业公司广泛应用;开展了基于北斗卫星的野外地质应用关键技术研发。初步实现了调查数据采集和处理的全数字化和流程化,国土资源数据获取的全面性和时效性不断增强。

国土资源综合监管平台基本建成并广泛应用。部和31个省(区、市)、部分市国土资源主管部门建成综合监管平台,监管范围覆盖土地、矿产资源开发利用主要环节。国土资源执法监察系统、在线土地督察系统全面应用,初步实现了土地和矿产资源开发利用全程监管和动态跟踪。建立了面向地质灾害、地下水业务的地质环境信息服务平台,应急处置能力显著增强。

办公和审批基本实现网上运行。部和全部省(区、市)、大多数市县国土资源主管部门主要业务实现网上运行和电子数据交换,所有省级国土资源主管部门办公自动化系统上线运行,23个省(区、市)实现省市县三级联网审批,7个省(区、市)主要业务延伸至乡镇国土所,基本形成了贯穿四级、协同办公的网上办公、网上审批新模式,管理水平进一步提高。

国土资源信息网上服务不断推进。县级以上国土资源主管部门基本实现政务信息网上公开,征地信息等重要政务信息面向全社会公开;地质资料信息集群化服务平台在全国部署应用。门户网站成为国土资源社会化服务主渠道,为社会公众监督政府、表达诉求创造了条件,树立了政府便民服务的良好形象。

国土资源信息化基础设施持续完善。国土资源业务网和视频会议系统联通四级国土资源主管部门,各级国土资源数据中心运行环境进一步完善,信息安全技术防护和安全管理建设取得明显进展,有效支撑了应用系统和数据的部署、存储、管理和运行,保障了信息安全。

“十二五”时期,通过数字化、网络化、智能化的“智慧国土”建设,国土资源数据获取能力和支撑能力明显提高,国土资源管理效能、监管能力和便民利民服务水平明显提升,国土资源信息系统互联互通和安全保障能力进一步增强。

3.5.1.2 “十三五”发展形势

新一代信息技术已成为引领经济社会发展的先导力量。当前,全球信息化正在进入全面渗透、跨界融合、加速创新、引领发展的新阶段。以云计算、大数据、物联网、移动互联网和人工智能等为代表的新一代信息技术与社会经济各行业、各领域的深度融合,已成为全球新一轮科技革命和产业变革的核心内容。深刻认识和把握新一代信息技术发展演进规律,充分运用和推广信息技术加快建设数字国家，已经成为世界各国抢占信息化制高点、加快经济社会发展的共同选择。

信息化已成为推动国家治理体系和治理能力现代化的重要手段。党中央、国务院高度重视信息化。习近平总书记指出“没有信息化就没有现代化”。当前，我国经济发展进入新常态，新常态要有新动力，信息化可以大有作为。党中央、国务院相继做出了实施网络强国战略、国家大数据战略、“互联网＋”行动计划和国家信息化发展战略等一系列重大战略部署，明确提出了以信息化为支撑，深化电子政务，服务党的建设，创新社会治理，推进善治高效的国家治理体系等重要任务。信息化已成为加快政府职能转变、促进国家治理结构转型、推进国家治理方式升级、推动国家治理环境优化的重要途径，是实现国家治理体系和治理能力现代化的必由之路。

国土资源信息化已成为新时期推动国土资源事业发展的关键举措。党的十八大和十八届三中、四中、五中、六中全会提出统筹推进“五位一体”总体布局和协调推进“四个全面”战略布局，明确了创新、协调、绿色、开放、共享新发展理念。适应经济发展新常态，国土资源工作要坚持耕地保护和资源节约基本国策，提高国土资源供给质量和效率，为实现“两个一百年”奋斗目标奠定更加坚实的资源基础。部党组把“尽职尽责保护国土资源、节约集约利用国土资源、尽心尽力维护群众权益”和全面深化国土资源领域改革作为新时期的职责定位。履行国土资源工作职责，必须创新工作思维，充分运用现代信息技术，发挥信息化渗透力强、带动性大、覆盖面广的作用，加快推进国土资源信息化。加强自然资源管理与有序利用，调整优化国土空间结构，需要覆盖各类自然资源和相关经济社会发展的国土资源数据支撑。有效履行不动产登记的法定职责，强力推进不动产统一登记制度落地，需要构建覆盖全国、多方协同、高效便捷的不动产登记信息管理基础平台。持续推进国土资源“放管服”改革，全面加强法治国土建设，需要打造多级联动、全程监管、内外结合的国土资源监管新平台。不断提升国土资源治理能力，推动信息服务的普惠化，需要建立充分共享、适度开放、安全可靠的国土资源数据共享开放新机制。落实国土资源科技创新战略，需要信息技术与深地探测、深海探测、深空对地观测和土地科技工程的深度融合。只有更好地发挥信息化的引领和驱动作用，才能创新国土资源管理模式、提升国土资源监管水平、提供高效优质公共服务。

同时，国土资源信息化与国家信息化总体要求、国土资源事业发展新需求以及信息技术发展新趋势相比，还存在较大差距。主要表现在：数据获取的时效性、准确性不够，各类信息的整合集成度还不高，数据分析应用能力不强；国土资源信息系统应用的广度和深度还有较大的提升空间；国土资源数据共享开放不够，为社会提供服务能力不足；云计算、大数据、物联网和移动互联等新技术的应用处于起步阶段，信息安全保障能力需要进一步加强。

“十三五”期间，是我国以信息化驱动现代化，建设网络强国的重要时期，是开创国土资源工作新局面的关键阶段。我们一定要顺应新一轮信息革命浪潮，认清形势，把握机遇，加快国土资源信息化发展，推动国土资源事业再上新台阶。

3.5.2 指导思想、基本原则和主要目标

3.5.2.1 指导思想

全面贯彻党的十八大和十八届三中、四中、五中、六中全会精神，深入学习贯彻习近平总书记系列重要讲话精神，紧密围绕国家信息化发展战略，牢固树立创新、协调、绿色、开放、共享的新发展理念，全面落实国土资源“十三五”规划和“三深一土”科技创新战略，以信息化驱动国土资源治理体系和治理能力现代化为主线，通过强化创新、全面整合和深化应用，构建以“国土资源云”为核心的信息技术体系，着力提高国土资源监测监管能力，着力提升国土资源公共服务能力，着力增强国土资源信息化发展能力，充分发挥国土资源信息化在“数字中国”建设中的重要作用，为“尽职尽责保护国土资源，节约集约利用国土资源，尽心尽力维护群众权益”，优化国土资源开发与保护格局，加强对自然资源的统一管理，提供更加坚实的信息支撑和技术保障。

3.5.2.2 基本原则

创新驱动，深度融合。突出信息化发展的先导作用，把信息化摆在创新国土资源管理和服务方式的优先位置。通过信息技术与国土资源工作的深度融合，不断创新国土资源管理和服务的新思路、新模式、新应用，推动政府职能转变。

统筹推进，形成合力。加强信息化顶层设计，理顺体制机制，统筹协调和科学

推进各项工作。坚持业务管理部门提需求、网信办组织协调和技术部门具体实施的多方协同的建设模式，充分发挥各部门和单位的积极性与能动性，共同推进信息化事业发展。

面向监管，优化服务。围绕简政放权、放管结合、优化服务，加强事中事后监管，规范权力运行，形成分工明确、沟通顺畅、齐抓共管的信息化监管新格局。围绕以人民为中心的发展思想，把增进人民福祉、强化为民服务作为信息化发展的出发点和落脚点。

开放共享，安全可控。大力推进国土资源数据在行业内部和政府部门间的共享，有序开展国土资源数据向社会开放，让人民群众在信息化发展成果上有更多获得感。树立牢固的网络安全观，正确处理开放与保障安全的关系，切实保障网络和信息安全。

3.5.2.3 主要目标

到 2020 年，全面建成以“国土资源云”为核心的信息技术体系，基本建成基于大数据和“互联网＋”的国土资源管理决策与服务体系、以现代对地观测与信息技术集成为支撑的全覆盖全天候的国土资源调查监测及监管体系。在确保国土资源网络和信息系统安全的前提下，全面实现国土资源监管、决策与服务的网络化和智能化应用，有效支撑 “三深一土”科技创新能力的提升，大幅提高国土资源治理能力现代化水平。

全业务网上运行。国家、省、市和县四级国土资源管理业务全面实现网上运行，互联互通、协调统一、执行顺畅的“无缝式”国土资源管理模式全面形成。2017 年，统一的不动产登记信息管理基础平台全面建成，初步实现不动产登记业务各级联动和跨部门协同。

全方位决策支持。国土资源态势感知和决策支持系统建成，精准治理、多方协作、科学决策的国土资源监管新模式深入应用，智能化的土地调查评价、地质调查评价取得明显进展，地质环境与地质灾害分析预警系统进一步完善。

全数据共享交换。国土资源数据共享新机制基本形成，国土资源数据在系统内部和政府部门间充分共享。到 2018 年，统一的国土资源数据共享平台全面应用，并实现与国家数据共享平台的对接。

全网上公开服务。国土资源政务信息公开内容及时全面，“让百姓少跑腿，让信息多跑路”的高效便民“互联网＋国土资源服务”新模式全面应用。2017 年，统一的国土资源数据开放平台全面建成。

全系统信息安全。国家信息安全等级保护制度得到全面落实，网络安全监测预警和应急处置系统全面建成，国土资源信息化运行环境更加平稳、安全、高效。

3.5.3 构建以“国土资源云”为核心的信息技术体系

3.5.3.1 推进“国土资源云”建设，形成集约、高效、安全的国土资源信息化运行环境

加快推进“国土资源云”建设；推动和完善四级国土资源网络互联互通；建立现代化的国土资源信息化运维体系。

3.5.3.2 加强国土资源信息安全保障体系建设，切实提升网络安全防护能力

完善国土资源信息安全管理制度；全面落实信息安全等级保护制度；加强国土资源关键信息基础设施安全防护；加强国土资源数据安全；推进安全监控体系建设；加快国产软硬件产品的应用。

3.5.3.3 建立和完善信息化标准体系，形成规范、有序的信息化建设新局面

建立和完善信息化标准体系；加强标准的统一管理；强化标准的培训、宣贯和监督检查。

3.5.4 建立全覆盖全天候的国土资源调查监测及监管体系

建立对地观测信息化应用技术体系，强化对国土空间与资源开发利用的监测能力；深入推进土地调查评价信息化，全面快速掌握土地资源资产和国土空间开发利用状况；大力推动地质调查工作信息化建设，全面提高地质调查工作的现代化水平和社会服务能力；完善地质环境与地质灾害预警预报体系，整体提升地质灾害防御与应急能力；深化和拓展国土资源综合监管平台应用，建立全要素全方位的国土资源监管新模式。

3.5.5 构筑基于大数据和“互联网＋”的国土资源管理决策与服务体系

建立完善国土资源大数据体系，推进国土资源管理决策的科学化、智能化；建设覆盖全国的不动产登记信息管理基础平台，全面落实不动产统一登记制度；构建“互联网＋国土资源政务服务”体系，有效提升国土资源惠民服务水平；推进土

地督察信息化建设，全面提升督察效能；推进国土资源数据共享与开放，充分发挥国土资源信息在实施国家信息化战略中的重要基础作用。

3.5.6 保障措施

3.5.6.1 加强组织领导与统筹协调

严格落实国土资源信息化工作的统一领导制度，加强部网络安全和信息化领导小组对全国国土资源信息化工作的集中统一领导，统筹协调信息化发展中的重大问题。要坚持业务管理部门提需求、网信办组织协调和技术部门具体实施的多方协同的信息化建设模式。网信办统筹本级信息化工作，避免分散与重复建设；业务管理部门要强化信息系统的应用，保障数据的准确性与及时性；技术部门要做好技术支撑与保障。

各级网信办按照本级信息化“十三五”规划编制年度信息化工作要点。各单位要统筹安排信息化建设项目立项，由网信办组织审定，确保信息化建设的整体性，推进国土资源信息化建设和业务工作的协调发展。

3.5.6.2 健全信息化制度

进一步健全信息汇交、信息整合、信息更新、信息共享、信息服务、信息安全、信息系统应用和运行维护等方面的管理制度。严格落实《国土资源数据管理暂行办法》，完善数据汇交更新与管理制度，确保“一数一源”和国土资源数据的统一管理。按照“谁产生、谁负责”的责任机制，加强数据的汇交、管理与应用，确保国土资源数据的完整性、准确性和及时性。

3.5.6.3 强化技术创新与驱动

各级国土资源主管部门要把技术创新作为提升国土资源信息化总体水平的重要手段。要依托重大信息化工程和科技创新计划，加强深空地一体化数据处理技术、智慧国土关键技术、三维国土空间建模技术、“国土资源云”安全防护技术等关键核心技术的攻关与研发。建设相应的国土资源信息化关键技术创新基地和重点实验室。

3.5.6.4 加强信息化人才培养

建立人才激励机制，培养具有计算机技术、土地和矿产资源管理、地理信息系统、大数据分析、信息安全等多学科知识的跨界复合型人才，建设一支规模适当、结构合理、符合不同层次需要的高素质、专业化的信息化管理和技术服务队伍。加强对行业管理人员和基层业务人员的信息化知识与技能培训，提高信息化应用能力。

3.5.6.5 改进资金保障机制

支持中西部及边远地区国土资源信息化建设，加大对国土资源信息化工作的经费保障力度，积极拓宽资金渠道，统筹运用各类资金，把信息化建设和运行维护所需经费纳入年度预算，形成信息化建设和运行维护的长期稳定经费保障机制。管好用好信息化工作经费，发挥市场作用，按照国务院关于政府向社会购买服务的要求，健全完善相关政策和措施，加大对政府部门和企业合作推进国土资源信息化的支持力度。

3.5.6.6 建立社会力量引入机制

运用社会公共资源，建立国土资源信息化建设运行的新机制、新模式，降低建设与运行维护成本，提高信息化的专业水平、服务质量和效率。建立与购买服务相适应的信息安全保密管理制度，确保重要信息系统安全可靠运行。建立高校、科研院所和高新企业联合推动信息化建设与运行维护的工作机制，积极探索新技术在国土资源信息化领域的创新应用研究和示范推广。

3.5.6.7 完善评估考核机制

制定国土资源信息化的评价指标体系和评估办法，将信息化工作评估纳入各级国土资源主管部门考核目标。坚持逐级考核机制，各级国土资源主管部门要按照信息化规划和年度工作要点的要求，加强对本级各单位和下一级国土资源部门的信息化建设与运行情况的监督、评估和考核，提升国土资源信息化的水平及成效。

3.6 国土资源信息系统

数字国土包含国土信息系统和动态监测系统。国土信息系统又包含国土数据库和国土管理信息系统等。动态监测系统又包含地块监测、总量监测和变化报警系统等。数字国土可以按照数字地球的历年和规则运作,对国土理论和技术实现具有划时代的影响。

主要的国土资源信息系统包括:城镇土地定级估价信息系统、地籍管理信息系统、土地利用规划管理信息系统等。

本章就不一一列举了,读者可以去阅读相关的文献资料(如吴国平等编,《国土资源信息系统》,东南大学出版社,2012 年版),进一步了解有关应用和研究内容。

4 数字城市

数字城市以计算机技术、多媒体技术和大规模存储技术为基础，以宽带网络为支撑，运用3S集成技术对城市的过去、现状和未来进行多尺度、多分辨率、多时空和多种类的三维描述，并在网络上进行数字化虚拟实现。

数字城市（Digital City），又称信息城市（Information City）或信息港（Information Port）、数码港（Digital Port）、智能化城市（Inteligence City）。

4.1 数字城市概念

4.1.1 数字城市的由来

4.1.1.1 “数字城市”是“数字地球”的重要部分

城市是地球表面人口、资源、环境、信息最密集的地区，是社会经济的中心，数字城市必然也就成为数字地球最重要的一个部分。如果说发展“中国数字地球”是必要与可能的，那么建立“数字城市”则是十分迫切和现实的。数字城市的本质就是海量城市空间数据与三维地理信息系统、城市时序空间地理信息系统的融合。

4.1.1.2 数字城市是一个综合性的城市空间信息系统

“数字地球”可以在城市规划、城市管理、城市灾害防治等方面发挥巨大的作用。

4.1.1.3 数字城市的必然性

随着城市的不断膨胀以及人口的高度密集化，传统以手工为主的城市规划、建设与管理方式已越来越不适应城市迅速发展的需要，具体表现在如下几个方面：

① 图纸、资料管理的手段落后，资料丢失、损坏的现象较为严重，而且没有列成完整的档案，查询、检索困难；数据资料不准确、不全面等，给城市规划、建设与管理带来了一定的障碍。

② 手工为主的城市规划、建设与管理方式难以适应经济迅速发展的需要，造成的结果是：规划、建设与管理工作量大，规划、建设与管理人员超负荷运行，人员编排紧张。

③ 由于资料管理落后，不能快速准确地处理各类规划、建设与管理案件，也不能对规划、建设与管理实施效果进行快速反馈；手工作业方式容易疏忽和失误等现象；在城市建设施工过程中，各类事故也时有发生。

④ 现有城市规划、建设和管理的技术基础差，不能充分利用各种信息进行城市经济与城市发展的多层次、全方位的分析和研究，不能为政府部门进行项目论证和重大问题的决策提供有效支持。

城市化水平的提高不仅意味着城市数字的增加，还意味着城市管理质量的提高，对城市规划、建设和管理工作的手段与方式提出了更高、更新与更复杂的要求。传统的以手工为主的方式显然已越来越不适应城市迅速发展的需要，开发与实施城市规划、建设、管理与服务的数字化工程变得势在必行。

4.1.2 数字城市概念

4.1.2.1 专业解释

综合运用地理信息系统、遥感、对地观测技术、网络技术、多媒体及虚拟仿真等技术，对城市的基础设施、功能机制进行自动采集、动态监测管理和辅助决策服务的技术系统。

4.1.2.2 通俗解释

“数字城市”就是指在城市规划建设与运营管理以及城市生产与生活中，充分利用数字化信息处理技术和网络通信技术，将城市的各种数字信息及各种信息资源加以整合并充分利用。这样,城市规划者和管理者可以在有准确坐标、时间和对象属性的五维虚拟城市环境中,进行规划、决策和管理,其感觉就像漫步于现实的街道上或是乘坐直升机俯瞰城市一样。

4.1.2.3 数字城市概念

数字城市是对真实城市及其相关现象(社会经济特征)的统一的数字化重现和认识,是用数字化的手段来处理和分析整个城市方面的问题。从这一点讲,数字城市就是将真实城市以地理位置及其相关关系为基础而组成数字化的信息框架,并在该框架内嵌入我们所能获得的信息的总称,提供快速、准确、充分和完整地了解及利用城市中各方面的信息。

数字城市的本质就是海量城市空间数据与三维城市地理信息系统、时序城市地理信息系统的融合。数字城市的突出特点是能够应用数字化的信息掌握城市地域结构在时间与空间域内的变化过程。

4.1.3 数字城市基础

4.1.3.1 信息基础设施

要有高速宽带网络和支撑的计算机服务系统和网络交换系统。也就是说,"数字城市"的第一项任务是解决"修路"的问题。但是光有路不行,还必须有第二项基础——数据,特别是"空间数据"。

4.1.3.2 城市数据

城市的一切活动都离不开城市的规划、建设、管理和服务。

城市规划、建设、管理和服务实践所涉及的数据非常庞杂。

总体上,我们可以将城市数据分为两大类:一类是空间数据;另一类是非空间数据。

非空间数据又可分为社会、经济、人文属性统计数据和文档数据等。

4.1.3.3 空间数据

据统计,人类生活和生产的信息中80%与空间位置有关,"数字地球"的基本概念也是定义在地球空间框架上集成和展示各种数据,数字地图和数字影像是"数字城市"的基础框架。为什么我们称之为"数字城市",而不是"网络城市"?网络城市只能说明铺设了多少光缆,而不能衡量城市的信息化水平。衡量"数字城市”的指标，除宽带网里程以外，另一个重要指标是数据量的大小，特别是各类基础空间数据的数据量。

城市空间数据包括城市地形数据、规划数据、道路交通数据、市政管线数据、地籍房地产数据等，它们具有如下特点：

① 比例尺大，分辨率高。城市数据的基本尺度为1∶500～1∶2000，实际分辨率为0.1～0.4 m。辅助尺度为1∶5000～1∶10000，实际分辨率为1.0～2.0 m。

② 内容丰富，信息传输效率低。

③ 由于城市发展变化快，信息老化速度快。

④ 城市数据生产与更新的周期长，费用高。

⑤ 由于投影变形和历史等方面的原因，各城市多使用独立的平面参考系统，造成不同城市的数据参考基准不一致。

⑥ 数据的投资主体是地方城市政府。

上述特点决定了城市空间数据是数据的焦点，是数字城市的基础。

4.1.3.4 数字城市规划管理决策者

“数字城市”第三项基础是人，管理“数字城市”和使用“数字城市”的人。与管理我们的“现实城市”相对应，管理“数字城市”要逐渐建立起相应的机构和规范，要不断对网络系统和数据进行建设、更新、维护和升级，并协调用户的访问。除管理“数字城市”的人以外，培养使用“数字城市”的人也是一项重要的基础工作。只是建了“数字城市”而没有人用，是一种浪费，也产生不了社会经济效益。只有成千上万的企业和成百万、上千万市民应用“数字城市”才可以产生巨大的社会经济效益，促进国民经济的快速发展。前几年，世界经济的快速发展得益于IT产业的硬软件技术，跨世纪的国民经济的一个重要增长点就是“信息服务”业。

4.2 数字城市基本内容

4.2.1 城市规划设施数字化

在统一的标准与规范基础上，实现设施的数字化，这些设施包括：城市基础设施——建筑设施、管线设施、环境设施；交通设施——地面交通、地下交通、空中交通；金融业——银行、保险、交易所；文教卫生——教育、科研、医疗卫生、博物馆、科技馆、运动场、体育馆、名胜古迹；安全保卫——消防、公安、环保；政府管理——各级政府、海关税务、户籍管理与房地产；城市规划与管理——背景数据（地质、地貌、气象、水文及自然灾害等）、城市监测、城市规划。

同时，技术发展为管理变革创造条件，形成了数字城市的工作方式的现代化。

全面移动办公：地图浏览、拍照、录音、摄像等常用功能。

协同办公：信息采集、工作流、GIS三大平台相结合，公文和案卷处理。

监控预警：领导巡查、分级监控、统计查询、事件预警。

快速定位：GPS与GIS技术相结合快速定位。

高科技在城管执法工作中的运用已成为改善执法方式和提升执法水平的必要手段。

4.2.2 城市网络化

三网连接：电话网、有线电视网与Internet三网实现互联互通，通过网络将分散的分布式数据库、信息系统连接起来，建立互操作平台；建立数据仓库与交换中心、数据处理平台、多种数据的融合与立体表达、方正与虚拟技术的数据共享平台。

4.2.3 城市智能化

物联网使“数字城市”有了更丰富的内涵——智能城市。

城市智能化方面包括：

电子商务：网上贸易、虚拟商场、网上市场管理；

电子金融：网上银行、网上股市、网上期货、网上保险；

网上教育：虚拟教室、虚拟试验、虚拟图书馆；

网上医院：网上健康咨询、网上会诊、网上护理；

网上政务：网上会议等。

4.2.4 物联网技术

4.2.4.1 物联网总体构架

物联网有助于实现人类社会与物理世界的有机结合，使人类能够以更加精细和动态的方式认知世界，并进行管理与控制，从而极大地提升人类认知世界和处理复杂问题的能力。

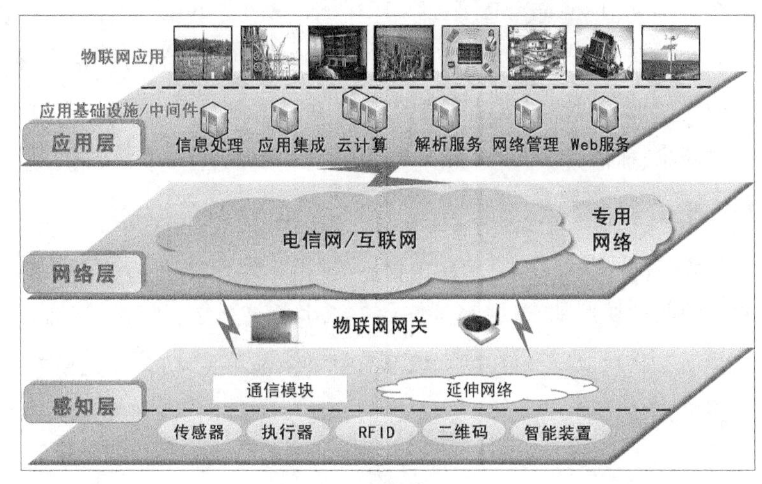

图 4.1 物联网总体构架

4.2.4.2 物联网技术

各国的重要发展战略：

美国：将智慧地球上升至国家战略层面，认为其是 21 世纪重获竞争力的关键。

欧盟：2009 年 6 月，物联网行动计划。

日本：2009 年 8 月，i－Japan 战略。

韩国：2009 年 10 月，传感器网络发展。

4.2.4.3 全球共同点

全球物联网技术的共同点表现在：融合各种信息技术，突破互联网的限制，将物体接入信息网络，实现"物联网"；在网络泛在的基础上，将信息技术应用到各个领域，从而影响到国民经济和社会生活的方方面面；未来信息产业的发展是由信息网络向全面感知和智能应用两个方向拓展、延伸和突破。

4.2.4.4 中国的物联网

2009 年 8 月 7 日，温家宝总理在无锡考察时，指出要大力发展传感网，掌握核心技术。2009 年 11 月 3 日，温家宝总理向首都科技界发表了题为《让科技引领中国可持续发展》的讲话:“着力突破传感网、物联网关键技术,使信息网络产业成为推动产业升级、迈向信息会的‘发动机’”。

2010 年 6 月 7 日,胡锦涛总书记在中国科学院第十五次院士大会、中国工程院第十次院士大会上指出:“加快发展物联网技术,重视网络计算和信息存储技术开发。……要积极发展智能宽带无线网络、先进传感和显示、先进可靠软件技术,建设由传感网络、通信设施、网络超算、智能软件构成的智能基础设施……”

4.2.5 公众服务平台建设

以三维仿真地图、矢量电子地图数据、影像电子地图数据为基础,实现三张类型地图数据的联动切换和有机结合,整合了城市各类兴趣点信息,普通市民通过互联网及移动互联网,足不出户就可以享有各种生活服务,包括位置搜索、公交查询、美食、娱乐、旅游、酒店预订等,为市民带来更加丰富的地理信息服务体验。

4.3 数字城市的支撑技术

4.3.1 高分辨率对地观测技术

1 米分辨率意味着城市中的房子、汽车在图像上基本可以看清楚。这对大比例尺、高精度的数字城市来说是非常重要的,也将成为建造数字城市的主要信息源;数字摄影将成为数字城市数据采集与更新的来源之一;摄影测量具有信息丰富、现实性好、速度快等特点;美国已决定以数字摄影测量方法建立全国的地理信息系统而代替原来的 DLG 文件,法国和英国也都在采用数字摄影测量方法建立不同比例尺的地理信息系统;我国也已经用航测方法建立了不同比例尺的国土基础信息系统。

4.3.2 GPS/RS/GIS 一体化

GPS 可在瞬间产生目标定位坐标却不能给出点的地理属性;RS 技术可快速获取区域面状信息但又受光谱波段限制,而且还有众多地物特性不可遥感;地理信息系统具有较好的查询检索、空间分析计算和综合处理能力,但数据录入和获取始终是个瓶颈问题。

4.3.3 空间一致性匹配

由不同信息源、不同比例尺及不同的投影方式得到的空间图，要在数字城市系统中复合显示、叠加查询和综合分析，首先必须系统整签，它是目前最流行的地理坐标匹配法。

地理上一个点可以被多种多样的数据结构所描述，反之，再复杂的描述与表达，如对象为同一个地点，它只能有唯一的空间坐标，因此，从需求上看，集成系统应有多种数据结构，但从集成系统逻辑上看，所有空间数据唯一的定位基准应是经纬度坐标。

4.3.4 数据共享和互操作技术

数据共享是“数字城市”建设需要解决的核心问题，除了政策和行政协调方面需要解决的问题外，技术上仍有大量的问题需要解决。数据共享有多种方法，其中最简单的方法是通过数据转换，不同的部门分别建立不同的系统，当要进行数据集成或综合应用时，先将数据进行转换，转为本系统的内部数据格式再进行应用。我国已经颁布了“地球空间数据交换格式标准”，使用该标准可以进行有效的数据转换。但是这种数据共享方法是低级的，它是间接的延时的共享，不是直接的实时共享。建立“数字城市”应该追求直接的实时的数据共享，就是说用户可以任意调入“数字城市”各系统的数据，进行查询和分析，实现不同数据类型、不同系统之间的互操作。当然，这是一个很难的课题。美国开放地理空间信息联盟(OGC)推出的 Open GIS 就开始了这方面的探索。国际摄影测量与遥感协会成立了“邦联数据库与互操作”工作组，其宗旨就是协调该方面的国际讨论与研究。

海量的空间位置信息需要城市地理信息系统(UGIS)来管理，这不仅需要数据共享协议，而且需要互操作协议。互操作可包括两层含义：狭义上说，它是在保持信息不丢失的前提下，从一个系统到另一个系统的信息交换能力；从广义上讲，它是指不同应用(包括软、硬件)之间能够动态地相互调用，并且不同数据集之间有一个稳定的接口。已提出的开放地理互操作规范(OGIS)是采用统一的公共接口协议来实现的，并由三大模块——开放式地理数据模型、OGIS 服务模型和信息群模型组成。

4.3.5 城市标准空间统计单元的建立

空间统计单元，就是在地图上划出有层次的、互不重叠的、不规则的多边形，每一层次上每个多边形就是一个空间单元，有唯一的代码。

空间单元及其编码的标准化是普及城市地理信息系统的基础，若能推广，将给行业之间数据共享、进行空间统计分析带来极大便利。

4.3.6 可视化与虚拟现实

“数字城市”的基础之一是地理空间数据，这就为空间数据的可视化提供了一个展示丰富多彩的现实世界的机会。“数字城市”的空间数据包括二维数据和三维数据。虚拟现实技术可以通过三维建模逼真地模拟现在和未来的城市，支持数据分析、方案论证和优化，支持地理信息系统等，通过这些翔实的数据和相关资料可以直观真实地固化方案评估、审核以及管理等日常工作，更为重要的是它可以为多部门参与和协同工作提供有效的平台。这也是虚拟现实在数字城市中得到广泛应用的主要原因。

4.3.7 数据仓库

在具体引用这些建设数字城市所必需的信息时，数字城市的建设应采用数据仓库技术，把各个信息源与用户需求和决策支持有关的空间数据，经过提炼、转换和空间变换，按主题存放在数据仓库。这样，用户可以直接访问它，而不必访问其他数据源。

空间数据仓库包括以下几类数据：

TM 号卫星影像数据，比例尺 1∶250000

正摄航空影像数据，比例尺 1∶8000

地形图系列数据，比例尺 1∶50000、1∶250000、1∶10000

中比例尺地形图系列对应的地名数据

大比例尺地形图系列数据，比例尺 1∶2000、1∶500

大比例尺地形图系列对应的地名数据

DEM 数据，比例尺 1∶10000

地理数据

社会经济数据

4.3.8 技术前沿

描述城市地物现象数据的三维表示与组织;空间模型分析研究;模型结果的管理与显示,要实现空间上的三维查寻和图形与属性的双向查寻;时态地理信息系统(TGIS)将是地理信息系统领域又一研究方向。

4.4 数字城市面临的问题

城市发展需要“数字城市”或城市地理信息技术,这是不言而喻的,问题是“数字城市”或城市地理信息技术如何为其提供有效的支持和服务。这里就几个不同的方面进行一些必要的解释和说明。

4.4.1 技术的适应性

目前城市数据,尤其是大比例尺空间数据的获取与提供离“快、准、全、廉”的目标尚有较大的差距。

为了实现城市数据在一个城市、一个地区甚至全国范围内的共享,诸如标准化和空间基准的一致性等技术问题也必须有实质性的突破。

就基于数据的服务而言,如何选准服务的目标和切入点是当前面临的挑战。

4.4.2 技术与管理、经济的协调

事实上,建设“数字城市”,发展城市地理信息产业,单纯技术的作用是十分有限的。

数据共建共享和系统互操作的实施很大程度上将取决于管理、政策和经济因素。

在“数字城市”建设和地理信息产业化实践中,如何处理直接与间接效益的关系、短期与长期效益的关系、政府与企业的利益、地方与中央的利益,协调数据与系统的投资者、生产者、所有者和使用者的利益关系都不是轻而易举的事。

4.4.3 严格数据质量

健全数字地理空间数据框架,维护现势性,测绘部门与计算机产业部门建立权威的 WebGIS 已刻不容缓。

建立数字城市,数字地理空间数据框架是其先锋和基础。数字地理空间数据框架的建设,需要 TM 卫星影像数据、正摄航空影像数据,1∶5 万地形图数据、1∶1万地形图数据、各种比例尺地形图系列的地名数据。数字地理空间数据框架的建成仅是数字城市建设第一步,必须投入足够的人力、物力、财力进行更新、维护,保证数字地理空间数据框架的现势性。

测绘部门与计算机部门合作,尽快开发出准确、高效、权威的 WebGIS,为数字城市的研究和发展打下基础。

4.4.4 跟踪成熟的先进技术

建立数字地理空间数据框架的深层次加工,为数字城市和经济的建设发展提供优质服务。

除了网络集成外,时空集成和虚拟现实是数字地球的两项关键技术。目前的空间数据仓库技术已使时空集成成为可能,虚拟现实技术的研究也正在展开。

为了更快、更好地建设数字城市,必须加紧跟踪成熟的先进技术:如 ESRI 的 SDE、MAPINFO 的 Spatial Ware 等空间数据仓库软件在地籍、划拨土地、土地利用等时空变化领域的运用,密切注视虚拟现实技术的进展。

4.4.5 数字城市技术人员

稳定数字地球建设技术人员队伍,引进人才和开展在职人员再教育。明确目标,稳步前进。重视系统建成后的系统维护,保证数字城市的高效实用。

在数字地球的建设过程中,尤其重要的是要有一个稳定的、高素质的技术人员队伍。数字地球建设过程中,明确目标,分步实施,每个专业人员不宜过多分散精力,切忌盲目贪大求全,简单实用的系统是用户欢迎的软件。

主管领导和有关技术人员必须高度重视系统的功能完善及其数据维护,在实践中检验和改进系统,使其趋于完美,尽可能快而多地创造价值。

4.4.6 高度重视国家标准及国际标准的采纳

除了功能的完善和数据的及时更新,一个好的系统必须采用国家或国际通用的标准文件,这样的系统才能为尽可能多的用户使用和吸收尽可能多的数据源。数字城市必须尽量采用与国家或国际标准相一致的标准,并逐步过渡到与国家、国际标准完全一致,这是应当引起领导和广大技术人员重视的问题。

4.5 数字城市的应用

4.5.1 数字城市为城市现代化带来的利益

城市规划手段的全面革新；城市管理手段的现代化；对突发性重大城市灾害进行准确的追踪调查、评估及应急对策的制定。

4.5.2 数字城市的应用

数字城市的广泛应用，对城市的繁荣稳定及可持续发展都有着巨大的促进和推动作用。主要表现在以下方面：城市资源的监测与可持续利用；城市人口、经济、环境的可持续发展政策制定；城市生活的网络化和智能化；城市交通的智能管理与控制；城市通信的建设与管理；城市环境治理与保护；城市灾害的防治。

4.6 数字城市应用实例

4.6.1 数字政府

数字政府是指在现代计算机、网络通信等技术支撑下，政府机构日常办公、信息收集与发布、公共管理等事务在信息化、网络化的环境下进行的国家行政管理形式。政府地理信息系统(Government Geographic Information System)就是地理信息系统在政府机关的应用。

数字城市将有助于城市政府日常办公效率的提高，提升政府管理水平。特别是国土资源、城市规划、环境保护、公共安全等政府职能部门可以充分利用数字地球实现办公自动化和决策科学化。

数字政府的主要内容包括：政府办公自动化；公民随机网上查询政府信息；政府进行电子化民意调查和社会经济统计；电子选举(或“数字民主”)；网上公众决策讨论；政府实时信息发布；各级政府间的可视远程会议；电子商务；政府公共管理自动化，如自然灾害应急反应、智能交通控制等。

4.6.2 数字城市应用方向

4.6.2.1 数字城市与城市规划

因特网技术改变了城市规划中建设者、规划师、规划管理人员和公众的信息交流与反馈的方式。

RS、GPS技术和数字化野外测量技术主要解决了城市规划中空间地理信息的采集问题。

利用GIS与CAD技术可以构造与现实地理空间对应的虚拟地理信息空间，并可以用数字模型对现实地理空间的现象和过程进行模拟、仿真和预测。

虚拟现实技术。

4.6.2.2 教育与公益事业管理

教育部门可以将数字地球作为教学工具，以更为方便、直观、具体的方式开展地理、环保、生态等方面的教育工作，引导学生更深入地认识地球。

数字图书馆、博物馆、网上医院、商场。

全新的信息服务方式，可视化、实况场景、模拟境况等。

4.6.2.3 数字城市与快速反应

数字地球上大比例尺和高分辨率的地理空间数据有利于突发事件精确定位；利用大量描述其周围的自然、环境、社会、经济数据容易制定出影响小、损失小的处理策略；而且在网上实现部门协作、决策、调度与实施，将时间消耗降到最低，满足时效性需求。

在数字地球的虚拟现实的功能支持下，预先模拟可能发生的事件的各种后果和其诱发因素，找出应对策略，从而达到预防突发事件的效果。

4.6.2.4 数字城市与移动通信

随着全球定位系统(GPS)的精度不断提高，网络地理信息系统和移动通信技术日趋成熟，导航通信也会相应产生根本性的变化。各种交通工具安装上这种导航系统后，有助于及时确定行驶路线，确保安全、快速、准确地到达目的地。

4.6.2.5 数字城市与民用工程

提供民用工程全方位的环境信息，如地质、地下水、土壤、地形、地面建筑物、其他各种已建的线路、产权状况等，在辅助系统的帮助下，系统可以评价建设该工程的工程量、对周围环境的影响;为特定需求提供快捷的选择条件,如买一套住宅,只要说出大致的想法、要求,就可有多种选择;为工程价值、潜在价值评价和工程预研究提供依据。

4.6.2.6 促进企业发展

主要体现在:商业选址;市场调查;数字市场模拟。

数字地球技术重要的特征就是对现实世界进行数字模拟,对于市场也不例外,我们可以利用已有的各种数据,包括产品的各种指标参数、消费者的分布、供需比例、竞争对手的信息等建立相应的数字市场。

4.6.3 智能交通

4.6.3.1 城市交通面临的问题

(1) 交通事故频发

在全世界,每年有70万人死于道路交通事故,意味着每50秒就有1人死于车祸,每2秒钟就有人因交通事故受伤或致残。

公安部提供的数据显示,2009年我国共发生道路交通事故23万余起,造成近6.8万人死亡,直接财产损失9.1亿元。

(2) 交通拥堵情况日益严重

洛杉矶社区平均每年在找车位上浪费的燃油可供一辆空车绕地球38圈。

近年来,美国每年交通拥堵造成的损失高达780亿美元。

4.6.3.2 智能交通

未来城市的智能交通应具有以下特点:环保、便捷、安全、高效、可视、可预测。

应用大量传感器组成网络并与各种车辆保持联系,监视每一辆汽车的运行状况,如制动质量、发动机调速时间等,并根据具体情况完成自动车距保持、最佳行车路线推荐、潜在故障告警等功能,使汽车可以保持在高效低耗的最佳运行状态。

极具前景的智能交通应用:出行交通信息服务、行车路线诱导、道路交通控制、共乘和预约服务、公共交通管理、电子付款服务、自动路测安全检查、危险品事故处理、出租车不规范运营监察、出租车调度、突发事件预测与应急、商业价值区域挖掘。

智能汽车将迅猛发展,中国联通、中国移动与上汽、长安汽车等公司已经开展了战略合作。

中国汽车技术研究中心研究数据显示:中国汽车产量和销量将进一步增加,2010年全年汽车销量已经突破1500万辆。

4.6.4 数字旅游

旅游业成为全球经济中发展势头最强劲和规模最大的产业之一,旅游业在国民经济中的地位不断提升,旅游业发展更加注重全面效益。以中国为代表的亚太地区,在世界旅游业中的地位日益提升,发展农村旅游是贯彻落实党和国家战略决策的重要任务。2016年,中国已成为世界上第四大入境旅游接待国和第一大出境旅游客源国。旅游业增加值占全国GDP的比重与占服务业增加值的比重不断提高。旅游业将成为我国国民经济的重要产业。数字旅游所涉及的应用领域相当广泛,主要包括商、住、行、游、吃、玩等,因此,在旅游方面的数字化信息系统的建设也是相当宏大的工程。

4.6.5 环境监测与整治

4.6.5.1 环境生态监测

通过传感器收集温度、湿度、光照和二氧化碳浓度等多种数据。可应用的领域:森林监测、森林观测和研究、湖泊监测、火灾风险评估、野外救援等。

4.6.5.2 水质监测

中国是全球人均水资源最贫乏的国家之一,而就在这样一个国家,水污染事件频发、水污染物排放量居高不下,水污染现状严峻。

中国正面临严重的水污染问题,例如太湖水污染事件、松花江水污染事件等。

中国有一半的城市地下水污染情况严重,一些地区甚至出现了“有河皆干、有水皆污”的现象。

4.6.5.3 全方位环保监测平台

综合利用各类宽带接入手段,覆盖重点地区、重点企业、重点行业,实时发现,实时治理,其监测和整治的内容包括水文、大气、土壤、生产建设、地质灾害等的综合监测与整治。

其他(如智能公安系统、智能医疗、智能物流、智能电网等)很多的数字城市应用正在迅猛地发展。

5　数字政府

5.1　数字政府概念

5.1.1　数字政府的由来

信息技术的革新改变了人们传统的工作、学习、生活和娱乐方式，同时对政府提供信息服务、公民参与政府民主决策的方式提出了挑战。利用信息技术改进政府工作及服务的效率，形成新的工作方式，这已成为各国政府所关心的问题。数字政府的出现便是其中之一。

电子化政府最重要的内涵是运用信息及通信技术打破行政机关的组织界限，建构一个电子化的虚拟机关，使得人们可以从不同的渠道取用政府的信息及享有服务，而不是传统的要经过层层书面审核的作业方式；而政府机关间及政府与社会各界之间也是经由各种电子化渠道进行相互沟通，并依据人们的需求、人们可以使用的形式、人们要求的时间及地点，向提供人们各种不同的服务选择。从应用、服务及网络通道等三个层面，进行电子化政府基本架构的规划。

从世界范围来看，推进政府部门办公自动化、网络化、电子化，全面信息共享已是大势所趋。联合国经济社会事务部把推进发展中国家政府信息化作为今年的重点，希望通过信息技术的应用改进政府组织，重组公共管理，最终实现办公自动化和信息资源的共享。

在世界各国积极倡导的“信息高速公路”的五个应用领域中，“数字政府”被列为第一位，其他四个领域分别是电子商务、远程教育、远程医疗、电子娱乐。可以说，政府信息化是社会信息化的基础。发达国家为提高其国际竞争优势，相继推出国家信息基础建设，并规划用网络构建“电子化政府”或“连线政府”，作为提升政府效率及便民服务的重点，以建立一个反映人民需求为导向的政府，并以更有效率的行政流程，为人们提供更广泛的、更便捷的信息及服务。

数字地球计划的实施促进数字政府依赖的信息基础设施的建设。数字地球为数字政府的管理决策提供高质量、覆盖范围广的资源、环境、人口、经济、社会和军事信息。美国副总统戈尔在名为“数字地球：对 21 世纪人类星球的认识”的演讲中所列出的数字地球应用潜力，大部分与政府活动有关，如指导虚拟外交、打击犯罪、保护生物多样性、预测气候变化等。

5.1.2 数字政府概念

数字政府是指在现代计算机、网络通信等技术支撑下，政府机构日常办公、信息收集与发布、公共管理等事务在数字化、网络化的环境下进行的国家行政管理形式。包含多方面的内容，如政府办公自动化、政府实时信息发布、各级政府间的可视远程会议、公民随机网上查询政府信息、电子化民意调查和社会经济统计、电子选举（或称“数字民主”）等。

5.1.3 数字政府内容

5.1.3.1 技术政府

数字政府，首先是技术政府。在科学发展观的战略部署下，依靠数字技术来“依数行政”，不再是迷糊语言、语义的琢磨和研究，而是数控系统下的“数字胜于雄辩”。它的最直接效果是，作为“政府生产力”中的人的要素被优化了。闲人、懒人和庸人在这块照妖镜下只能落荒而逃。政府，只有变成了以科学技术为第一生产力的“机关”，才能调度和指挥经济与社会的运行。

5.1.3.2 信息政府

数字政府，其次是信息政府。以政府在信息社会的基本功能而论，通过数字技术收集、处理和传递信息，打造经济与社会发展的数字平台，并通过信息技术的不断应用来提供不断完善的服务，政府才能生存，政府才能发展。

5.1.3.3 电子政府

数字政府，最后是电子政府。高效率、高效益的政府，来自计算机技术的普及与应用。由 1 秒进行上 10 亿次运算的计算机来替代人工和人力，一定是人的最后解放，是现代办公文明的最终归宿，是政府勤政为民和官员科学执政的最佳路径。

5.1.4 数字政府的特点

5.1.4.1 提高政府办公效率

传统的繁文缛节、拖泥带水的作风将被高效、快捷的办公方式取代。各种文件、档案、社会经济数据都以数字形式存贮于网络服务器中，可通过计算机检索机制快速查询、即用即调。社会经济统计数据是花费了大量的人力、财力收集的宝贵资源，如果以纸质存贮，其利用率极低；若以数据库文件存储于计算机中，可以从中挖掘出许多未知的有用知识和信息，服务于政府决策。

5.1.4.2 网上在线办公

数字政府的办公方式从地理空间和时间上看，一改过去集中在一个办公大楼、一周五天、一天八小时工作制。“网上在线办公”创造出“虚拟政府”环境。政府官员和公务人员处理公务不受时空限制。无论他在家、在办公室、在车上还是出差在外，随时随地便可使用便携电脑，通过有线或无线网络通信，登录到自己的办公站点，处理事务。个人、企业或组织足不出户，便可同政府联系。数字政府改变了政府的组织形式。传统的政府机构是层次结构，从中央到地方分为数级，上一级管若干下一级；公务人员多，机构庞大；“麻雀虽小，五脏俱全”。数字政府表现为分布式的网络结构，公务人员的等级表现为一定的网络用户权限；政府高效、精简，公务人员数量大减；国家节省大量人力资源。

5.1.4.3 高度民主减少腐败

数字政府是高度民主的政府。传统的行政方式避免不了“家长制”“一言堂”的官僚风气。人类社会的发展，是朝着民主进程前进的；技术的进步使民主化成为可能。由于“数字政府”与千家万户的计算机相连，任何公民都可参政议政。人民创造历史，人民的智慧无穷无尽；只有全民参与，群策群力，才能合理决策，减少失误。

数字政府可以减少官员腐败。从概念上讲,“数字政府”不存在官员,至多官员的身份是以用户权限来体现的,其一切公务活动都可通过日志文件有据可查。公务处理按计算机程序进行,避免人为干预。“吃、拿、卡、要”在技术机制的制约下受到一定程度的限制。

实现数字政府除了文化、政治障碍外,应解决以下技术问题:文件存储与归档;信息查询检索机制;多源信息集成与共享;知识挖掘与发现;普遍访问;安全、信任机制。

5.2 数字政府应用

5.2.1 电子商务

在以电子签章(CA)及公开密钥等技术构建的信息安全环境下,推动政府机关之间、政府与企业间以电子资料交换技术 EDI 进行通信及交易处理。

5.2.2 电子采购及招标

电子商务的安全环境下,推动政府部门以电子化方式与供应商连线进行采购、交易及支付处理作业。

政府电子采购,是指通过互联网来完成政府采购的全部过程。具体包括网上提交采购需求、网上确认采购资金和采购方式,网上发布采购信息、接受供应商网上投标报价、网上开标定标、网上公布采购结果以及网上办理结算手续等。

与传统的采购模式相比,电子化采购在采购需求的提出、供应商的选择和评价、采购合同的签订以及货款的支付等各个方面都发生了重大的变化,对降低政府的采购成本、提高采购效率、增加政府采购的透明度等都起到了直接的推动作用,更好地体现了政府采购所要求的“公开、公平、公正、诚信和高效”的原则。

5.2.2.1 实例一

财政部举办 2016 年政府采购信息化管理工作培训班,对做好新时期政府采购信息化工作提出明确要求在制度建设上，2009年4月，《国务院办公厅关于进一步加强政府采购管理工作的意见》提出，进一步推进电子化政府采购，建设全国统一的电子化政府采购管理交易平台。随后，财政部开展了中央本级管理交易系统建设，并印发了全国管理交易系统总体规划和相关数据规范，初步建立了政府采购信息化工作的制度框架。

在系统建设方面，中央本级管理交易系统逐步上线运行，并于2015年底组织开展了项目整体验收。一些集中采购机构还探索建立了批量集中采购、协议供货等相关业务处理系统。在中国政府采购网建设上，网站每年发布中央及地方采购信息近100万条，及时发布相关法律法规、节能环保清单、严重违法失信行为信息、中央监督检查处理决定、采购代理机构名单重点信息等。上述信息化成果有力地支撑了政府采购改革的深化。

5.2.2.2　实例二：珠海电子政府采购

作为全国首批四大经济特区之一的广东省珠海市从20世纪末起就开始实施政府采购制度，是国内推行政府采购较早、成效较为显著的城市。经过10多年的建设，珠海市政府利用以互联网为核心的信息技术进一步提高政府采购透明度、规范政府采购行为、简化政府采购手续、提高政府采购效率、降低政府采购成本，取得了很大的成功。

5.2.3　电子福利支付

运用电子资料交换、磁卡、智能卡等技术，处理政府各种社会福利作业，直接将政府的各种社会福利支付交付受益人。

5.2.4　电子邮递

建立政府整体性的电子邮递系统，并提供电子目录服务，以提高政府之间及政府与社会各部门之间的沟通效率。

5.2.5　电子资料库

建立各种资料库，并向人们提供方便的方法透过网络等方式取得。

5.2.6　电子化公文

电子公文是指各地区、各部门通过由国务院办公厅统一配置的电子公文传输系统处理后形成的具有规范格式的公文的电子数据。

公文制作及管理电脑化作业，并透过网络进行公文交换，随时随地取得政府资料。

《电子公文归档管理暂行办法》于2003年7月28日发布，2003年9月1日开始施行，到2018年，已经取得了很大的成效。

5.2.7 电子税务

电子税务是电子政务的重要组成部分，它是指税务机关利用以网络为核心的信息技术实现税收征收管理和税务服务的部分职能。它的具体形式表现为税务机关应用互联网技术建立起虚拟的网上办税服务机构，部分地代替传统的税务机构，在网络上或其他渠道上提供电子化表格，向社会提供涉税事项的管理与服务，使人们足不出户地从网络上报税。

目前，电子税务的主要形式有三种。

5.2.7.1 电子报税

电子报税是电子税务的核心内容，包括电子申报和电子纳税两个部分。

5.2.7.2 电子稽查

稽查工作是税务机关的一项重要任务，在传统的方式下它是根据纳税人的纳税申报表，发票领、用、存情况，各种财务账簿和报表等信息，来确认稽查对象并实施稽查的。

5.2.7.3 电子化服务

目前，国内不少已经建立起了专业网站的税务机构，都把电子化服务作为网站基本的应用。例如，把税收政策法规、纳税资料、办税指南等内容发布在网站上，供纳税人随时随地方便地查询。以下以北京市地方税务这一实例进行说明。

北京市地方税务局多年来十分重视税务信息化的发展与应用，该局的“北京地方税务管理信息系统（BLTMIS）”是我国目前税务行业规模最大、综合性最强的现代化集成网络系统之一，在全国税务系统开创了5个“第一”。

北京地税管理信息系统包括税收征管、办公自动化、决策支持和网上业务4个子系统，基本实现了信息布局合理、数据分类分层加工、信息资源高度共享的目标，为税收工作带来了良好的整体效益。它的开通运行被称作“中国地税系统信息化建设的重要里程碑”。

5.2.8 电子认证

电子签章(签名)认证:通过电子形式保证发送信息的真实性、可靠性,通过加密的形式确保发送与接收信息的安全。《电子签名法》于 2004 年 8 月通过,2005 年 4 月实行,并在不断修正。

电子身份证认证:以一张智能卡或一个用户 ID 集合个人的医疗资料、个人身份证、工作状况、个人信用、个人经历、收入及缴税情况、公积金、养老保险、房产资料、指纹等身份识别信息,通过网络实现政府的各项便民服务程序进行证件查验。

5.2.8.1 移动公司电子营业厅无纸化办公平台

从 2011 年开始,中国移动在广东、浙江、四川、贵州等地开始了无纸化办公。现在已推广到了全国。

采用电子手写签批屏,不仅提高了工作效率,亦节省了耗材及其他开支。另外,手写签批屏在表面采用了钢化玻璃处理,可以连续使用 10 余年甚至更长时间而不会损坏,将耗材支出降到最低。同时,按照法律规定,业务处理后的单据需专门库房存放,专人看管,查找起来更是一项浩大工程。现在只需硬盘或其他介质存储电子文档,既减少库房压力,查找起来更简单快捷。

5.2.8.2 出入境管理

2013 年,北京出入境管理局出台了一套新设备,北京市民要是想去港澳台自由行,不再需要去大厅排队了,直接登录北京出入境管理网站的办事大厅就可以随时填写出入境申请表。和美国不同的是,不需要下载麻烦的表格,只需直接填写,不需要缴纳费用,完全免费,更不会下午 5 点下班,凌晨 3 点一样可以提交申请表,还会让申请人全程掌控进度,申请人随时可以登录查看申请表预约工作进行到哪个环节了。申请人最后只需要去办事大厅刷一下身份证,自动打印出表单,盖上公章,即可完成申请。

5.3 数字政府进程

世界各国着手数字政府建设,准确地说是数字政府的起始时间都不同,总体上,发达国家要早于发展中国家。据联合国经济社会事务部统计,发展中国家信息化已经做出了积极的响应,随着"数字政府工程"的正式启动,我国在数字政府的建设方面也已取得了很大的成就。

曾任美国副总统的戈尔在国际REGO大会上发表了一次演讲,他认为21世纪的国家政府应该能够不断地正确地调整自己,它是一个愿意革新的,在革新中能不断矫正方向的政府,并且将变得越来越精简、灵敏和反应迅速、决策有力。只有这样,才能适应高变化、高发展的21世纪信息时代。数字政府正是戈尔所指出的理想的政府前景,全球大部分国家已经基本完成了数字政府的建设,正在进一步完善中。

5.3.1 国外数字政府建设

法国从1997年开始认识到数字政府的重要性,并着手建设工作。第一步也是从数字政府开始,到2016年,全法国政府机构站点在万维网上都已开设了自己的网站。普通民众可以通过E-mail的方式直接与总统联系。

新加坡在数字政府工程上又要先进一些,主要体现在:组织有序,政府职能转变要快。在新加坡,数字政府工程也在20世纪90年代开始统一由新加坡政府发起,通过下设主管部门进行统一调控,这样使得整个推行过程进展得十分合理、有序。至2018年,新加坡大部分政府机构均已上网。除了提供有效的信息之外,已经具有较完善的在线服务功能。

英国的政府信息化工作也早就于20世纪90年代铺开,经过十多年来的努力,政府机构均能在网上发布信息,老百姓可以通过网络申请驾照、缴纳税收等,随着网络技术、计算机技术的发展,英国数字政府功能越来越健全了。

而美国相较而言已经是一个公认的政府网站建得最成熟、信息化工作开展最彻底的国家。在美国,从联邦政府一级机构,到州级政府,再到每一级县、市,几乎所有的机构单位均已建立了网上站点。此外,网站的内容也非常丰富有效。

最知名的政府站点为美国白宫站点。白宫站点实为所有美国联邦级政府站点的中心站点。从这里,访问者可以搜索到所需的所有已上网的官方资源。白宫站点上的内容包括最新的政府新闻、各种统计数据、政府服务等。在政府服务一栏里,又做有下链接,其中包括一个全方位的服务一览表,内容上大体按性质分为社会公益、健康医疗、旅游、科学技术等数十种，每一项服务底下均有更详细的内容。州级、县市一级的政府站点，也都是类似的内容布局和服务框架。

5.3.2 中国的数字政府

5.3.2.1 最初阶段

20 世纪 90 年代起，我国大中城市在办公自动化方面取得了较快的发展，加大了对计算机等硬件设施的建设投入。为防止失泄密，很多机关建立了自己的业务网络，像北京、上海、天津等大中城市均建立起基于全市的政务专网，既保障了业务数据传输的通畅性，又保障了数据传输的安全性。这一阶段，中国大中城市网络体系已经初步建立、计算机等设备普及速度加快。

5.3.2.2 电子信息交换系统全面使用

经过十几年电子政府的发展，绝大多数部委都研发了自成体系的纵向业务管理与服务系统。政府门户网站群、网上办公大厅等电子政务服务方式的出现为群众提供了方便、优质、高效的服务。

5.3.2.3 信息时代的政府干部队伍

通过多年来的培训实践，绝大部分政府工作人员已经具备了使用业务应用系统和办公自动化系统操作能力，基本实现了政府工作的网络化。

建立一个高效的政府、清廉的政府、有所作为的政府，应用电子政务，打造数字政府，是必由之路。

我国政府信息化建设是从 20 世纪 80 年代中期开始，沿着“机关内部办公自动化——管理部门的电子化工程(如‘金’字工程)——全面的数字政府工程(电子政务)”这一条线展开的，总共经历了“起步阶段(以《国务院办公厅关于建设全国政府行政首脑机关办公决策服务系统的通知》为标志)、推进阶段(以金桥、金卡、金关工程为标志)、发展阶段(以数字政府工程为标志)、高速发展阶段(以一站两网四库十二金工程为标志)”四个过程。经过几十年的努力，已经完成了数字政府工程的建设并已广泛应用。

总之，数字政府是新的社交网络，是社会发展的未来。打造数字政府，通过网络建设和电子政务，实现政令畅通，政民一体、政企互动，极大地降低时间成本、选择成本，使每个人都受惠于数字政府，都能体验到数字政府的魅力。

5.3.3 数字政府的前景

数字政府的建设是一个非常繁杂的工作，它涉及从政府到社会的方方面面。美国之所以走得比较前，一来是因为美国国内信息化程度本身就比较高，网络基础设施较为完善，社会应用程度也已得到深化和大范围普及；再者在软件设施上，各种政策法规都比较健全，并且还在不断地适应信息化所带来的新变化，做出新的调整。

在美国，数字政府又被称为“虚拟政府”。虚拟政府的筹划和建设大体上是由美国联邦政府统一发起，并组织和调控的。在联邦政府下面或者自发组织，或者由政府组织，或者是一些公益性团体组织，组成监管政府信息化的组织机构，冠以一个总的全名，叫作政府技术推动组。

它们是：政府信息化促进协会联盟、IT 产业顾问协会、政府信息技术服务小组、州级信息主管联盟、国家电信信息管理办、国家政府官员协会、政府评估组及首席信息化小组等。政府信息化所需涉及的各种日常事务，包括技术推进、法规政策荐议、管理投资、改善服务、业绩评估等工作均由它们承担。

政府技术推动小组的正常运行，为美国政府信息化工作提供了一个良好的基础和保障。在这种基础上，一个可预见的美国数字政府前景已经在展开。

美国联邦计算机周刊(FCW)杂志曾这样描述：国家犯息信息中心已经实现超级图像处理、指纹辨析、管理自动化等功能。届时，普通用户在任何微型电脑或移动广播中均可链入该信息中心，及时获取各种有关犯罪的信息。

内部收入服务系统的建立，允许个人纳税者通过电子途径同时向联邦和州政府缴纳税金。

环境保护机构将与位于不同州的地区利用先进的技术进行文件交换以推动空气净化法律条款的贯彻执行。

美国地埋调查、联邦突发事件管控机构、加州政府及加州技术研究机构计划建立一个数字遥控网络，专门记录和发布一些精确的数据，以帮助预测地震、评估灾难损失，帮助地方政府完善城市建筑规范。

5.3.3.1 四大原则

(1) 以信息为中心：从管理文件向管理开放数据和内容过渡，开放数据和内容可标识、共享、维护并显示，并供民众消费。

(2) 建设共享平台：机构内部以及跨机构合作，旨在降低成本、提高效率，并确保信息创造和交互的连贯性。

(3) 以客户为中心：通过网站、移动应用程序、原始数据和其他交互方式来影响数据的创造、管理和展示方式，让民众随时随地创造、分享和消费信息。

(4) 安全隐私平台：确保数字服务的安全交互和使用，保护信息隐私安全。

5.3.3.2 三大目标

(1) 让民众随时随地利用任何设备获取高质量的数字政府信息和服务。

(2) 确保政府适应新数字世界，抓住机遇，以智能、安全且经济的方式采购和管理设备、应用和数据。

(3) 释放政府数据的能量，激发全国创新，改进服务质量。

5.3.3.3 三个战略举措

(1) 与公民共同创造更大的价值。

(2) 紧密联系群众，鼓励公众参与。

(3) 推动整个政府转型。

5.3.3.4 在公民中开展的具体项目

(1) 为公众提供便捷的方式访问可公开的政府数据库。

(2) 让企业和个人轻松搜索、选择和使用政府提供的移动服务。

(3) 政府向企业和个人发送电子通知，取代原有的纸质通知。

(4) 网站升级战略：不断提高各个政府网站的质量。

5.3.3.5 在政府中开展的具体项目

(1) 政府云计算：政府云提供了安全可靠的 ICT 共享环境，各个政府机构可方便快捷地在政府云上按需采购计算资源。

(2) Cube：协作型社交网络平台，供官员在虚拟政府空间中交流想法、分享知识、共同工作。

(3) 全政府业务架构：该项目旨在培养各政府机构不同业务间的协调意识，最大化利用政府的 ICT 资产，进一步节约成本。

(4) 未来工作地点：该项目旨在改造政府 ICT 基础设施和实地服务，为下一代公共服务打造智能、动态的协作型环境。

5.3.3.6 向“默认数字化”转移

为选择数字化的人提供条件，为无法数字化的人创造条件。

(1) 数据隐私和安全：政府机构应对服务对象更加信任，不让民众和企业重复提交资料。政府旨在为用户提供一个安全可靠的交易环境。

(2) 数字融合：在向数字化转移的过程中，数字政府希望确保郊区和边缘人群能更易于管理，最终实现“默认数字化”的愿景。

5.3.3.7 其他

(1) 在强大的电子政务平台和成功历史上再创辉煌，打造智慧政府。

(2) 利用 ICT 技术促进经济可持续发展。

(3) 改善民众、企业与公共行业间的关系。

(4) 利用信息化改善服务，提高运行效率。

(5) 努力实现以民众为中心和公开透明。

(6) 打造安全统一平台 提高数字服务效用。

(7) 全面推动各项政府服务数字化建设。

5.4 中国数字政府建设

5.4.1 数字政府建设

所谓数字政府，也就是政府职能上网，在网上成立一个虚拟的政府，在 Internet 上实现政府的职能工作。凡是在网下可以实现的政府职能工作，在网上基本都可以实现(一些特殊情况除外)。建设好数字政府以后，可以在网上向所有公众公开政府部门的名称、职能、机构组成、办事章程及各项文件、资料、档案等，凡是可以公开的，应尽可能上网。

数字政府可以在网上建立起政府与公众之间相互交流的桥梁，为公众与政府部门打交道提供方便，并在网上行使对政府的民主监督权利。同时，公众也可在网上完成如交税、项目审批等与政府有关的各项工作。在政府内部，各部门之间也可以通过 Internet 互相联系，各级领导也可以在网上向各部门做出各项指示，指导各部门机构的工作。

除政府行政部门之外，像人大、政协等也应当上网。人大、政协上网可以让公众了解到人大立法和提出议案的过程，促使人大各项立法更加完善合理，从网上使各项法律更加迅速地传递到民众当中去。事实上，在欧洲，已经有了网上虚拟议会，人们足不出户就可以积极参与国家事务和法律的讨论，促进社会民主的进步与发展。另外，也可以搞一些论题吸引群众前来参与讨论。市级网站可以建立一个网上城市市民论坛，从网上直接听取公众的意见和建议，对于那些提出良好建议的民众，应当适当地表示一点谢意。

各种政府部门的资料、档案、数据库上网也相当重要。政府部门的许多资料档案对公众是很有用处的，要充分挖掘其内在的潜力，为社会服务。例如，如果把各城市所有注册公司的情况在网上公布，供公众查询，这样，各公司在进行商业交往的时候，通过 Internet 的查询，就可以方便迅速地了解到对方的资信情况，可以有效地避免商业诈骗活动，保护自己的利益。教育部可以把全国各大专院校的情况在网上公布，供考生在报考时查询选择等。这些都是政府服务公众的一个重要内容。

政府部门的日常活动也可以上网。公开政府部门的各项活动，可以使政府受到公众的监督，这对于发扬民主、搞好政府部门的廉政建设有着很大的意义。

为了更好地利用网络与民众进行沟通交流，并对民众来信和意见做出及时有效的处理，政府部门应设有一个电子信息处理中心，处理群众意见，并及时转接到相关部门，督促和监督问题的解决。还可以就一些问题展开网上调查，作为政府各部门工作的参考。

数字政府的另一个作用就是让公众可以在网上办事。以往，人们到政府部门办事，往往要跑到各部门的所在地去，如果涉及各个不同部门，要盖不同的章，更是叫人跑断了腿。虽然有些手续必须有实物证明才行，但可以建立一个文件资料电子化中心，把各种证明或文件电子化。如果是一个涉及不同部门的文件，可以在此中心备案以后，其他各部门都以此为参照传送办理，这样可以节省大量的时间和精力，提高办事效率。

采取网上办公，办事效率大大提高，既能使民众办事少跑路，又可利用电子自动化的手段，节省政府办公人员，精简政府部门，提高办事速度，减少政府开支。数字政府，除了其相关职能和内容上网以外，也应建立起各个部门相应的专业交易市场，以推动经济的发展。

建立起面向供需双方的专业化网上市场，这对于搞活经济、繁荣市场非常重要。我国商务部建立了一个被称为“永不落幕的交易会”的网上交易会场，这个站点里面有上百万家厂商和产品供用户查询交易，这远比举办真正的交易会要节省得多，而且24小时都可以入市。以此为样板，各部、委、局可以牵头建立起各种不同的网上交易市场。

“政府搭台，企业唱戏”，由国家部门来牵头组建，既具有权威性，避免重复建设，又可更多地吸引大家前来参与，迅速形成规模和气候，产生出巨大的社会效益和经济效益。

5.4.2 中国电信“数字政府工程”

自1999年1月22日“数字政府工程启动大会”召开以来，政府部门、IT领域、新闻界及社会各界反响热烈，应者云集。“数字政府”已成为1999年初春里一道亮丽的风景，成为全社会关注的焦点。作为一项涉及社会方方面面的系统工程，数字政府千头万绪、错综复杂，仅仅召开一次轰轰烈烈的大会是解决不了全部问题的。要保证数字政府工程的顺利实施，使其真正落到实处，还需要政府和电信部门坐下来详细讨论、精心策划、部署实施。

为此，1999年2月5日在京举行了有十余家部委、局信息主管部门参加的第一次“数字政府工程需求研讨会”。研讨会得到了电信和政府部门的大力支持，本次研讨会进一步密切了中国电信与各政府部门之间的联系，就社会各界对数字政府工程中普遍关心的一些问题展开了讨论并取得了广泛的共识，收到了良好的效果。与会代表一致认为，伴随着自然界春天的到来，我们也迎来了数字政府的春天，而数字政府的春天必将给电信部门、政府系统、IT厂商及全社会带来丰硕的果实。

在政企分开、企业化改组大局已定的形势下，中国电信推出“数字政府工程”的目的引起了许多人的猜测。有的人认为，这是中国电信的商业炒作，试图通过数字政府的契机，为自己完全企业化以后夺取市场份额打下基础，所以“数字政府工程”中对政府部门的一些优惠条件没有必要给予太多的关注。

当然，中国电信从“数字政府工程”本身中也并不是一无所得。中国网络经济发展缓慢，中文资源的缺乏是一个重要原因，而大量有价值的资源都掌握在政府各部门手里。随着“数字政府工程”的进展，网上中文信息的增多，必将有越来越多的人上网使用，中国电信的眼睛盯着的就是这批被数字政府吸引来的网民。他们使用网络的费用将大大超过中国电信对各政府部门的优惠数额。

这样，中国电信就以自己的预先付出触发了一个良性循环过程。而且它现在付出的越多，未来收获的也越多；它目前付出得越快，今后收获得也越快。明白了这个道理，我们也就明白了中国电信发起数字政府的原因。我们也不能不对长期处于计划经济体制下的中国电信焕发出的魄力和胆识而赞叹，可见预见，在完全进入市场以后，中国电信必将有更新颖的手段在推动全社会网络发展的基础上为自己获取利润。

5.4.3 政府部门的想法

政府部门手里掌握着丰富的、社会急需的各种数据库。以前，由于种种原因，这些数据库上网的很少，上了网的运行速度也很慢，面对国外数字政府的发展，国内政府部门早已急不可待，因此，“数字政府工程”的推出正中它们的下怀。

以劳动和社会保障部为例，该部的局域网已经运行，一直在规划建设部机关与全国劳动和社会保障部门的广域网络，但是由于资费问题，一直没有开展起来。中国电信发起的“数字政府工程”正好为他们提供了建设广域网络的契机，劳动和社会保障部抓住这个机会，准备在今年或明年把全国省厅这一级全部连起来。

随着改革进程的深化，劳动和社会保障部门掌握的信息越来越重要，随着劳动和社会保障全系统网络建设的进展，它在推动改革中的作用也必将越来越大。而这仅仅是“数字政府工程”的一个缩影。

在向中国电信表示感谢的同时，政府部门的代表也就数字政府建设过程中存在的一些问题进行了广泛的讨论，其中引起广泛注意的是信息安全问题。

根据国家有关规定，政府部门的网络建设必须是内外两套，而且内、外网必须在物理上隔开。如果严格按照这个规定执行的话,必将大大增加数字政府建设过程中的负担。同时,由于某些行业的特殊性,根本不可能一人两台电脑,分别在内、外网上使用。与会同志就这个问题发表了各自的意见,认为这需要各部门、各系统联合起来才能解决。

同时,在安全问题上还存着什么应该上网、什么不应该上网的困难。由于有关规定比较严格,政府网站有可能变成空站、死站。如何在保护国家机密的情况下最大限度地向社会提供信息服务,依然是摆在政府各部门面前一个尚未解决的问题。

虽然对数字政府具体实施的一些问题还存在疑虑,但政府部门对上网工程是充满信心的。

是的,目前的政府部门对上网工程是喜忧交织的,不过,谁都看得出来,每个部门都是喜大于忧。我们相信,随着数字政府工程的推进,政府部门必将越来越喜。

5.4.4 新世纪的复兴

尽管数字政府工程的发起并不是直接来自上层,但是我们应该注意到在短短的时间内,响应并参与发起的有 40 多家部委局信息主管部门,加上各省、自治区、直辖市电信管理局作为主要支持落实单位,并联合信息产业界的各方面力量(ISP/ICP、软硬件厂商、新闻媒体),因此,这一工程的发起和具体实施将名副其实地成为今后几年中的一件大事。它所带来的效率的提高、市场的拉动和观念的变更,无论是在政府改革的环境下,还是在 1998 年经济低迷的环境下,都具有深远的积极意义。

对于这项工程的实施,目前更迫切的是修改那些已经不适应新的形势和需求的规章制度,为政府走向信息化开绿灯。这其中包括物质条件以及各种与信息安全有关的行政规定,并且制定相应的管理体系,落实必要的管理规范。

“数字政府工程”的实施标志着中国向网络时代迈进了一大步。中国政府正面临着数字化浪潮的洗礼,在数字化进程中,中国政府毫无疑问将变得更加精干、强大,也必将和人民更加贴近。这将极大地调动整个社会活力,推动中国社会的飞速发展。

“数字政府工程”的实施，意味着“黑箱操作”难度加大，这对政府的清正廉洁将是一个很大的推动。这将对中国的发展产生巨大的影响。

20世纪末，中国以数字政府为契机，促进了新世纪整个中国的数字化浪潮。

5.4.5 对政府网站建设的三点建议

5.4.5.1 统一的顶级域名和完整的链接列表

中国的网站建设，可以参照美国或其他国家的一些做法。各中央部、委、省级站点也应有一个统一的顶级域名，以方便人们查询，此外应有一个可提供链接到各级各类不同政府部门的中心网站。比如说借鉴美国以白宫作为中心站点的经验，中南海是我国主要领导办公的地方，可以设立一个中南海站点。

通过这个站点，人们除了可以了解到中央政府机构组成之外，还可以方便地链接到不同的部、委、局，还可以链接到各省市乃至县级等部门机构。当然，也可简单介绍一下政府部门的领导人物、照片和形象，这样可以使民众有一种亲近感，增进政府部门与民众之间的沟通与交流，消除公众头脑中对政府领导固有的神秘感，树立起领导的亲民形象。其他各部委和各级政府部门在进行各级网站建设的时候，应在一个统一的指导文件和标准接口下进行，域名的选取应有统一的格式和规律，分级设置，以便于公众链接查询，无须去记忆太多的内容。

5.4.5.2 主页形象统一并易于查询

对于唯一代表国家的政府部门的主页来说，应有表现政府统一形象的标识和标志、统一的界面和规范的栏目，例如有统一的国徽国旗等，以显示出政府的形象和权威。最好立法禁止其他的网站采用政府专用的标识，以免引起混乱。当然，还要有一个功能强大的搜索引擎，以便于公众通过输入关键词来查找相关资料信息。

5.4.5.3 主页内容严肃而活泼

政府部门的页面内容建设应当有一定严肃性，以体现出政府的权威，但也不应过于死板，令人望而生畏，枯燥乏味，应有一定的活泼性和趣味性。例如，可以在中央政府的主页上做一些有关中国文化和历史、故宫古建筑的介绍，这尤其可以吸引海外的各国朋友前来浏览，轻松愉快地了解中国的历史文化，促进中国与世界的文化信息交流。

5.5 数字政府工程实施方案总体设想

5.5.1 数字政府工程

5.5.1.1 迈入网络社会的三步骤

通过启动“数字政府工程”及相关的一系列工程，实现我国迈入“网络社会”的“三步曲”：

第一步骤：实施“数字政府工程”，在公众信息网上建立各级政府部门正式站点，提供政府信息资源共享和应用项目。

第二步骤：政府站点与政府的办公自动化网联通，与政府各部门的职能紧密结合。政府站点演变为便民服务的窗口，使得人们足不出户便能完成与政府部门的办事程序，构建“电子政府”。

第三步骤：利用政府职能启动行业用户上网工程，如“企业上网工程”“家庭上网工程”等，实现各行各业、千家万户联入网络，通过网络既实现信息共享，又实现多种社会功能，形成“网络社会”。

5.5.1.2 “数字政府工程”主要内容

“数字政府工程”是电信总局和相关部委信息主管部门策划发动和统一规划部署，各省、自治区、直辖市电信管理局作为主要支持落实单位，联合信息产业界的各方面力量（ISP/ICP、软硬件厂商、新闻媒体），推动我国各级政府各部门在163/169网上建立正式站点并提供信息共享和便民服务的应用项目，构建我国的“电子政府”。

在“工程”实施中，针对政府信息资源的开发利用出台“三免的优惠政策”即在规定期限内“减免中央及省市级政府部门网络通信费、组织ISP/ICP免费制作政府机构部分主页信息、组织ISP/ICP免费对各级领导和相关人员进行上网基本知识和技能的培训”。

随着数字政府工程的深入，争取信息产业部会同相关部委出台特殊政策以保障该工程的落实：如对于政府信息资源开发项目提供资金、机制上的政策倾斜，对于信息服务商减免税收并奖励，工程实施情况列入各级政府政绩考核等。同时，开拓多渠道、多途径的投资来源，以股份制、合作、代理等多种方式运营政府站点，实现以“信息源养信息源”的良性循环。

5.5.1.3　数字政府工程的范畴

一是协助各部委将自身信息发布到163/169网上提供信息共享，重点提供便民服务应用项目；二是协助各部委租用电信基础网络组建内部办公网；三是协助各部委自身通过163/169获取信息。

5.5.2　实施意义

第一，便于树立中国各级政府在多媒体网上的形象，组织和规范各级政府的网站建设，提高政府工作的透明度，降低办公费用，提高办事效率，有利于勤政、廉政建设，同时大幅提高政府工作人员的信息化水平。

第二，将各级政府站点建设成为便民服务的“窗口”，帮助人们实现足不出户完成与政府各部门的办事程序，为实现政府部门之间、政府与社会各界之间的资讯互通及政府内部办公自动化，最终构建“电子政府”打下坚实基础。

第三，信息网络正在成长为“第四媒体”，将成为人们获得信息和实现社会多种功能的主要载体，因而抓住时机实施“数字政府工程”，可以改变我国信息化建设领域长期以来在硬件、软件和信息服务业投资上的严重比例失调的状况，极大地丰富网上的中文信息资源。

第四，“数字政府工程”通过政府引导和组织信息产业界主要力量，促使政府在短时期内上网，实现政府信息资源的市场价值，引导和形成新的消费热点和经济增长点，从而带动相关产业群落的发展，营造有利于我国信息产业发展的“生态环境”，加速我国信息产业和国民经济信息化的发展。

5.5.3　计划安排

5.5.3.1　上网步骤

考虑到数字政府工程实施的广度和难度，由易而难：

第一步，先期上网的单位在调通线路之前，就根据协议，先将政府的主页制作上网，并对主页栏目进行设计，录入部分信息来启动这一单位上网工程。由于是主要采用“政府主机”托管到“电信港湾”的方式，一开始就可以在政府主机建立数据库对信息进行库化，实现前台的全文检索甚至跨数据库的全文检索、后台的统计管理等功能。同时大力宣传，为下一步运作造出社会影响。

第二步，联通专线，由政府机关组织信息源，通过网络更新信息上网，有应用系统的再通过专线访问其应用系统。此时，可考虑设置电子信箱，进行和社会之间的通信，然后可设计一些交互式信息系统，如页面意见提交等方式。

第三步，进行大规模信息录入。

第四步，与合作部委协商启动其行业用户上网工程，可采取其用户以会员制的方式参与，以收取一定的会员费的方式，同时深入研究该单位可供挖掘和能增值的信息资源和应用项目，提供交互式的手段。在此期间始终配合新闻宣传，进行跟踪报道，不断炒热站点，同时也给站点自身的完善提供外部的期望和压力。

第五步，和政府的办公自动化相联。

5.5.3.2 配套措施

(1) 联合 ICP、ISP 免费制作部委部分主页和信息，合作建设和经营政府站点，免费培训政府领导和工作人员上网的技能。

(2) 联合软硬件厂商免费或优惠为数字政府工程提供一批服务器、路由器、防火墙、数据库等软硬件，合作开发应用系统。

(3) 联合新闻界、学术界、经济界和信息产业界，大力宣传数字政府工程，加强“电子政府”的软课题研究。

5.5.4 工程规划

为规范和树立我国各级政府在网络上的形象，对于政府站点的建设和规划提出如下建议。

站点规划：确立中国政府中心导航站点，下设国内所有部委行署网站，再次为各部委的二级机构链接到各省市的政府主机上。各部委主页应以“中华人民共和国　部(行、署)”的形式出现，各省市政府的站点应以“省(市)人民政府”或“省(市)局”的形式出现。各政府站点均设机构设置、政府职能、政策法规等基本栏目。

域名规划：各部委和各省市政府的域名统一规划为 www.________.gov.cn，并对应一个多媒体网的域名 www.________.cninfo.net，以便于 169/163 用户访问。

信箱规划:各政府部门的站点考虑设虚拟信箱,如江苏省政府办公电子信箱名为 name@jiangsu.gov.cn,以示正式、权威。

网页规划:政府站点的网页设计应简洁、美观,界面应与政府形象相符,网页大小有所限制,网页须响应及时,可以采用多种浏览器浏览,便于检索,同时具有纯文本版本甚至外文版以满足不同用户的需要。

主机规划:在电信港湾设置"政府主机",作为政府站点的专用服务器,每个政府主机由电信部门提供 1G 的硬盘空间,并实现数据库管理和提供交互式功能。

标准规划:对政府站点、域名和主机和网页等制定相应的标准和规范。

信息规划:区分和筛选政府信息资源安全信息和不安全信息,加大力度研究政府部门的信息资源开发利用潜力,妥善处理好公益信息和增值信息的关系及两者在网站建设中所占比例。

5.5.5 运作方案

5.5.5.1 宣传方案

(1) 媒体选择

不仅是信息产业界业内的媒体,更重要的是要利用综合性媒体如《人民日报》和各省市党报,充分考虑诸如《工人日报》这类行业或专业媒体的影响力;此外,充分发挥各级电视台这一强大媒体的宣传效能;同时充分利用"数字政府工程"主站点加大宣传力度,公布工程规范和计划,推荐精品政府站点,163/169 网的所有站点主页面上都要链接上"数字政府工程"的主站点。

(2) 宣传方式

举办数字政府工程启动的新闻发布会,组织(IT 界、新闻界、学术界、部委官员)研讨会、洽谈会;建立"数字政府工程"主站点,宣传数字政府工程的内容和精选样板网站等。可利用海报、POP 宣传页等举行展示活动。此外还有征文、专题报道、电视系列片、专栏、广告和公益广告等。建成一个政府主站点,就立即进行其站点的包装和宣传。组织各 ISP/ICP 参与数字政府工程的宣传,并进一步通过网络展开诸如《如何建好政府站点》的征文活动,以利于各政府站点不断总结经验,推陈出新,还可于在京召开的各级政府首脑会议期间组织专场报告会,推广数字政府工程经验。

(3) 宣传口径

强化宣传“数字政府工程”“政府主机”“电子政府”等理念，并将 1999 年定为“数字政府年”。

5.5.5.2 技术方案

(1) “政府主机”和“电信港湾”模式

除了通过专线直接连到政府的 WEB 站点外，积极推广使用“政府主机”托管到“电信港湾”的模式。为了体现政府站点的正式性和权威性，所有部委级和省市级政府正式站点均以 gov.cn 申请域名，并实现 163/169 网用户均可访问。政府站点均分配一个 169 网内部 IP 地址对应一个 163 网外部 IP 地址，所有的政府主站点可存放在一台被称为“政府主机”的服务器或“政府主机”的主机群，放入 169 机房进行服务器托管即“电信港湾”业务，也可以采取在政府主机上做镜像的办法，用户只需访问电信机房的政府主机，而无须通过专线访问政府自己的 WEB 站点。这有几个好处，一是电信部门有专业人员进行维护；二是带宽有保障，事实上一条 128k 的专线也会产生用户访问的瓶颈，而且政府部门的网络维护存在很多问题，经常造成网络无法访问；三是这些政府机构不需要 24 小时上网，给他们的专线主要用于更新发布信息和获取网上信息，减轻政府机构的日常技术维护工作。

(2) 信息出版方案

不妨把每一个政府部门的信息源当作一家报社，参照目前电子报刊的出版解决方案，一张日报日信息量达 4 万余字，但只需 1 台普通 PC 作制作平台，2 小时就可把纯文本制作完毕并自动转换为网页格式，通过 33.6 kbps 的 modem 电话拨号上网，传到电信港湾的“政府主机”只需要 2 分钟，而且浏览者可以实现全文检索、管理者实现管理统计等功能。这可以通过一种投入比较小的系统完成全过程，可以满足任何信息源的更新需求。

因此，针对政府部门工作人员对于网页制作不熟悉的现状，可统一采用“电信港湾”托管“政府主机”的方式，通过一套应用系统，定制出适用的模板，对政府工作人员进行简单的培训，就可以让政府工作人员不需学习使用 HTML 或 FRONTPAGE98 之类的专用网页制作工具，就可将更新的文字和图片输入网站，同时实现数据备份——政府部门、电信港湾双重备份，确保数据的安全。

5.5.5.3 运营方案

各政府的信息主管部门(主要是信息中心)需在三年内实现机制转换,自谋出路。因此,对于政府站点的建设、经营和维护,需改变政府站点单一投资体系,开拓多渠道、多途径的投资来源,建立和形成以政府投资为主体,以企业投资为支撑,以社会融资补充,以接受国内外捐赠为辅助的多元化投资体系,以股份制、合作、代理等多种方式与社会各单位合作,最终实现以"信息源养信息源"的良性循环。

为了启动政府站点和实现政府站点可持续地运作,采用灵活的方式解决持续运作所需资金的问题:

(1) 赞助费

可以出台"数字政府工程"赞助办法,邀请国内外与上网政府业务相关的大型企业,作为建网的赞助商。对赞助商的商业回报有:在政府网站主页放置赞助商的徽标,并链接至赞助商主页;在政府网站对外宣传时列出赞助商的名单等。赞助费可作为网站开发建设的初期运作资金。

(2) 企业上网费

通过政府站点宣传相关企业的产品与服务信息。为企业制作主页放在政府网站里进行宣传,也可建立企业独立网站。

(3) 广告费

如果政府站点成为媒体,则广告也会成为该网站的一大收入。广告的计费方式可以采用国际标准的访问统计方法以及收费原则。

(4) 信息服务费

通过网站随时向社会各界提供行业的资料报告、供求信息、行业动态等,收取信息服务费(包括资讯费和咨询费等)。

(5) 企业信息化工程

通过与企业建立网络服务的联系,为企业提供 Internet/Intranet/集团 E-mail/MIS 等全面的信息化、现代化的解决途径,收取工程费。

(6) EDI

为行业开发 EDI 系统,增加政府部门的工作效率和透明度,将政府站点进一步延伸为便民服务的窗口，向企业和个人收取系统使用费或手续费。通过建立行业的 Extranet，可望实现在某行业内的电子商务环境。

以上的某些服务内容与商业收入完全可以以政府网站为中心，通过网员制的方式进行组合，再结合电信部门的计费结算体系，这样的话，在短时间内就可以获得市场效益，实现政府站点长期、持续地良性运作。

5.5.5.4　合作方式探讨

(1) 中国电信：(ICP＋上网政府部门)

ICP 与政府部门达成合作协议，共同开发政府网站，电信部门提供优惠的网站物理条件，但不参与网站的经营分成。

(2) (中国电信＋ICP)：上网政府部门

电信首先与 ICP 达成协议，共同组成与上网政府部门合作的战略伙伴，通过提供通信及服务的优惠条件，利用政府资源，发展市场。条件成熟时，组建公司加以运作。

(3) (中国电信＋上网政府部门)：ICP

中国电信与上网政府部门进行合作，ICP 提供服务，按工作量收费。

(4) (中国电信＋上网政府部门＋ICP)

三方组成战略合作伙伴(条件成熟时三方合作成立公司)共同经营。电信提供网站的通信线路、服务器等硬件设备以及必要的技术支持。ICP 提供网站建设的策划、设计、开发、宣传等具体工作，政府部门负责组织资源上网以及发动其行业用户上网，三方按事先约定的比例进行利益分配。

5.5.5.5　合作三步骤

第一步：各电信部门上门与各政府部门(信息中心)沟通，讲解和演示数字政府内容、多媒体网的典型应用和数字政府的作用意义等。

第二步：向政府部门的主管领导上达《关于实施“数字政府工程”的函》，以书面的方式吁请政府部门的主管领导了解数字政府工程的内容意义等。邀请政府部门的主管领导和电信部门领导会晤。

第三步：拟定技术和业务方案及合作协议，实施数字政府工程。

6 电子商务

商务是人类古老的社会活动，自从有了商品和商品交换，就有了商务活动。进入工业化社会以后，简单的商品活动就演变为市场经济。20 世纪以后，电子技术逐渐发展起来，再加上 20 世纪 90 年代以来互联网的快速发展，21 世纪电子商务高速发展，已经代替了很大一部分传统商务的功能。

6.1 电子商务概述

6.1.1 概念

6.1.1.1 概念

电子商务（EC，E-commerce， Electronic Commerce）的概念最早由美国的 IBM（国际商用机器公司）提出，产生于 20 世纪 60 年代，发展于 20 世纪 90 年代。所谓电子商务，主要指利用现有的网络（Internet）技术及其他信息技术（IT）实现原材料的查询、采购、产品展示以及谈判、签约、付款等一系列经营活动。

所谓电子商务是利用计算机技术、网络技术和远程通信技术所进行的商务活动，其具体含义是指进行电子商务交易的供需双方都是商家（或企业、公司），他们借助 Internet 技术或各种商务网络平台，完成商务交易的过程；这些过程包括：发布供求信息，订货及确认订货，支付过程及票据的签发、传送和接收，确定配送方案并监控配送过程等。

电子商务是一种通过网络的形式，把商务活动的各个环节管理起来，是一种打破时空限制的商业活动。电子商务是一个完整的系统,一个完整的电子商务活动绝不是建设一个网站所能完成的。

6.1.1.2　步骤

通过网络完成一个商务活动需要一系列的步骤:

① 需要采购商品,建立产品的供应体系。

② 建立商品销售平台,这时网站取代商场的功能,将本来使商品直接同消费者见面改为用网络联系消费者。

③ 资金结算。

④ 通过消费者取得商品。网站建设是电子商务不可缺少的部分,但电子商务的全部并不仅是网站建设,而是一个完整的信息体系的建立。

对一个企业来说,建设一个自己的网站,把生产的产品拿到网上去,这很重要,它是电子商务走出的第一步,但关于电子商务的真实意义,我们还是听一听联想杨元庆先生的说法:“电子商务是利用电子化、信息化手段使得企业能够提高效率,降低成本,提升客户满意度。”

6.1.1.3　作用

电子商务的作用有:SHOW(展示)、SALE(交易)、SERVE(服务)。

6.1.1.4　分类

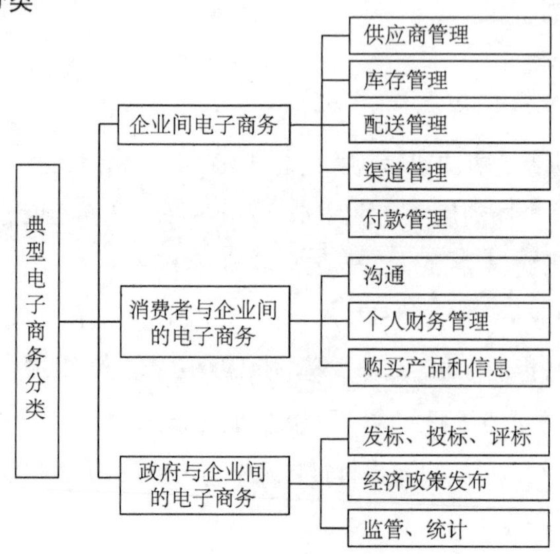

图 6.1　典型电子商务分类

6.1.2 电子商务基础

电子商务的基础是商务活动，而不是电子化的建设，电子化是为商务活动服务，电子化不过是商务活动的手段，做好商务活动才是电子商务的本质。而电子商务也是需要将电子化、信息化渗透到商业活动的每一过程中。建立网站把原来客户和销售商及商品直接见面，改变为通过网络的形式，实现客户和销售商及商品的见面，大大减少了了解商品的成本支出，同时也减少了客户的时间成本，节约了费用，提高了效率。但是，电子商务如果仅仅在这一点减少成本开支、提高效率，并不能实现根本性的商务活动的革命。

电子商务的每一个过程中，都存在信息化的需要。国内有一家我们熟知的电子商务站点，它的库房是很小的，颇具规模的销售额相对于这样小的库房，在过去是很难想象的，而他们销售的产品也不是特别的紧俏商品。主要原因是通过一系列的信息化过程，把电子商务活动从办一个网站，延伸至商品的采购过程中，在这个电子商务网站接到订单时，他们对生产商的生产能力和库存能力是有监控的，可以保证生产商能及时地生产出或生产商的仓库里有足够的产品，可以保证满足客户的需要。在客户下订单的同时，电子商务网站也生成了自己的订单，及时地把订单下到生产商那里，电子商务网站本身没有库房，生产商的库房成了它的库房。

电子商务的魄力是每一生产环节和销售环节都通过电子化和信息化，减少中间环节，从而节省开支，提高效率。

6.1.3 电子商务的本质

6.1.3.1 电子商务的基本要素

(1) 交易主体

电子商务交易主体，指以营利为目的，借助电脑技术、互联网技术与信息技术实施商事行为并因此而享有权利和承担义务的法人、自然人和其他组织。

(2) 电子市场 EM

所谓电子市场就是指 EC 实体从事商品和服务交换的场所。

(3) 交易事务

交易事务指 EC 实体之间所从事的具体的商务活动的内容。

6.1.3.2 电子商务的本质

电子商务的本质是为商务活动建立一个完整的电子信息系统，在商品的采购、库存管理、供需见面、结算、配送、售后服务等诸方面都运用电子信息化管理的手段，从根本上使传统的商务活动成为一种低成本、高效率的商务活动。对那些希望走向电子商务的企业来说，它们需要的不是一个网站，而是一个全套的从经营到技术的电子商务解决方案，全方位地解决各种问题，这样的电子商务网站才有活动，才会有发展前途。

6.1.3.3 电子商务对中小企业的作用与意义

电子商务能使中小企业获得与大企业平等的竞争机会，扩大商机，开拓市场。

电子商务能使中小企业降低经营管理成本，提高经济效益。

电子商务能增强中小企业快速反应能力。

电子商务能促进中小企业管理规范化。

6.1.4 电子商务的发展过程

6.1.4.1 电子商务的发展阶段

电子商务的发展分为两个阶段，即始于20世纪80年代中期的EDI电子商务和始于90年代初期的Internet电子商务。

(1) 20世纪80年代至90年代基于EDI的电子商务

电子通信的方式

增值网络VAN

EDI电子商务技术

仅局限在先进国家和地区以及大型的企业范围内应用

(2) 20世纪90年代以来基于因特网的电子商务

开放的网络通信方式

Internet的网络环境

开放的网络电子银行

安全的在线支付技术

也适合中小型的企业应用

6.1.4.2 中国电子商务发展过程

第一阶段：1990—1993年，开展EDI的电子商务应用阶段。

第二阶段:1993—1997年,政府领导组织开展“三金工程”阶段,为电子商务发展打基础,中国第一家电子商务公司8848成立,易趣创立。

第三阶段:1998—2000年,进入互联网电子商务发展阶段。

第四阶段:1999年3月8848等B2C网站正式开通;1999年9月,马云在杭州创办阿里巴巴;21世纪初期,淘宝、京东、拍拍、天猫等纷纷开通电子商务;紧接着,苏宁易购、一号店、唯品会、聚美优品、蘑菇街等一大批电子商务平台相继成立,网上购物进入实际应用阶段。

6.2 电子商务模式

通常认为,根据电子商务交易双方主体的不同,可将电子商务划分为以下几种模式:

6.2.1 B2B

6.2.1.1 B to B(Business-to-Business),即商业组织对商业组织

是商家(泛指企业)对商家的电子商务,即企业与企业之间通过互联网进行产品、服务及信息的交换。一般以信息发布与撮合为主,主要是建立商家之间的桥梁,它所提供的服务基本分为三类:

① 交易服务:市场、销售、采购、信息增值服务等;

② 业务服务:研发设计、生产制造、物流等;

③ 技术服务:信息处理、数据托管、应用系统等。

这种模式在企业与消费者之间进行,主要是企业借助于Internet开展在线销售活动,典型的如美国Amazon在线销售书店。这种模式的电子商务发展很快,拥有巨大潜力。

6.2.1.2 具体案例:阿里巴巴中文站和国际站

阿里巴巴是全球领先的B2B电子商务网上贸易平台。艾瑞网发布的2015年第一季度B2B电子商务市场监测数据显示,阿里巴巴占42.5%的市场份额。

(1) 认识阿里巴巴集团

阿里巴巴集团是全球电子商务的领导者,是中国最大的电子商务公司。阿里

巴巴集团茁壮成长，现已拥有5家子公司：

阿里巴巴网站，世界领先的B2B电子商务公司，服务于全球的中小企业；

淘宝网，亚洲最大的综合网络购物市场和中国最大的网络广告交易平台；

阿里妈妈（2008年9月与淘宝网合并），网络广告交易平台；

支付宝，国内领先的独立第三方支付平台；

雅虎口碑，中国领先的搜索引擎、社区与资讯服务提供商和中国最大的本地生活消费社区；

阿里软件，服务于中国中小企业者的以互联网为平台的商务管理软件公司。

（2）阿里巴巴的发展进程

阿里巴巴于1999年正式成立，从事B2B电子商务业务。阿里巴巴的成长过程基本可以归纳为两个发展阶段：

第一阶段为2001年至2004年，该阶段的发展目标是Meet at alibaba，即使有交易与贸易需求的人在阿里巴巴相遇。

第二阶段为2005年至今，该阶段的发展目标是Work at alibaba，即使用户的任何交易与贸易行为都与阿里巴巴产生关联。

（3）阿里巴巴的核心业务

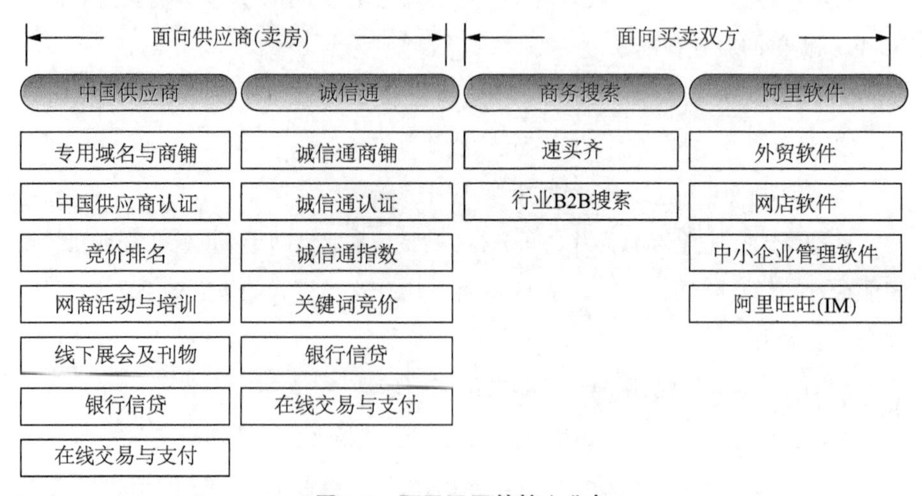

图6.2　阿里巴巴的核心业务

6.2.2　C2C

6.2.2.1　C2C是消费者(consumer)与消费者(consumer)之间的电子商务

举个例子,有个学生要毕业了,自己的电脑不想带走,他在学校的网上发布卖电脑的信息,通过网络交易平台,被另外一个新入学的大学生买去了。这种交易行为在电子商务里就称为C2C电子商务类型。而给卖方和买方提供交易平台的网站就称之为C2C网站。

C2C模式代表公司有淘宝网、Ebay易趣网、飞鸽传书、腾讯拍拍等,主要涉及领域有网上个人交易和零售业。这个模式的特点是能实现个人对个人的点对点销售,由于免除了中间商,能让顾客直接跟相关的企业或个人直接以一种比较优惠的价格买到比较特色的产品。

目前,C2C电子商务的运作模式主要有拍卖平台和店铺平台。

(1) 拍卖平台运作模式

这种方式是C2C电子商务企业通过为买卖双方搭建拍卖平台,按比例收取交易费用。

(2) 店铺平台运作模式

这种方式是电子商务企业提供平台,方便个人在上面开店铺,以会员制的方式收费,也可通过广告或提供其他服务收取费用。这种平台也可称作网上商城。

6.2.2.2　具体案例:淘宝网

淘宝网是国内首选购物网站,亚洲最大购物网站,由全球最佳B2B平台阿里巴巴公司投资4.5亿创办,致力于成就全球首选购物网站。淘宝网,顾名思义——没有淘不到的宝贝,没有卖不出的宝贝。自2003年5月10日成立以来,淘宝网基于诚信为本的准则,从零做起。根据CNNIC中心《2015年中国网络购物调查研究报告》(2015年6月)发布的数据显示:淘宝网的交易规模市场份额已经达到60.4%,居第一位。

(1) 淘宝网的系统功能体系

① 会员注册系统(免费注册):这种以免费为代价招徕人气,流量蹿升之快令人侧目;

② 淘宝的网上买卖系统:通过电子商务平台为买卖双方提供一个在线交易平台;

③ 淘宝的支付系统:"支付宝"是一种针对网上交易特别推出的安全付款服务;

④ 网络服务系统:21CN借助雄厚的网络资源和技术资源优势,为淘宝网打造短信平台,拓展会员服务渠道。

(2) 淘宝网的商业流程

① 注册会员;

② 发布需求信息;

③ 选择买(卖)家;

④ 确定双方交易关系:确保货物的发出;

⑤ 物品的流动:相关物流系统的协助;

⑥ 资金的流动:支付宝,相关银行;

⑦ 交易的完成;

⑧ 信息的反馈(评价);

(3) 商业模式

① 经营模式

淘宝网实行产品登录免费制度,让用户真正在网上交易中获得利益,才能培养更多忠实的网络交易者,把"蛋糕"做大。

② 投资模式

在淘宝网成立之初,其诚信建设就已紧锣密鼓地展开。不断完善产品的品种,实现网络产品多样化,实现口号"没有淘不到的宝贝 "。加强广告宣传投资,极力投资建设网上诚信和安全体系。

(4) 阿里巴巴与淘宝网对比分析

两类网站的共同点:

① 都为会员提供注册、发布商品信息并提供二级域名;

② 都为会员提供后台管理平台;

③ 网站为交易各方提供信用评估机制。

但是，它们又有许多不同之处。阿里巴巴网站的客户针对的是企业；淘宝网站就不同了，淘宝网属于C2C类网站，交易双方都是个人。

6.2.3　B2C

B to C或B2C或BTC(Business-to-Consumer)，商业组织对消费者。这种模式在企业与消费者之间进行，主要是企业借助于Internet开展在线销售活动，典型的如美国亚马逊在线销售书店。这种模式的电子商务发展很快，拥有巨大潜力。

① B2C电子商务的基本业务流程——网络商品直销的流程。

② B2C电子商务的基本业务流程——通过网上电子交易市场进行交易的业务流程。

③ 适于在线营销的商品。在目前的市场环境条件下，适于网上销售的产品一般应具有以下一种或几种特征：知识型产品；受众(用户)范围较为宽泛，不特定的产品；能被普遍接受的标准化产品。

④ 具体案例：亚马逊网络书店。全球最大的在线网络零售商——亚马逊公司从1995年7月起开始运作其图书销售网站，目前业务范围已经扩展到电器、玩具和游戏、DVD光盘和其他多种商品，还提供拍卖及问候卡片等服务。谈及亚马逊，公司的创办人贝索斯说："我们要创建一个前所未有的事物。"从1995年到2000年，亚马逊已经完成了从纯网上书店向一个网上零售商的转变。

亚马逊营销策略为：新颖——服务随技术进步不断更新；快速——搜索、购买与送货的快速；实惠——低廉的折扣价格；全面——全方位提供服务，如独具特色的书评、交易的安全性、遍布世界各地的营销网络和全天24小时运作、注重塑造品牌。

6.2.4　B2A

B to A或B2A或BTA(Business-to-Administrations)，商业组织对政府。这种模式主要应用于政府采购、征税、经济行政事务管理等。目前，这种模式尚处于试验阶段。

6.2.5　C2A

C to A或C2A或CTA(Consumer-to-Administrations)，消费者对政府。这种模式应用于社会福利基金的发放及个人报税等，处于试验阶段，尚未真正地形成。

6.2.6 C2B

C to B 或 C2B 或 CTB(Consumer-to-Business)，消费者对企业。以消费者为中心：第一，相同生产厂家的相同产品无论通过什么终端渠道价格都一样，渠道不掌握定价权(消费者平等)；第二，C2B 产品价格组成结构合理(拒绝暴利)；第三，渠道透明(O2O 模式拒绝山寨)；第四，供应链透明(品牌共享)。

6.2.7 B2M

B to M 或 B2M 或 BTM(Business-to-Marketing)，面向市场营销的电子商务企业。为企业提供网络营销托管 NMTC (Network marketing Trusteeship Council) 的电子商务服务商。

6.2.8 ABC

ABC(Agents-Business-Consumer)，代理商、商家和消费者，被誉为继阿里巴巴 B2B 模式、京东商城 B2C 模式、淘宝 C2C 模式之后电子商务界的第四大模式。

淘众福：以"网店＋服务店＋营销服务系统＋团购联盟＋自主服务终端"的立体营销模式为手段。

6.3 电子商务技术基础

6.3.1 计算机网络技术

完整的计算机网络系统是由网络硬件系统和网络软件系统组成的。

6.3.1.1 计算机网络的发展

第一阶段：20 世纪 60 年代末到 20 世纪 70 年代初为计算机网络发展萌芽阶段；

第二阶段：20 世纪 70 年代中后期是局域网络(LAN)发展的重要阶段；

第三阶段：整个 20 世纪 80 年代是计算机局域网络的发展时期；

第四阶段：20 世纪 90 年代至 21 世纪初是计算机网络飞速发展的阶段；

第五阶段：21 世纪以来，计算机时代来临。

6.3.1.2 计算机网络的组成

(1) 网络软件

① 网络协议和协议软件；② 网络通信软件；③ 网络操作系统；④ 网络管理及

网络应用软件。

(2) 网络硬件

① 线路控制器 LC;② 通信控制器 CCU;③ 通信处理机 CP;④ 端处理机 FEP;⑤ 集中器 C 及多路选择器 MUX;⑥ 主机 HOST;⑦ 终端 T。

6.3.1.3 计算机网络的功能

① 数据通信;② 资源共享;③ 远程传输;④ 集中管理;⑤ 实现分布式处理;⑥ 负载平衡。

6.3.1.4 计算机网络的分类

(1) 按网络节点分

① 局域网;② 广域网;③ 城域网。

(2) 按传输介质分

① 有线网;② 光纤网;③ 无线网。

(3) 按交换方式分

① 线路交换;② 报文交换;③ 分组交换。

(4) 按逻辑方式分

① 通信子网;② 资源子网。

(5) 按通信方式分

① 点对点传输网络;② 广播式传输网络。

(6) 按服务方式分

① 客户机/服务器网络;② 对等网。

(7) 按网络的拓扑结构分类

① 星型网;② 环形网。

6.3.2 电子数据交换(EDI 技术)

6.3.2.1 EDI 的概念

EDI(Electronic Data Interchange,电子数据交换)就是模拟传统的商务单据流转过程,对整个贸易过程进行了简化的技术手段。EDI 是随着计算机及网络开始在商业领域中得到应用而诞生的。传统依靠电话、传真、邮寄等方式传递商务信息有很多弊端:延时、重复录入、易出错。而 EDI 的出现克服了以上缺点,实现了商务单据传递的自动化，大大提高了商务进程的效率。

6.3.2.2 EDI 的特点

① EDI 是在企业与企业之间传输商业文件数据。

② EDI 传输的文件数据都采用共同的标准。

③ EDI 是通过数据通信网络，一般是增值网和专用网来传输数据的。

④ EDI 数据的传输是从计算机到计算机的自动传输，不需人工介入操作。

6.3.2.3 EDI 的优势

① 降低了纸张的消费。

② 减少了许多重复劳动，提高了工作效率。

③ EDI 使贸易双方能够以更迅速有效的方式进行贸易，大大简化了订货或存货的过程。

④ 通过 EDI 可以改善贸易双方的关系，厂商可以准确地估计日后商品的寻求量，货运代理商可以简化大量的出口文书工作，商户可以提高存货的效率，大大提高竞争能力。

数据标准化、EDI 软件及硬件和通信网络是构成 EDI 系统的三要素。EDI 标准是由各企业、各地区代表共同讨论、制定的电子数据交换共同标准，可以使各组织之间的不同文件格式，通过共同的标准，实现彼此之间文件交换的目的。EDI 软件具有将用户数据库系统中的信息译成 EDI 的标准格式，以供传输交换的能力。EDI 所需的硬件设备大致有：计算机、调制解调器及电话线。通信网络是实现 EDI 的手段。

6.3.3 数据库技术

6.3.3.1 数据管理的基本概念

(1) 数据(Data)

数据就是描述事物的符号记录，都可以经过数字化后存入计算机。

(2) 数据管理(Data Management)

数据管理是对数据进行有效的收集、存储、处理和应用的过程。

(3) 数据库(Data Base，简称 DB)

所谓数据库是指长期储存在计算机内的、有组织的、可共享的数据集合。

(4) 数据库管理系统(DBMS)

数据库是位于用户与操作系统之间的一层数据管理软件。

6.3.3.2 电子商务数据库系统的特性

① 能够保证数据的独立性。

② 冗余数据少,数据共享程度高。

③ 系统的用户接口简单,用户容易掌握,使用方便。

④ 能够确保系统运行可靠。

⑤ 有重新组织数据的能力。

⑥ 具有可修改性和可扩充性。

⑦ 能够充分描述数据间的内在联系。

6.3.3.3 商务智能

(1) 商务智能的概念

商务智能是指将企业的各种数据及时地转换为管理者感兴趣的信息(或知识),并以各种方式展示,帮助企业管理者进行科学决策,加强企业的竞势。

(2) 数据仓库是商务智能的基础

(3) 商务智能在电子商务中的应用

① 客户分类和特点分析;② 市场营销策略分析;③ 经营成本与收入分析。

6.3.3.4 商务智能给电子商务带来的优势

① 提高个性化服务水平;② 提高企业决策水平;③ 提升客户价值;④ 改进客户服务水平;⑤ 优化和完善网站。

归根结底,应用商务智能,电子商务站点可以更好地了解客户,建立与客户的良好关系,提升站点对客户的亲和度。

6.3.4 现代信息分析技术

通过 Web 数据挖掘技术(即 Web Data Mining 技术)能对数据库上的信息加以分析,提炼出对企业有价值的客户信息;公司还可以分析和预测顾客将来的行为。同时,利用有效的顾客信息,可以减少公司生产经营的盲目性,大大降低公司的运营成本。

Web 数据挖掘(Web Data Mining),是利用数据挖掘从 Web 文档及 Web 服务中自动发现并提取人们感兴趣的信息。

在Internet电子商务中，客户浏览信息被Web服务器自动收集并保存在访问日志、引用日志和代理日志中。这些日志数据信息被组合应用到计算机并行处理，进行分析加工，从中可得到商家用于向特定消费群体或个体进行定向营销的决策信息。

Web数据挖掘技术在电子商务中的应用：

① 发现潜在客户；② 提供优质个性化服务；③ 改进站点设计；④ 聚类客户；⑤ 搜索引擎的应用；⑥ 网络安全。

6.3.5 网站建设技术

6.3.5.1 网站的总体设计

对于一个网络站点来说，不可能包含所有的信息，面面俱到是不可能设计出一个优秀电子商务站点的。因此，在网站建设初期就应有明确的指导方针和整体规划，确定网站的发展方向和符合本企业特点的服务项目。网站总体设计内容包括：

① 网站建设目的确定；

② 网站客户定位；

③ 网站内容框架确定；

④ 网站盈利模式设定；

⑤ 主要业务流程设定。

6.3.5.2 企业建立网站的原则

① 明确网站的目标和用户需求；

② 总体设计方案主题鲜明；

③ 安全快速访问；

④ 网站内容及时更新；

⑤“三次单击”原则；

⑥ 网站的信息交互能力；

⑦ 完善的检索和帮助功能；

⑧ 方便用户访问和购买。

6.3.5.3 网站建设的过程

(1) 申请域名

(2) 选择主机

目前,解决服务器空间的方式有多种:① 虚拟主机;② 主机(服务器)托管;③ 租用DDN专线。

(3) 选择WWW服务器、操作系统、开发工具和数据库

(4) 网站建设

网站建设包括的要素:① 网站内容;② 设计制作;③ 功能开发;④ 网站推广。

(5) 网站日常维护

6.3.5.4 网站建设的工具

(1) 网站设计基础语言

① HTML(Hyper Text Markup Language,超文本标记语言)是WWW上的专用语言。

② XML (Extensible Markup Language,可扩展标记语言) 是国际组织W3C为适应WWW的应用,将SGML标准进行简化形成的标记语言。

③ Java与JavaScript语言,Java语言是由Sun Microsystems公司于1995年推出的程序设计语言。

(2) 网页制作常用工具

① 基本工具

FrontPage 2005是微软推出的"所见即所得"的网页编辑软件,也是目前最流行的网站制作和管理工具之一。

Dreamweaver MX是美国Macromedia公司开发的集网页制作和网站管理于一身的网页编辑器。

② 页面设计及美化工具

Adobe Photoshop是目前最流行的平面图形设计软件之一。

Fireworks是一个强大的网页图形设计工具。

6.4 电子商务法律

6.4.1 电子商务带来的法律新问题

① 电子商务运作平台建设及其法律地位问题；

② 在线交易主体及市场准入问题；

③ 电子合同问题；

④ 电子商务中产品交付的特殊问题；

⑤ 特殊形态的电子商务规范问题；

⑥ 网上电子支付问题；

⑦ 在线不正当竞争与网上虚拟财产保护问题；

⑧ 在线消费者保护问题；

⑨ 网上个人隐私保护问题；

⑩ 网上税收问题；

⑪ 网络知识产权问题；

⑫ 在线交易法律适用和管辖冲突问题。

6.4.2 为什么会产生电子商务法律问题

经过一段时期的实践，人们发现电子商务发展的主要障碍不是来自技术，也不是来自传统经济活动方式，而是来自政策和法律。为什么呢？这是基于电子商务本身的特点而产生的。

6.4.2.1 电子商务的技术基础是计算机及互联网络

网络的根本特点在于它的互联性。网络的各个终端(用户)分布于世界各地，极为分散，但它们相互之间又是连通的，而且这种连通不仅是单向或双向的，而是呈多方向的网状结构，因此，在网络空间中传统的管辖边界不再适用。

6.4.2.2 电子商务的非政府管理特点

电子商务的管理在很大程度上依赖于网络服务商(包括 ISP 和 ICP)，网络服务商本身是一个非政府机构，而且数量众多。因此，网络上的交易活动受政府监管的可能性大大降低了。这使得网络社会呈现为一种无政府状态，导致无序及结构混乱。

6.4.2.3 网络社会的虚拟特征

网络社会的虚拟特征，使电子商务中交易者的身份、交易场所、交易权限、交易流程均呈虚拟化、数字化状态，这为建立在物化形态上的法律上的管理带来很大的难度。

由上可见，传统的法律框架已不适应电子商务发展的需要。全球电子商务的持续发展将取决于新的法律框架的制定，只有制定出地方、国家和国际法律所认可的电子商务活动规则，只有参与电子交易的个人、企业和政府的权利义务得以明确，他们的利益变得可以预期，电子商务才会健康有序地发展。

6.4.3 电子商务的基本法律问题

6.4.3.1 电子交易的基本规则

电子商务的参与者，包括企业、消费者、金融机构和网络服务商等主体之间必须建立起一套共同遵守的商业规则，且这种规则要为各国法律所认可。这些规则包括：电子商务合同订立，生效的时间、地点，电子商务文件的证据效力，电子商务的书面形式要求和电子签名的认证，争端的解决方式及电子商务纠纷的司法管辖权问题等内容。

6.4.3.2 电子商务中的知识产权保护

电子商务不可避免地涉及知识产权问题。卖家希望他们的知识产权不被侵犯，买家也不希望买到假冒伪劣产品。电子商务活动中涉及域名、计算机软件、版权、商标等诸多问题，这些问题单纯地依靠加密等技术手段是无法加以充分有效的保护的，必须建立起全面的法律框架，为权利人提供实体和程序上的双重法律依据。

6.4.3.3 电子商务税收

电子商务的虚拟特征、多国性、流动性及无纸化特征，使得各国基于属地和属人两种原则建立起来的税收管辖权面临挑战。同时，电子商务方式与传统商务方式的区别对纳税主体、客体、纳税环节、地方等税收概念、理论产生巨大冲击。因此，面对电子商务，税收法律必须有所修改。

综合欧盟、美国的电子商务税收政策，在对电子商务征税时应遵循的原则有：

① 中性原则，不因交易方式及采用技术的不同而给予不同的税收待遇；

② 减少电子商务的税收成本；

③ 避免国际双重征税；

④ 保持税收政策的简化和透明度。

6.4.3.4 保护隐私权

电子商务既要保证信息公开、自由流动，又要防止滥用个人信息。所以，要对商品及服务供应商、网络服务商收集、加工、储存和使用个人信息进行规范，防止因隐私权问题而影响电子商务的健康发展。

6.4.3.5 确保交易安全

保证电子商务的安全进行除了建立完善的加密、解密系统等技术措施外，还要立法保障通信网络顺畅、信息系统的安全、确保信息的真实性和保密性以及防止非法修改等。如制定对电脑黑客攻击、计算机病毒的制造与传播等行为的防范和惩罚的法律法规。

除上述法律问题外，电子商务中还涉及的法律问题有：CA 认证机构的规范，物流配送涉及的规范问题，电子商务企业的资质、组织、技术规范，网络广告行为规范，网络发布内容的审查与管理，网络经营者的法律责任、电子商务中消费者权益保护等问题。

中国电子商务研究中心不久前发布了《2011—2012 年度中国电子商务法律报告》，这是第一份电商法律报告。从调查结果来看，企业对电子商务法律的了解程度不深。究其原因，在于其自身关注度不够，政府和行业协会的宣传引导尚不到位。企业法律纠纷类型集中在知识产权、网络不正当竞争和行业垄断上。律师建议，未来电子商务立法应重在解决合同问题，同时要对知识产权、信息安全、税收等法律问题进行有效规制。

6.4.4 电子商务法

6.4.4.1 电子商务法的含义

对电子商务立法范围的理解，应从“商务”和“电子商务所包含的通信手段”两个方面考虑。应当注意的是，虽然拟定电子商务法时经常提及比较先进的通信技术,如电子数据交换和电子邮件,但电子商务法所依据的原则及其条款也应照顾到适用于不大先进的通信技术,如电传、传真等。

6.4.4.2 电子商务法律关系

(1) 电子商务交易中买卖双方当事人的权利和义务

买卖双方之间的法律关系实质上表现为双方当事人的权利和义务。买卖双方的权利和义务是对等的。卖方的义务就是买方的权利,反之亦然。

(2) 网络交易中心的法律地位

网络交易中心在电子商务中介交易中扮演着介绍、促成和组织者的角色。这一角色决定了交易中心既不是买方的卖方,也不是卖方的买方,而是交易的居间人。

6.4.4.3 网络交易客户与网络银行间的法律关系

网络交易客户与虚拟银行之间的关系仍然是以合同为基础的。银行承担责任的形式通常有三种:返回资金,支付利息;补足差额,偿还余额;偿还汇率波动导致的损失。

6.4.4.4 认证机构在电子商务中的法律地位

认证中心扮演着一个买卖双方签约、履约的监督管理的角色,买卖双方有义务接受认证中心的监督管理。在整个电子商务交易过程中,包括电子支付过程中,认证机构都有着不可替代的地位和作用。

6.4.5 国外电子商务立法

6.4.5.1 国际组织电子商务立法

《电子商务示范法》在1996年制定,1998年做了一次修订,共分为两个部分,4章17条。

主要包括如下内容条款:数据电文的法律适用要求以及书面形式问题;签字;数据电文的可接受性和证据力;合同的订立和有效性;数据电文的归属;数据电文的确认收讫。

6.4.5.2 联合国《电子签字示范法》

(1) 电子签字(Electronic signature)的概念

"电子签字"是指在数据电文中,以电子形式所含、所附或在逻辑上与数据电文有联系的数据,它可用于鉴别与数据电文有关的签字人和表明此人认可数据电文所含信息。

2000 年 9 月召开的联合国国际贸易法委员会电子商务工作组第 37 次会议通过了《电子签字统一规则》。

2001 年 3 月 23 日，联合国国际贸易法委员会电子商务工作组第 38 次会议通过了《联合国国际贸易法委员会电子签字示范法》，简称《电子签字示范法》。

(2) 电子签字的功能

以纸张为基础的传统签字主要是为了履行下述功能：① 确定一个人的身份；② 肯定是该人自己的签字；③ 使该人与文件内容发生关系。

调查各种正在被使用或仍在研制开发中的签字技术，可以发现，所有这些技术的共同目的都是为了寻求手写签字和在纸基环境中的其他认证方式（如封缄或盖章）提供功能相同的替换物。

(3) 电子签字中当事各方的基本行为规范

按照《电子签字示范法》，参与电子签字活动的各方包括签字人、验证服务提供商和依赖方。

《电子签字示范法》制定了签字当事方（即签字人、依赖方和验证服务提供商）行为的评定标准。

(4) 符合电子签字的要求

《电子签字示范法》第 6 条阐述了符合电子签字的要求。

(5) 电子签字的法律效力

可靠的电子签字具有与手写签字或者盖章同等的法律效力。

6.4.5.3 其他国际组织立法

世界贸易组织成立后，围绕信息技术的谈判，先后达成了三大协议。

国际商会于 1997 年 11 月发布了《国际数字化安全商务指南》。

1998 年 10 月，经济合作组织（OECD）在 1997 年 10 月公布了 3 份重要文件：《OECD 电子商务行动计划》《有关国际组织和地区组织的报告：电子商务的活动和计划》《工商界全球商务行动计划》。

1997 年，欧盟提出了《欧洲电子商务行动方案》；1998 年，又相继颁布了《关于信息社会服务的透明度机制的指令》《欧盟电子签字法律框架指南》《欧盟隐私保护指令》;1999 年,发布了《数字签名统一规则草案》。

6.4.5.4 美国电子商务立法

美国是世界上电子商务最发达的国家,比较有代表性的立法有两类。

(1) 联邦立法

1997 年 9 月,美国联邦政府颁布的《全球电子商务纲要》所探讨的问题十分广泛,涵盖了关税、电子支付、法律政策、知识产权、公民隐私和电子商务的安全等问题。

(2) 州立法

1995 年,美国犹他州颁布了《数字签名法》,这是美国也是全球第一部全面确立电子商务运行规范的法律。

6.4.5.5 其他国家电子商务立法

马来西亚早在 20 世纪 90 年代中期就提出了建设“信息走廊”的计划,并于 1997 年制定了《数字签名法》,是亚洲最早的电子商务立法。

意大利 1997 年的《数字签名法》;

德国 1997 年的《数字签名法》和《数字签名条例》;

1998 年,新加坡颁布了主要涉及“电子签名”的《电子交易法》,又于 1999 年制定了《新加坡电子交易(认证机构)规则》和《新加坡认证机构安全方针》;

加拿大 1999 年的《统一电子商务法》;

澳大利亚 1999 年 3 月 15 日生效的《电子交易法》;

韩国 1999 年的《电子商务基本法》;

1999 年 12 月 13 日,欧盟通过了关于电子签名的最终指令:《欧盟电子签名统一框架指令》;

西班牙 2000 年 2 月 29 日生效的《电子签名与认证服务法》;

日本政府于 2000 年 6 月推出的《数字化日本之发端行动纲领》;

6.4.6 中国电子商务立法

6.4.6.1 前期电子商务立法

我国前期的电子商务立法以行政法规、部委规章为主。主要表现在以下几个方面:

(1) 涉及计算机安全的法律法规

我国的计算机安全立法工作开始于 20 世纪 80 年代。

(2) 保护计算机网络安全的法律法规

① 加强国际互联网出入信道的管理

② 市场准入制度

③ 安全责任

6.4.6.2 真正意义上的电子商务法律

2001年,最高法院发布了关于网上域名纠纷与网上著作权纠纷的两个司法解释。

2000年3月5日,在九届全国人大三次会议上,上海代表团张仲礼代表提出的"呼吁制定电子商务法"议案,成为本次会议的一号议案,使电子商务立法成为人们关注的焦点。

在这些大政方针与政策措施的指引和推进下,真正意义上的电子商务立法有序展开。

(1)《电子签名法》

2004年8月28日,十届全国人大常委会第十一次会议表决通过了《电子签名法》。

(2)《电子认证服务管理办法》

2005年1月28日,中华人民共和国信息产业部第十二次部务会议审议通过了《电子认证服务管理办法》。

(3)《国务院办公厅关于加快电子商务发展的若干意见》

2005年1月8日,我国第一个专门指导电子商务发展的政策性文件——《国务院办公厅关于加快电子商务发展的若干意见》颁布。

6.5 电子商务与服务业

6.5.1 服务业电子商务概述

6.5.1.1 电子商务对人类工作和生活方式的影响

电子商务所作用的社会是一个市场经济的社会,它所基于的"互联网"是一个全球性的网络,它正在改变着人们生活、工作、学习、娱乐方式等各个方面:信息传播方式的改变;生活方式的改变;办公方式的改变;消费方式的改变;教育方式的改变。

6.5.1.2 服务业的定义及特征

服务业,简单地讲,指的是提供无形服务的行业。制造业提供的是有形产品,可接触、耐久,而服务业所提供的产品是无形的,不可接触、寿命较短。

6.5.1.3 服务业的发展趋势

以信息技术为代表的新技术日新月异,现代服务业也出现了一些非常明显的特色和新趋势:① 现代服务业由传统的以生活消费为主转向以现代服务为主;② 服务业中知识密集型行业的地位日益重要,其占整个服务产出的比重越来越大;③ 服务业运作手段也发生了极大的变化,移动电子商务渐入佳境。

6.5.1.4 服务业电子商务的优势

服务行业向顾客提供的产品是无形的服务。我们知道发展电子商务的瓶颈之一便是配送,而服务业便不存在这个问题,无须配送,通过网络可以将服务转化为比特传递给消费者。因此,可以预言,服务业电子商务将是电子商务的先锋部队。网络可以为传统的服务行业创造新的价值。主要体现在相对于传统方式,网络更加迅速、准确、便捷和经济。

6.5.2 网上保险服务

6.5.2.1 网上保险概述

狭义上,网上保险是指保险企业通过互联网开展的电子商务活动,主要包括通过互联网买卖保险产品和提供服务;广义上,网络保险还包括保险企业的内部活动,以及保险企业之间,保险企业与非保险企业之间以及与保监委、税务部门等政府相关机构之间的信息交流活动。

6.5.2.2 网上保险概述

与传统的保险经营方式相比,网上保险作为一种全新的经营方式,具有许多优点:快捷方便,不受时空限制;降低经营成本;保护投保人的隐私;信息丰富,选择广泛;降低投保人风险;个性化服务;提高经营效率。

6.5.2.3 网上保险的模式

(1) 传统的保险公司与互联网嫁接的形式

这种模式是指一些传统的保险公司利用计算机网络技术对传统保险产业进行改造,全面提高企业整体素质,实现了保险行业传统服务模式的重大变革。

(2) 第三方保险商务平台

这类网站既不是网上保险公司,也不是网上保险经纪人,它们的定位是保险行业的技术服务提供者,是一个开放性保险商务专业平台。

(3) 虚拟的保险网站

这类网站指经营保险业务的电子商务企业,它没有可依托的传统意义上的保险公司,而是纯粹虚拟的网上保险网站。

6.5.2.4 网上保险的基本功能

企业形象和产品介绍;网上保险产品推介;网上推出直销保险;计算保费;核保与缴纳;理赔服务。

6.5.3 网上证券

6.5.3.1 网上证券概述

网上证券交易是指投资者利用互联网资源,获取证券的即时报价,分析市场行情,并通过互联网委托下单,实现实时交易。

我国目前网上证券交易具体有以下两种模式:证券营业部直接和互联网连接起来(客户+营业部网站+证券交易所);证券营业部与证券网站服务商合作,通过证券网站服务商和互联网连接起来。

6.5.3.2 网上证券优点

网上交易不受地域限制;提供丰富的资讯;方便投资者;降低交易成本;行情分析、下单委托、查询资料方便直观;网上交易的安全性有保障。

6.5.3.3 网上证券交易系统的功能

客户委托子系统、资金管理子系统、证券管理子系统、系统管理子系统、报表管理子系统、报盘管理子系统、即时处理子系统、日终处理子系统、系统维护、监管子系统。

6.5.3.4 网上证券交易系统的应用

目前,在网上证券交易业务方面做得较好的国内券商主要有中信证券、国泰君安证券、港澳证券、中国银河证券、华泰证券、大鹏证券等。

中信证券网(www.cs.ecitic.com)提供了7个专栏,财经资讯、中信理财、网上营业厅、天天利财、产品服务、财富管理及投资者关系。

6.5.4 网上医疗

6.5.4.1 网上医疗概念

网上医疗是医疗专家通过多媒体通信网络为远地医院病人开展远程会诊、信息共享及咨询、网上预约和家庭病房等医疗、教学活动的全过程。而《远东经济评论》则认为亚洲新兴医疗入门网站将如雨后春笋般涌现,并将改变行业供求格局。

6.5.4.2 网上医疗的优势

(1) 便于咨询

随着医学的发展,医学的分科越来越细,一些网站打破传统的医学分科方式,将一些边缘的分科列入其中,便于大家咨询。

(2) 电子病历存取方便

网上医疗的信息储存在网上,你不必随身携带,一旦需要,一台上网的电脑就可以把你的病历全部调出来。这可以让你在任何时候都清楚地了解自己的病情,同时,方便医生的诊断。

6.5.4.3 网上医疗的特点

(1) 便于沟通

网上医疗最突出的特点之一是一些平时很难于启齿的问题可以在网上尽情陈述,而不必有任何负担。

(2) 适于慢性疾病的日常保健

有关慢性病的调养措施在很多网站中都可以轻易找到。有病了,身体可能会经常出现一些不适,而天天跑医院是不太现实的,这时你可以到网上去向医生咨询,他们会给你一些很专业的建议。

(3) 节省时间

6.5.4.4 网上医疗项目

① 远程会诊;

② 家庭病房；

③ 网上医疗信息；

④ 专家门诊预约；

⑤ 预约出诊；

⑥ 卫生保健热线；

⑦ 卫生保健信箱；

⑧ 预约住院；

⑨ 发行各种医疗保健特种卡，健康文明小区服务，院外会诊；

⑩ 双方根据业务发展需要共同拓展其他合作项目。

6.5.4.5　网上医疗常用网站

中国数字医疗网是中国首家关注医疗信息化、互联网医疗和移动医疗的专业网站。

好大夫在线是中国最大的医疗网站。好大夫提供专业、完善的医疗信息服务，其中包括医院、医生信息查询中心，医患咨询平台，门诊预约系统等。

快速问医生旗下有问必答网是全国较大的医生在线健康问答咨询平台。来自全国的数万名医生为您免费解答任何健康问题，可以通过电话、文字等多种方式与医生进行一对一咨询。

由于全球移动通信的迅猛发展，尤其是中国网络用户已经超过 6.8 亿人，其中移动网络使用人数占到一大半，因此，所有这些网上医疗项目，在移动通信端，即手机上的使用已经相当普遍了。

6.5.4.6　网上医疗应注意的问题

从目前的情况来看，服务完善的重点在于以下几个方面：

① 细化服务；

② 网站的服务面将逐步加大，跨地区跨行业的服务将逐渐出现；

③ 将会有一些高技术、高成本的高级服务内容出现。

7 数字通信

7.1 数字通信概念

7.1.1 数字通信的发展

数字通信的早期历史是与电报的发展联系在一起的。1937 年，英国人 A.H.里夫斯提出脉码调制(PCM)，从而推动了模拟信号数字化的进程。1946 年，法国人 E.M.德洛雷因发明增量调制。1950 年，C.C.卡特勒提出差值编码。1947 年，美国贝尔实验室研制出供实验用的 24 路电子管脉码调制装置，证实了实现 PCM 的可行性。1953 年，不用编码管的反馈比较型编码器问世，扩大了输入信号的动态范围。1962 年，美国研制出晶体管 24 路 1.544 兆比/秒脉码调制设备，并在市话网局间使用。在美国加州，1996 年数据业务已超过语音业务。

20 世纪 90 年代，数字通信向超高速大容量长距离方向发展，高效编码技术日益成熟，语声编码已走向实用化，新的数字化智能终端将进一步发展。

在中国，数据业务在电信业务中的比重在 1998 年仅占 1%，但从增长率看，截止到 1999 年 6 月 30 日，中国互联网用户达到 400 万人，到 1999 年年底用户数突破 650 万，据不完全统计，到 2001 年中国用户已接近 1000 万，2010 年 3.6 亿，2016 年中国网民数量已达 6.88 亿，与数据业务量相比，语音业务变得微不足道。

Internet 是目前世界上最大的国际互联网，它使我们与世界上成千上万的计算机互相通信，共享这些计算机上的大量资源，信息产业已经经历了有史以来最深刻的变化。在全世界范围内,电话业务的发展速度迅猛增长,而以 Internet 为代表的数据业务在用户数、业务量、业务收入等方面的增长速度惊人,已经远远超过了语音通信。

7.1.2 数字通信概念

数字通信是用数字信号作为载体来传输消息,或用数字信号对载波进行数字调制后再传输的通信方式。它可传输电报、数字数据等数字信号,也可传输经过数字化处理的语声和图像等模拟信号。

模拟信号数字化有多种方法,最基本的是脉码调制(PCM)、差值编码(DPCM)、自适应差值编码(ADPCM)以及各种类型的增量调制。

7.1.3 数字通信系统的组成

7.1.3.1 一次编码/一次译码:信源编/译码

① 一次编码:A/D 变换,把模拟信号变换成数字信号。

② 一次译码:D/A 变换,把数字信号变换成模拟信号。

7.1.3.2 加密器/解密器:有效地保护隐私文件或数据不被泄露

7.1.3.3 二次编码器/二次译码器:信道编/译码

① 完成自动检错和纠错功能,即差错控制编译码的功能。

② 差错控制原理,如发一通知“明天 14:00—16:00 开会”。

③ 差错控制编码根据功能不同可分为检错码、纠错码、纠删码。

7.1.4 数字通信的优点

数字通信与模拟通信相比具有明显的优点。

一是抗干扰能力强。电信号在信道上传送的过程中,不可避免地要受到各种各样的电气干扰。在模拟通信中,这种干扰是很难消除的,使得通信质量变坏。而数字通信在接收端是根据收到的“1”和“0”这两个数码来判别的,只要干扰信号不是大到使“有电脉冲”和“无电脉冲”都分不出来的程度,就不会影响通信质量。

二是通信距离远,通信质量受距离的影响小。模拟信号在传送过程中能量会逐渐发生衰减使信号变弱,为了延长通信距离,就要在线路上设立一些增音放大器。但增音放大器会把有用的信号和无用的杂音一起放大,杂音经过一道道放大以后,就会越来越大,甚至会淹没正常的信号,限制了通信距离。数字通信可采取

“整形再生”的办法，把受到干扰的电脉冲再生成原来没有受到干扰的那样，使失真和噪音不易积累。这样，通信距离可以变大。

三是保密性好。模拟通信传送的电信号，加密比较困难。而数字通信传送的是离散的电信号，很难听清。为了密上加密，还可以方便地进行加密处理。加密的方法是，采用随机性强的密码打乱数字信号的组合，敌人即使窃收到加密后的数字信息，在短时间内也难以破译。

四是通信设备的制造和维护简便。数字通信的电路主要由电子开关组成，很容易采用各种集成电路，体积小、耗电少。

五是能适应各种通信业务的要求。各种信息(电话、电报、图像、数据以及其他通信业务)都可变为统一的数字信号进行传输，而且可与数字交换结合，实现统一的综合业务数字网。

六是便于实现通信网的计算机管理。数字通信的缺点是数字信号占用的频带比模拟通信要宽。一路模拟电话占用的频带宽度通常只有 4 kHz，而一路高质量的数字电话所需的频带远大于 4 kHz。但随着光纤等传输媒质的采用，数字信号占用较宽频带的问题将日益淡化。数字通信将向超高速、大容量、长距离方向发展，新的数字化智能终端将产生。

20 世纪 90 年代，数字通信向超高速、大容量、长距离方向发展，高效编码技术日益成熟，语声编码已走向实用化，新的数字化智能终端将进一步发展。

7.1.5 数字通信涉及的技术

数字通信涉及的技术很多，最基本的是数字逻辑电路，按照通信的过程排序，可以有模拟/数字信号转换技术(也就是量化采样)，然后是数字滤波(去干扰)、编码技术(也就是把数字信号按照指定的规则转换成用于传输的 0 或 1 的序列)，然后是通信技术，这包括有线和无线，有线包括各种通信接口的相关技术，例如 RS232、USB 等，还包括协议，无线根据频段又分为蓝牙技术、802.11b/g 技术、微波技术等。接收端又涉及数字滤波技术、解码及校验技术、放大、数/模转换等。在编码解码中要求 DSP 技术，如果要求保密通信，又要求现代密码学的知识。在保密通信领域，如果使用混沌加密算法，则在要求有数学功底的同时还要求有量子力学的知识。

7.2 数字通信基本架构

7.2.1 按通信设施平台

7.2.1.1 线路通信

通信线路是保证信息传递的通路。目前,长途干线中有线主要是用大芯数的光缆,另有卫星、微波等无线线路。省际及省内长途也是以光缆为主,另有微波、卫星电路。下面介绍通信线路的定义、历史、分类、技术和趋势等方面的知识,还包括通信线路专业设置、通信线路设备和通信线路法规等相关内容。

运用该方式进行的数字通信就称之为线路通信。

7.2.1.2 地表移动通信

移动通信已成为现代综合业务通信网中不可缺少的一环,它和卫星通信、光纤通信一起被列为三大新兴通信手段。目前,移动通信已从模拟技术发展到了数字技术阶段,并且已经成为个人通信的重要方式之一,从 GSM 移动通信系统、CDMA 移动通信系统、第三代移动通信系统发展到了第四代移动通信系统。

7.2.1.3 卫星通信

(1) 卫星通信的概念

卫星通信技术是一种利用人造地球卫星作为中继站来转发无线电波而进行的两个或多个地球站之间的通信的技术手段。卫星通信系统由通信卫星和经该卫星连通的地球站两部分组成。静止通信卫星,也称同步卫星,是目前全球卫星通信系统中最常用的星体,是将通信卫星发射到赤道上空 35860 千米的高度上,使卫星运转方向与地球自转方向一致,并使卫星的运转周期正好等于地球的自转周期(24 小时),从而使卫星始终保持同步运行状态。

(2) 卫星通信的优点

与其他通信手段相比,卫星通信具有许多优点:一是电波覆盖面积大,通信距离远,可实现多址通信。在卫星波束覆盖区内一跳的通信距离最远为 18000 千米。覆盖区内的用户都可通过通信卫星实现多址连接,进行即时通信。二是传输频带宽，通信容量大。卫星通信一般使用1～10 GHz的微波波段，有很宽的频率范围，可在两点间提供几百、几千甚至上万条话路，提供每秒几十兆比特甚至每秒一百多兆比特的中高速数据通道，还可传输好几路电视。三是通信稳定性好、质量高。卫星链路大部分是在大气层以上的宇宙空间，属恒参信道，传输损耗小，电波传播稳定，不受通信两点间的各种自然环境和人为因素的影响，即便是在发生磁爆或核爆的情况下，也能维持正常通信。

(3) 卫星通信的缺点

卫星传输的主要缺点是传输时延大。在打卫星电话时不能立刻听到对方回话，需要间隔一段时间才能听到。其主要原因是无线电波虽在自由空间的传播速度等于光速(每秒30万千米)，但当它从地球站发往同步卫星，又从同步卫星发回接收地球站，这"一上一下"就需要走8万多千米。打电话时，一问一答无线电波就要往返近16万千米，需传输0.6秒。也就是说，在发话人说完0.6秒以后才能听到对方的回音，这种现象称为"延迟效应"。由于"延迟效应"现象的存在，打卫星电话往往不像打地面长途电话那样自如方便。

7.2.2　IP宽带数据网络

由两大部分构成，即骨干网和接入网。

各种业务核心节点构成骨干网，由统一的宽带综合业务接入网将业务送达用户。

未来多种数据业务需要各种全程的宽带解决方案，需要多种形式的高速、可靠的骨干网和统一灵活的接入网络。

7.2.3　宽带数据骨干网建设方式

7.2.3.1　IP over ATM

利用ATM构建IP宽带网络有两种组网方式可供选择，第一种采用IP over ATM的模式，ATM直接通过光纤传输，用带有SDH接口的ATM交换机作为VPADM(基于虚通道的分插复用器)，可以组成ATM环，可提供类似SDH环的保护功能，作为多业务传输平台；第二种采用IP over (ATM+SDH)的模式，以SDH作为网络传输骨干，IP宽带数据业务通过ATM复用进入SDH，窄带业务可沿用原来的方式，为用户从窄带接入网向宽带多业务接入网平滑过渡提供了保证。

7.2.3.2 IP over SDH

IP 是 Internet Protocol 的缩写。IP 协议是 Internet 一系列协议的核心内容，主要负责无连接的数据包传输，从而实现广域异种网络的互联。目前，Internet 使用的 IP 协议是 IPv4(IP version 4)。IPv4 协议是 Internet 标准制定组织在 1981 年 9 月确定的正式标准，即第 5 号标准(RFC 791 Internet Protocol)。现在，IP 协议已经是 Internet 上广泛应用的标准。据统计，在 1997 年企业和服务提供商的网络中，IP 协议在其中所占比重超过 70%。

在国外，通常将 IP over SDH 称为 IP over SONET/SDH。SONET 是指同步光网络(Synchronous Optical Network)，它首先在美国发展起来，由一整套分等级的标准数字传送结构组成，适合于各种经适配处理的净负荷(Payload，指网络比特流中可用于电信业务的部分)在物理媒质上进行传送。1998 年，CCITT(现在的 ITU - T)接受了 SONET 的理念，并重新命名为 SDH(Synchronous Digital Hierarchy)，使之成为不仅适用于光纤传输，同时也适用于微波和卫星传输的通用技术，并推动其成为数字传输体制上的世界性标准。SONET 和 SDH 规范略有差异，但两者的基本原理完全相同，标准也相互兼容。我国数字传输平台大规模使用 SDH 网络，因此这里主要以 SDH 标准进行介绍。

7.2.3.3 IP over OPTICAL(光纤)

使用 IP over DWDM 技术，改变了 SDH 原有的时分复用方式，改为波分复用，通过线速路由器实现 IP 包的路由交换，这就是所谓的 IP 优化光网络。

7.3 构建数据通信网

7.3.1 构建 IP over ATM 骨干网

异步转移模式 (ATM)是作为宽带 ISDN(B - ISDN)的传输平台被提出来的。ATM 技术具有比较完整的流量控制和流量管理机制，通过这些机制，用户可最大限度地利用网络资源，又可以避免网络发生拥堵；ATM 具有适配各种业务的能力。

7.3.2 构建 IP over SDH 骨干网

利用 SDH 作为 IP 的物理传输层，没有 ATM 介入，将 IP 数据包在 SDH 网上直接进行传输，充分利用 SDH 的保护和自愈功能。

相对于 IP over（ATM+SDH）节省了设备，降低了投资成本。另外，对于许多已有 SDH 设备的地方，IP over SDH 更能充分发挥现有设备的能力，将数据业务与 MPEG-2 电视节目共同传输，是比较可行的方案。目前，有许多国际著名的公司提供的线速路由器都具有 POS 端口，可以直接实现 IP over SDH。

7.3.3 构建 IP over Optical 光纤网络

利用波分复用技术开发带宽，通过线速路由器实现 IP 包的路由交换。

IP 优化光网络不使用 ATM 和 SDH 设备，可以大大降低传输成本。通过 IP over OPTICAL 构建的 IP 优化光网络为 IP 的传输提供宽带、高速、高效的网络平台，但在服务质量（QoS）和相关的标准方面还需进一步完善。

7.3.4 IP 宽带数据网络接入网的主要构建方式

7.3.4.1 ADSL

ADSL 是一种异步转移模式（ATM），全称 Asymmetric Digital Subscriber Line（非对称数字用户线路），亦可称作非对称数字用户环路，是一种新的数据传输方式。在电信服务提供商端，需要将每条开通 ADSL 业务的电话线路连接在数字用户线路访问多路复用器（DSLAM）上。而在用户端，用户需要使用一个 ADSL 终端[因为和传统的调制解调器（Modem）类似，所以也被称为“猫”]来连接电话线路。由于 ADSL 使用高频信号，所以在两端还都要使用 ADSL 信号分离器将 ADSL 数据信号和普通音频电话信号分离出来，避免打电话的时候出现噪音干扰。

通常的 ADSL 终端有一个电话 Line-In，一个以太网口，有些终端集成了 ADSL 信号分离器，还提供一个连接的 Phone 接口。

某些 ADSL 调制解调器使用 USB 接口与电脑相连，需要在电脑上安装指定的软件以添加虚拟网卡来进行通信。

7.3.4.2 HFC

Hybrid Fiber-Coaxial 的缩写，是光纤和同轴电缆相结合的混合网络。HFC

通常由光纤干线、同轴电缆支线和用户配线网络三部分组成,从有线电视台出来的节目信号先变成光信号在干线上传输;到用户区域后把光信号转换成电信号,经分配器分配后通过同轴电缆送到用户。它与早期 CATV 同轴电缆网络的不同之处主要在于,在干线上用光纤传输光信号,在前端需完成电—光转换,进入用户区后要完成光—电转换。

7.3.4.3　五类线

五类线(0.5 数据通信专用线)是一种传播数据、话音等信息通信业务的多媒体线材,被广泛应用于宽带用户驻地网等宽带接入工程中,其质量的优劣,直接关系到信息通信的传输质量。用户经常抱怨的上网速度慢,“五类线”质量差是重要原因之一。

7.3.4.4　光纤

利用光导纤维进行的通信叫光纤通信。一对金属电话线至多只能同时传送 1000 多路电话,而根据理论计算,一对细如蛛丝的光导纤维可以同时通 100 亿路电话。铺设 1000 千米的同轴电缆大约需要 500 吨铜,改用光纤通信只需几公斤石英就可以了。沙石中就含有石英,几乎是取之不尽的。

7.3.5　AnyMedia 接入系统

AnyMedia 是一个真正全球化的产品,其支持所有相关的国际标准,该系统综合了适用北美地区的 TR303/TR08 交换接口以及国际通用的 V5.1/V5.2 接口。AnyMedia 系统集成的宽带容量可以将数据和视频服务作为融合在一起的电话和宽带系统的一部分或现有的网络覆盖,从而使服务方案的设计更加方便,并具有更高的性能价格比。

AnyMedia 接入系统使光线的应用得以深入网络,并在所有配置下可简化系统的操作,它建立在 AIP 接入接口平台上支持传统的铜缆、双绞线,实现光纤到点、光纤到边缘。采用 ATM 无源光纤网(PON0)的光纤到家庭(FTTH),以及无线接入回路等多种接入拓扑结构。

AnyMedia 的特点:

① 内置宽带容量,允许系统采用 ATM 技术支持目前的高速数据网和因特网及视频接入。

② ADSL 功能,可将系统配置在现有远程交换或其他接入系统,提供基于 ATM 宽带能力的数字用户专用线接入多路复用器(DSLAM)。

③ 可缩扩性能,用户可灵活构建从可容 20～40 网络单元的小型网络到可容多达 600 个单元的大型网络。

④ 语音和数据分离,系统可将先融入 ATM 业务流的语音与 ADSL 数据分离开来,并在不同的信道上将其路由,以减少网络的阻塞。

7.4　移动通信

7.4.1　我国第一、二代移动通信发展历史回顾

我国自 1987 年蜂窝移动电话系统投入运营以来,移动通信几乎以每年翻番的速度迅猛发展。据信息产业部公布的统计数字,1987 年我国蜂窝移动电话用户仅为 3200 个,到 1997 年蜂窝移动电话用户数达 1310 万,1998 年底用户数达到 2500 万,1999 年底用户数已达 4000 万。2003 年 6 月底,移动电话用户数达到 2.477亿。我国移动信息通信网的增长速度位列世界第一,移动用户总数位列世界第一位。相应地,蜂窝移动通信网络的建设也非常迅速,目前已形成了模拟 A 网、模拟 B 网、数字 GSM 网、DCS1800 网和 CDMA 网五网并存的局面。

我国蜂窝移动通信五网并存局面形成的过程也记录了其发展的历程,大体上经历了两代:第一代是模拟蜂窝移动通信,如模拟 A 网、模拟 B 网,其主要缺点是频谱利用率低、系统容量小、制式多且不兼容、不能实现自动漫游、提供有限的业务种类。第二代是数字移动通信,如 GSM 网、DCS1800 网和 CDMA 网,虽然其容量和功能与第一代相比有了很大提高,但其业务类别主要局限于话音和低速率数据,不能满足新业务种类和高传输速率的要求。

7.4.2　全球第三代移动通信概述

第三代移动通信系统是在 1985 年由原国际电信联盟无线电咨询委员会(CCIR)首先提出的,当时被称为未来公众陆地移动通信系统(FPLMTS: Future Public Land Mobils Telecommunication System)。1996 年,负责研究下一代移动

通信技术标准的国际性专门机构ITU将FPLMTS正式更名为IMT-2000,含义是工作在2000 MHz频段上,初期最高传输速率可达2000 kb/s,在2000年之后商用的全球移动通信系统。

7.4.3 第三代移动通信系统的目标

① 全球化:提供全球无缝覆盖,支持全球漫游业务。

② 综合化:提供高速率的多种语音和非话音业务及其综合业务,特别是支持多媒体业务。

③ 个人化:提供大系统容量和强大的多用户管理能力,具有高保密性。

为实现上述目标,对其无线传输技术(RTT)提出了以下要求:

① 高速传输,以支持多媒体业务,满足高质量业务的需求;

② 传输速率能够按需分配;

③ 上、下行链路能够适应不对称需求;

④ 进一步改善安全性和易操作性。

7.4.4 中国对第三代移动通信系统的主要要求

① 形成全球统一的标准,实现全球无缝漫游;

② 频率利用率高,对于不同的业务能分配不同的带宽,支持多媒体业务;

③ 无线电覆盖效率好,能适应不同的业务密度需求;

④ 性能价格比高,复杂程度低,小区规划容易;

⑤ 具有足够的灵活性,容易向下一代新技术演变;

⑥ 电磁兼容性能好,特别是终端设备对健康影响小;

⑦ 从第二代过渡容易,能尽量利用已有的第一、第二代系统设备;

⑧ 没有知识产权问题,要有利于民族工业的发展。

7.4.5 中国移动通信的发展方向

随着中国移动通信的迅速发展,4G通信基本上已经取代了3G通信成为中国移动通信的主要方向。4G通信是一个比3G通信更完美的新无线世界,它可创造出许多消费者难以想象的应用,4G的最大传输速率超过100 Mb/s,这是3G移动速率的50倍。4G手机可以提供高性能的汇流媒体内容,并通过ID应用程序成为个人身份鉴定设备。它可以接收高分辨率的电影和电视节目,从而成为广播和通信的新基础设施中的一个枢纽。2016年开始，中国已经在研制5G通信，并在全球数字5G通信方面处于领先地位。

7.5 W－CDMA

世界经济大国日本为了摆脱在第一、二代移动通信系统标准上的无为局面，期望在第三代移动通信标准方面确立自己的地位，很早就开始了第三代移动通信的研究和开发工作，提出了基于TDMA(时分多址)和CDMA(码分多址)的第三代移动通信方案，其中以NTT DoCoMo公司提出的W－CDMA最具竞争力。目前，欧洲与日本已基本上形成了统一的W－CDMA标准，支持这一标准的集团或公司有日本NTT DoCoMo、瑞典Ericsson、芬兰Nokia等。

7.5.1 CDMA2000

美国Qualcomm公司及韩国Samsung公司在CDMA技术及理论研究方面处在世界领先地位，特别是美国Qualcomm公司拥有许多CDMA的知识产权。美国Lucent、Motorola、Qualcomm公司，加拿大Noltel公司及韩国Samsung等公司提出了与北美蜂窝移动通信系统制式都有很好的兼容性的CDMA2000方案。CDMA2000技术成熟性最高，有着明确的提高频谱利用率的演进路线，但全球漫游能力一般。韩国已经开通了CDMA2000商用网。

7.5.2 TD－SCDMA

1998年6月，我国信息产业部电信科学研究院代表中国政府向ITU(国际电信联盟)递交的我国IMT－2000方案为TD－SCDMA。TD－SCDMA是一种时分同步码分多址技术，它的关键技术是同步技术、软件无线电技术和智能天线技术等。TD－SCDMA最关键的创新部分是SDMA，它可以在时域、频域之外利用多天线对空间参数的估计，对上下行链路的信号进行空间合成。另外，SDMA还可以大致估算出每个用户的距离和方位，用于对用户的定位并为越区切换提供参考信息。TD－SCDMA技术与欧洲TD－CDMA有许多相似之处，正在积极探讨融合的可能性。

7.5.3 W－CDMA

W－CDMA(Wideband Code Division Multiple Access)，宽带码分多址，是一种第三代无线通信技术。W－CDMA(Wideband CDMA)是一种由3GPP具体制定的，基于GSM MAP核心网，以UTRAN(UMTS陆地无线接入网)为无线接口的第三代移动通信系统。目前，W－CDMA有Release 99、Release 4、Release 5、Release 6等版本。W－CDMA是一个ITU标准，它是从CDMA演变来的，在官方上被认为是IMT－2000的直接扩展，与现在市场上通常提供的技术相比，它能够为移动和手提无线设备提供更高的数据速率。W－CDMA采用直接序列扩频码分多址(DS－CDMA)、频分双工(FDD)方式，码片速率为3.84 Mbps，载波带宽为5 MHz，基于Release 99/ Release 4版本，可在5 MHz的带宽内，提供最高384 kb/s的用户数据传输速率。W－CDMA能够支持移动/手提设备之间的语音、图像、数据以及视频通信，速率可达2 Mb/s(对于局域网而言)或者384 kb/s(对于宽带网而言)。输入信号先被数字化，然后在一个较宽的频谱范围内以编码的扩频模式进行传输。窄带CDMA使用的是200 kHz宽度的载频，而W－CDMA使用的则是一个5 MHz宽度的载频。W－CDMA是GSM的升级(GSM是2G技术，其演进是GSM、GPRS、EDGE、W－CDMA)，同时也是全球3G技术中用户最多(GSM系技术拥有全球85%的移动用户)、技术和商业应用最成熟的。W－CDMA运营商遵循W－CDMA、HSPA、LTE演进路线。

7.6 移动Internet

7.6.1 蓝牙

蓝牙(Bluetooth)是一种短距离无线传输的技术与协议。

蓝牙最早起源于Ericsson在1994年推出的一项解决移动电话边界设备连线问题的技术开发计划。1998年，由Ericsson、IBM、Intel、Nokia和Toshiba等公司组织了“蓝牙特别兴趣小组(Bluetooth SIG)”，从此拉开了共同开发蓝牙短距离无线通信技术之帷幕。蓝牙技术使移动电话、笔记本电脑、PDA、数字照相机、传真机、打印机和各种家用电器通过无线互联实现信息的沟通与共享。

7.6.2 蓝牙技术的特点

① 蓝牙使用全球通用的 2.45 GHz 自由频段，该频段在全球各国都有效，允许用户在全球范围内使用蓝牙设备。

② 蓝牙采用跳频扩展方式(FHSS)，跳频速率为 1600 次/秒。

③ 蓝牙设备采用 GFSK 技术，同时支持话音和数据传输。设备传输采用 VSD 技术，通信协议采用 TDMA 时分多址协议。

④ 蓝牙通信设备是在一个约 1 平方厘米的芯片上集成了小巧而低功率的无线终端设备，可与其他蓝牙产品通信。

⑤ 蓝牙的有效通信距离为 10～100 米，和红外线不同，不限制在直线范围内。发射功率 1 MV 时，传输距离为 10 米，加上专用放大器后，可达 100 米。

⑥ 蓝牙的数据传输速率为 1 Mb/s，可同时实现多台设备间的互联通信，今后可能发展到 2 Mb/s 的速率。

⑦ 蓝牙设备尺寸小、功耗小。

⑧ 蓝牙设备采用了安全防护技术。

7.6.3 蓝牙 Internet

蓝牙 Internet 目前主要是采用蓝牙技术的 LAN (局域网)接入 Internet。

用户可以用各种配有蓝牙芯片(具有蓝牙功能)的无线终端(移动电话、便携式终端、掌上电脑、笔记本电脑等)经蓝牙传输方式进入蓝牙 LAN 的接入服务器。再由该服务器经 Internet 接入移动/固定网络经营者，ISP(Internet 业务提供者)或 ICP(Internet 信息内容提供者)的接入服务器/客户机或服务机群，从而大大方便了 Internet 的接入。

接入服务器支持基于 RADIUS(远程验证用户接入服务)的用户管理。接入服务器使用户可以从任一无线终端接入任何所需的业务。蓝牙 Internet 适用于地铁、机场、展览会、火车站等公共场所，适用于旅馆、加油站、企事业的办公室与会议室，也适用于医院，因为其低功率的输出不会干扰医疗诊断设备的正常使用。

7.6.4 蓝牙 Internet 的终端产品

7.6.4.1 蓝牙移动手机及耳机

Ericsson T36 m/mc 和 R520m 手机。

Ericsson HBH-10 蓝牙耳机(驾车途中可轻松交谈),以及可插入 T28,R320,R310 及 A618 移动电话手机底部的 DBA 蓝牙模块,使这些手机具备蓝牙通信功能,同时还可作为 GSM Modem 使用。

Nokia 9110、6210 手机,具有蓝牙通信功能。

Alcatel OneTouch 700 和 500 系列手机,内置了蓝牙功能。

7.6.4.2 蓝牙电脑及相关的蓝牙接口和插卡

Acer Network 公司的 Blue Bongle 。基于 Bluetooth 1.0,用于个人电脑,通过 USB 接口连到 Acer Travel Mate 笔记本电脑,其电源也由 USB 总线供给。

Acer Network 的 Blueconnect。基于 Bluetooth 1.0,插入 Visor 后,可使 Visor 具备无线传输数据的功能。

Acer Network 的 Bluecard。直接插入笔记本电脑或带 CF 卡插槽的 PDA,即可使该设备具有蓝牙通信功能。

Acer Network 的 Blue Share。插入台式电脑的 USB 端口,使之具有蓝牙通信功能。

Xircom 公司的蓝牙 CF 卡。利用该卡使不同的 Window CE 设备可以互相交换数据。

东芝公司的蓝牙 PC 卡,用于笔记本电脑。

Motorola 公司的蓝牙 PC 卡。

IBM 公司的蓝牙 PC 卡。

HP 与 3com 公司共同设计了一种可安装在 HP 自己生产的笔记本电脑上的蓝牙 PC 卡。

一些专业小公司的内置蓝牙功能的 USB 接口卡。

支持蓝牙标准的 IBM Thinkpad 笔记本电脑和 Workpad 掌上电脑。

DBP-10 蓝牙 PC 卡。该卡插入笔记本电脑或 PDA,即具有蓝牙功能,并配有专门插入个人电脑的串口令。

7.6.4.3 蓝牙家庭基站

把 ABP-10 卡插入室内的电话线上就成为蓝牙家庭基站,用户的蓝牙手机只要在家庭基站附近(10 米左右)使用时,就会自动从移动电话线路切换到室内电话线,这样移动电话就作为室内固定网络电话使用,节省了通话费用。

7.6.5　蓝牙 Internet 的未来

7.6.5.1　流动办公室

7.6.5.2　外设与主机的无线连接

通过蓝牙手机或终端把数字照相机、数字摄像机等与计算机主机连接。蓝牙PDA 与主机的无线连接,使其既能收发电子邮件、浏览网页,又能在小范围内使用固定电话,以及参与大范围的电话会议。

7.6.5.3　电子商务

方便的蓝牙电子付账系统,蓝牙宾馆电子登记系统,蓝牙餐厅服务员点菜及付账系统等。

7.6.5.4　多用途的手机

蓝牙手机可用于蜂窝电话网、固定电话网;可用于家庭电话及办公室电话,以及 PBX(小交换机)的电话系统。

根据用户所在的位置使用不同的电话网络,可以节省通话费用。

7.6.5.5　实时发送明信片

采用蓝牙手机或终端,可实时地将自制的明信片(可加上自制的影像)发送到世界各地。

7.6.5.6　蓝牙无线电子锁,蓝牙汽车防盗遥控锁

其性能优于红外线的产品。

7.6.5.7　构筑未来的家庭网络

蓝牙技术能把家庭中全部信息家电连接起来,蓝牙能把 Internet 和家庭网络连接起来,实现无线双向传输。

7.6.6　Wi-Fi

7.6.6.1　Wi-Fi

Wi-Fi 全称 wireless fidelity,是当今世界使用最广的一种无线网络传输技术。实际上就是把有线网络信号转换成无线信号,供支持其技术的相关电脑、手机、PDA 等接收。手机如果有 Wi-Fi 功能的话,在有 Wi-Fi 无线信号的时候就可以不通过移动、联通的网络上网,省掉了流量费。但是 Wi-Fi 信号也是由有线网提供

的，比如家里的ADSL、小区宽带之类的，只要接一个无线路由器，就可以把有线信号转换成Wi-Fi信号。

7.6.6.2　Wi-Fi的用途

由于Wi-Fi的频段在世界范围内是无需任何电信运营执照的，因此WLAN无线设备提供了一个世界范围内可以使用的，费用极其低廉且数据带宽极高的无线空中接口。用户可以在Wi-Fi覆盖区域内快速浏览网页，随时随地接听或拨打电话。而其他一些基于WLAN的宽带数据应用，如流媒体、网络游戏等功能更是值得用户期待。有了Wi-Fi功能，我们打长途电话（包括国际长途）、浏览网页、收发电子邮件、下载音乐、传递数码照片等，再无需担心速度慢和花费高的问题。

Wi-Fi在掌上设备上应用越来越广泛，而智能手机就是其中一分子。与早前应用于手机上的蓝牙技术不同，Wi-Fi具有更大的覆盖范围和更高的传输速率，因此Wi-Fi手机成为目前移动通信业界的时尚潮流。现在Wi-Fi的覆盖范围在国内越来越广泛了，高级宾馆、豪华住宅区、飞机场以及咖啡厅之类的区域都有Wi-Fi接口。当我们去旅游、办公时，就可以在这些场所使用我们的掌上设备尽情网上冲浪了。

7.6.6.3　手机Wi-Fi是潮流

WLAN是Wireless Local Area Network（无线局域网）的缩写，它是一种基于802.11n/b/g/a标准，利用Wi-Fi无线通信技术将PC等设备连接起来，构成可以互相通信、实现资源共享的网络。近两年，市场上支持UMA（Unlicensed Mo-bile Access非授权移动接入）等技术，具备WLAN连接功能的智能手机越来越多。它们除了可以借助GSM/CDMA移动通信网络通话外，还能在Wi-Fi无线局域网覆盖的区域内，共享PC上网或VoIP通话。

7.7　移动地理信息系统

7.7.1　移动地理信息系统

7.7.1.1　概念

移动地理信息系统（Mobile GIS）是建立在移动计算环境、有限处理能力的移动终端条件下，提供移动中的、分布式的、随遇性的移动地理信息服务的地理信息系统(GIS)，是一个集 GIS、全球卫星定位系统(GPS)、移动通信(GSM/GPRS/CDMA)三大技术于一体的系统，并通过 GIS 完成空间数据管理和分析，使用 GPS 进行定位和跟踪，利用 PDA 完成数据获取功能，借助移动通信技术完成图形、文字、声音等数据的传输。

狭义的移动 GIS 是指运行于移动终端(如 PDA)并具有桌面 GIS 功能的 GIS，它不存在与服务器的交互，是一种离线运行模式。

广义的移动 GIS 是一种集成系统，是 GIS、GNSS(卫星导航定位系统)、移动通信、互联网服务、多媒体技术等的集成。

7.7.1.2 发展阶段

(1) 20 世纪 90 年代初期，通过一个中间转换步骤达到室内和野外采集的空间数据同步，实时性差，而且受到许多技术上的限制。其应用范围相当狭小并且专业性强。

(2) 20 世纪 90 年代中期以来，计算机软硬件发展迅速。电子移动终端不断涌现，美国的全球定位系统(GPS)部署完成，此时的移动 GIS 发展进入了以 GPS 为核心的阶段。

(3) 随着无线通信技术的发展，特别是第 2.5 代移动通信网络 GPRS 和第三代网络 CDMA 等的出现，移动 GIS 逐步从以 GPS 为核心转换到无线移动网络为核心的方向。

7.7.1.3 特点

(1) 移动性。运行于各种移动终端上，与服务端可通过无线通信进行交互实时获取空间数据，也可以脱离服务器与传输介质的约束独立运行，具有移动性。

(2) 动态(实时)性。作为一种应用服务系统，应能及时地响应用户的请求，能处理用户环境中随时间变化的因素的实时影响，如交通流量对车辆运行时间的影响，能提供实时的交通流量影响下的最优道路选择等。

(3) 对位置信息的依赖性。在移动 GIS 中，系统所提供的服务与用户的当前位置是紧密相关的，所以需要集成各种定位技术，用于实时确定用户的当前位置和相关信息。

（4）移动终端的多样性。移动 GIS 的表达呈现于移动终端上，移动终端有手机、掌上电脑、车载终端等，这些设备的生产厂商不是唯一的，他们采用的技术也不是统一的，这就必然造成移动终端的多样性。

移动 GIS 包括如下技术的综合：移动硬件设备和个人电脑、全球定位系统（GNSS）、地理信息系统软件（GIS）、可以接入网络 GIS 的无线通信设备。

移动终端设备及 GIS 应用软件是移动 GIS 的必备要素，它的最终目标是“实现随时（Anytime）随地（Anywhere）为所有的人（Anybody）和事（Anything）提供实时服务（4A 服务）”，把复杂的地理信息变成能够充分利用和享受的信息。

7.7.2 关键技术

7.7.2.1 移动终端

移动 GIS 终端设备必须便携、低耗，适合于户外应用，并且可以用来快速、精确定位和地理识别。这些设备包括便携电脑、个人数字助理（PDA）、智能手机、GNSS 接收终端等。

（1）卫星导航定位系统：GNSS 定位技术已应用在各行业。全球各国家和地区已开始建立 CORS（连续运行参考站）以及区域增强系统（SBAS），利用差分技术，精度可以达到亚米乃至厘米级。根据作业需求，选择不同精度的 GNSS 接收机以及具备不同附属功能的接收终端。

（2）移动通信系统：移动通信系统是连接用户终端和应用服务器的纽带，它将用户的需求无线传输给地理信息应用服务器，再将服务器的分析结果传输给用户终端。

其核心技术为无线接入技术，按目前广泛使用的技术可分为两类：一是基于蜂窝的接入技术，如 GSM，CDMA，GPRS 等；二是基于局域网的技术，如蓝牙（Blue Tooth）、无线局域网（Wi-Fi）技术。

移动通信技术正处在从 2G 向 3G 演进的过程中，传输速度提高，网络容量增大，覆盖面拓宽，保密性加强，使得海量的空间信息得以快捷、安全地无线传输。

（3）智能终端：野外作业环境恶劣，为保障野外正常作业，移动终端需要具备较好的工业防护性，以及强光下清晰作业的性能。

目前，PDA（个人数字助理）的操作系统主要分为三类：Windows Mobile，

Palm,Linux。其中,Windows Mobile 是与个人电脑操作系统相似的人机界面,界面友好,可操作性强,能够安装行业软件或者便于行业客户的开发,因此为大多数移动 GIS 终端选用。

7.7.2.2 嵌入式软件

移动端软件系统应包括卫星导航定位功能、移动数据采集、移动 GIS/办公以及数据传输功能。

(1) 卫星导航定位:描述卫星状态,辅助数据的采集,并对采集的数据以及已有数据进行导航。

(2) 移动数据采集:针对不同业务模式,数据采集功能有所侧重。在地形复杂处,无法利用卫星定位系统获得点位坐标,可以利用外接设备的连接,辅助测量。同时在不同的行业应用中,可以连接各种不同的传感器,进行行业数据的采集。

(3) 移动 GIS/办公:① 数据加载与输出,由于移动终端在性能上远低于个人计算机,图形的缩放、查询、分析等功能的效率都较低,此时需要设计适合于 PDA 的高效数据结构。② 数据编辑,分为两类——已有点位坐标在野外进行属性的更新;保持原有属性,对坐标进行野外更新。③ 空间分析与查询,查询待调查数据,距离分析提供了在地图上丈量距离的功能,通过确定哪些地图要素与其他要素相接触或相邻,确定地图要素间邻近或邻接的功能。

(4) 数据传输:分上传与下载。利用 GNSS 采集数据后,现场工作人员通过 GPRS 将数据传送到信息中心的空间数据服务器上,同时服务器又可以将经过处理的有用数据传回移动 GIS 终端,以满足野外采集数据所必需的基本数据内容。

7.7.3 结构

7.7.3.1 移动 GIS 的体系结构

主要有客户端部分、服务器部分和数据源部分,分别承载在表现层、中间层和数据层。

(1) 数据层:是移动 GIS 各类数据的集散地,确保 GIS 功能实现的基础和支撑。

(2) 中间层:该层是移动 GIS 的核心部分,系统的服务器集中在该层,主要负责传输和处理空间数据信息、执行移动 GIS 的功能等。

(3) 表现层:该层是客户端的承载层,直接与用户打交道,是向用户提供 GIS 服务的窗口。

7.7.3.2 组成结构

移动 GIS 主要由无线通信网络、移动终端设备、地理应用服务器及空间数据库组成。

(1) 移动终端设备:移动 GIS 的客户端设备是一种便携式、低功能、适合地理应用,并且可以用来快速、精确定位和地理识别的设备。

(2) 无线通信网络:无线通信网络是连接用户终端和应用服务器的纽带,它将用户的需求无线传输给地理信息应用服务器,再将服务器的分析结果传输给用户终端。

(3) 地理应用服务器:移动 GIS 中的地理应用服务器是整个系统的关键部分,也是系统的 GIS 引擎。它位于固定场所,为移动 GIS 用户提供大范围的地理服务以及潜在的空间分析和查询操作服务。

(4) 空间数据库技术:空间数据库用于组织和存储与地理位置有关的空间数据及相应的属性描述信息。

7.7.3.3 开发模式

移动 GIS 系统的开发包括移动端的开发与服务器端的开发。服务器端的开发与传统 GIS 服务器端的开发几乎一致,而移动端的开发目前主要有 3 种方式:

(1) 基于现有类库的组件式开发:主要指利用 GIS 软件厂商提供的 GIS 功能组件,并使用程序开发语言进行二者的集成开发。

(2) 基于现有平台的二次开发:主要指基于现有移动 GIS 平台,借助于厂商提供的工具软件进行系统的扩展开发。

(3) 自主独立开发:主要指不依赖于任何 GIS 软件或组件,从空间数据的采集、编辑到数据的处理分析及结果输出,所有的算法都由开发者独立设计,并用程序设计语言在一定操作系统平台上编程实现。

7.8　移动数字地球

7.8.1　移动数字地球

目前成型的数字地球系统大都采用基于互联网的分布式架构设计，即系统分为服务器和客户端两大部分，服务器存储地理和属性数据，且由于数据量极其庞大，大多采用集群结构，并以统一的协议向客户端提供服务；客户端漫游时从服务器实时获取数据，动态构建虚拟场景。

随着移动技术的发展和移动工作模式的逐渐形成，传统以计算机和互联网为支撑平台和运行环境的应用开始尝试转移到移动平台和移动环境，如移动搜索、移动远程教育等。

7.8.1.1　构建移动数字地球(Mobile Digital Earth，MDE)的限制条件

(1) 移动网络带宽和收费机制。数字地球分布式的架构使得客户端操作时需要从服务器实时获取大量的数据，由此导致移动网络的带宽效率很低，意味着较慢的传输速度和响应速度；移动网络通信费用昂贵，直接获取海量地理数据将导致通信费用过高，限制了移动数字地球的应用和发展。

(2) 移动设备的计算和存储能力。

7.8.1.2　移动数字地球的优势

(1) 移动网络的全空间覆盖，在这些有线的互联网无法或很难覆盖的地方都可以通信。

(2) 移动网络的接入容量巨大，可以容纳众多终端。

(3) 移动设备小巧便携，移动性好。

7.8.1.3　移动数字地球的框架设计

移动数字地球的框架，分为移动客户端、中间件服务器和分布式地理数据服务集群三大部分。地理服务器集群提供海量地理数据服务，中间件服务器是移动客户端和地理数据服务的中间层，为移动端提供计算服务；而移动设备则以中间件服务器为代理，接入系统。

7.8.2 核心技术研究

7.8.2.1 MDE 连续场景的数据压缩方案

WebGIS 以图像为载体的传输方案可以有效地对单帧场景的数据进行压缩。但与 WebGIS 不同的是，三维数字地球的连续漫游渲染结果对应着时间上连续的图像序列，场景间存在重叠。如果使用图像作为载体，必将存在大量的数据冗余。换言之，MDE 的实现不仅要考虑某一时刻场景的压缩，也要考虑场景序列的压缩。

其基本思想是，将中间件服务器渲染成的场景图像编码为流媒体的一帧，在经过帧内压缩和帧间压缩后，经由通信连接发送至移动设备。移动设备在收到该视频帧后，解码恢复成图像，最终显示出来。

7.8.2.2 移动漫游的交互控制模型

移动漫游交互控制的流程是，移动设备截获用户操作，根据操作类型和操作过程将操作编码成命令，向中间件服务器提交，由中间件服务器解码这些操作，并转换成对虚拟场景的具体操作，更改场景内容和状态，最终将结果作为流媒体中的一帧反馈到移动端，实现在移动设备上对虚拟场景的控制。

7.8.2.3 考虑移动设备性能的自适应移动网络传输机制

MDE 的另一个制约瓶颈在于移动网络的低带宽，而低带宽直接导致数据传输的速度与网络性能和移动设备计算能力有关。当中间件服务器虚拟场景的计算速度快于网络传输耗时和移动设备渲染耗时的总和时，某一时刻的结果数据便会在服务器端排队，等候先前时刻的数据传送完成。因此，移动端接收并显示完成该时刻的场景相比服务器渲染时刻出现延迟，并随时间推移，延时也出现累积。

需要将网络状况和移动设备的性能结合起来动态调整移动网络的发送速率。

8 智能交通

21世纪的今天,全球经济高速发展、城市化进程加速、机动车保有量迅猛增长,使得道路交通运输量不断增加,各种交通问题频繁出现,如交通事故数量呈逐年上升趋势、机动车尾气严重污染城市大气、交通拥堵影响城市居民出行等,对社会经济发展影响巨大。

智能交通可保证交通安全、减少交通负荷、提高运输效率、节能环保,从而促进城市化进程和保障社会经济发展。

8.1 智能交通系统

8.1.1 智能交通系统

智能交通系统(Intelligent Transportation System,ITS)是集计算机、信息、电子、通信等众多高新科技在交通领域的系统应用,将最先进的信息技术、数据通信传输技术、电子传感技术,由电子控制技术、计算机处理和网络技术等高科技,有效地集成并运用于交通运输网络中,从而建立起的一种大范围、全方位、实时、准确和高效运作的综合运输和管理系统。

智能交通系统是利用最尖端的电子信息技术,形成人员(包括驾驶员和管理者)、公路和车辆三位一体的新公路交通系统的总称。ITS能够利用现有的道路设施,减缓交通拥挤,加强对车辆的集中管理和调度,为驾驶员提供足够的交通、公安、娱乐等信息,实现人、车、路的密切结合和和谐统一,这将极大地提高交通运输效率，保障交通安全，增强行车的舒适性，改善环保质量，提高能源的利用率。

8.1.2 智能交通系统的内容

智能交通大致包括以下内容：

出行与运输管理系统

出行需求管理系统

公共交通运营系统

商用车辆运营系统

电子收费系统

应急管理系统

先进的车辆控制和安全系统

交通经济效益

……

8.1.3 智能交通系统的组成

ITS由以下几大部分组成：信息管理中心，路边系统，车内系统，需求管理系统，交通管理控制系统。

8.1.3.1 信息管理中心

信息管理中心是ITS的核心，为ITS实现交通信息的共享提供基础。

8.1.3.2 路边系统

路边系统的任务是实时检测路况和行车情况，包括路面参数和车离路面标志线的距离等。路边系统包括测量车辆速度的雷达、交通路口的信号灯和电子收费装置。

8.1.3.3 车内系统

车内系统包含动态实时导航系统（含路网数据库、路径选取算法、视音频输出和导航信息提示等）。

8.1.3.4 需求管理系统

需求管理系统的作用是对有需求的用户进行分析，以便管理控制系统，制定高效的服务策略，实时地提供给行使中和预订车辆旅行的用户。

8.1.3.5 交通管理控制系统

交通管理控制系统是ITS的决策中心,它利用应用软件分析整个交通系统的有关信息,并得出控制和管理系统运行的策略。

ITS是一套较为完备的服务体系,ITS服务可分为6类:旅行和交通管理,商业车辆管理,公共运输管理,电子付款,应急管理和先进的车辆安全系统。这6类服务又可进一步细化为28个服务种类,其中至少有8种需知道车辆的实时位置,它们对车辆导航的性能要求如表8.1所示。

表8.1 ITS对车辆导航的精度要求

服务种类	精度要求(米)
导航与路线引导	5～20
自动车辆监视	30
自动车辆识别	30
公共安全	10
资源管理	30
事故或应急响应	30
防撞	1
车辆指挥与控制	30～50
自动话音报站	25～30
应急响应	75～100
数据采集	25～35

从上表可见,GPS系统所提供的精度基本上是能够满足未来的ITS的车辆导航应用的。

8.1.4 智能交通系统的特点

智能交通系统是一种先进的运输管理模式,智能交通系统具有以下两个主要的特点:一是着眼于交通信息的广泛应用与服务,二是着眼于提高既有交通设施的运行效率。

8.1.4.1 智能交通系统的由来

智能交通系统是20世纪90年代初期世界上统一的叫法。

20 世纪 90 年代之前，在美国则把 ITS 叫 IVHS（Intelligent Vehicle Highway System），意为智能车辆道路系统。强调车辆通过道路的智能化，以实现安全快速的道路交通环境。

从对象来讲，IVHS 仅限于车辆与道路；从技术上讲，却开始涉及 21 世纪的交通系统技术。所以，在 1994 年 9 月，美国率先将 IVHS 系统改为 ITS 系统。

在这之前，欧洲把 ITS 称之为 Telematic，意为电子计算机技术加电子技术加通信技术。1994 年 9 月之后，欧洲也把 Telematic 改为 ITS 了。

目前，世界上公认的 ITS 智能交通系统的定义是：采用电子计算机技术、电子技术和现代通信技术，使车辆和道路智能化，以实现安全快速的道路交通环境，从而达到缓解道路交通拥堵，减少交通事故，改善道路交通环境，节约交通能源，减轻驾驶疲劳的功能。更为重要的是，只有在交通系统都实行 ITS，这样的交通系统才是真正的可持续的交通系统，这样的交通系统才是当今世界上正面效应最大、负面效应最小的交通系统。

8.1.4.2　智能交通系统的特点

与其他各类不同的技术系统相比，智能交通系统的特点是：

① 技术领域众多

智能交通系统综合了交通工程、计算机技术、网络技术，通信技术、信息工程和控制系统等众多科学领域，需要技术人员共同协作。

② 跨行业特点

智能交通系统涵盖了很多的行业领域，是社会经济发展、城市化进程的综合系统工程，需要复杂的行业间的协调。

③ 支撑技术

智能交通系统主要由移动通信、互联网、传感器、云计算等新一代信息技术支撑，成为人人可以使用的可信的控制系统。

④ 共同参与

政府、企业、科研单位及高等院校共同参与，各自负责任务和承担角色，有效展开智能交通系统的建设、运营、管理和维护。

8.2　中国的智能交通系统

8.2.1　我国发展智能交通系统势在必行

20 世纪 90 年代，全世界机动车的拥有量为 9 亿辆，其中美国有 2 亿辆。中国有 6500 万辆(其中 1/4 是汽车)。自改革开放以来，中国机动车的年增长率是 22%(而国际上同期机动车的增长率为 3.5%)，与此同时，中国公路的增长率仅为 2.5%，现在有 127.83 万千米(其中高速公路 8000 多千米)，形成了车辆快增长、道路慢增长的局面。随着时间的推移，我国经济还要持续高速地发展，1998 年，中国机动车年产量为 1400 万辆，占世界第一位。

即便如此，中国人均机动车拥有量只相当于英国 1929 年的机动车人均拥有量。70 年前的美国，人均机动车拥有量已是中国 20 世纪末人均拥有量的 4 倍。在与世界发达国家机动车人均拥有量差距还很大的情况下，中国一些特大城市的交通拥堵已排在世界前列，一些特大城市的交通污染在世界上已名列前茅，交通事故 1998 年死亡 7.8 万人，占全世界交通死亡人数的 1/6，死亡率可称世界第一。

要知道，美国有 2 亿辆机动车，1998 年交通事故死亡人数不足 4 万人。为了解决这一系列的问题，一方面要增加交通设施的投入，加速交通供给的建设。更重要的是要充分合理科学地使用现有的道路交通设施，发挥它们最大的作用，要达到这个目的，采用 ITS 是根本的措施之一。

表 8.2　中国 21 世纪以来汽车保有量

年份	保有量(万辆)	年份	保有量(万辆)
2000	1609	2008	6467
2001	1802	2009	7619
2002	2053	2010	7872
2003	2383	2011	10578
2004	2742	2012	12313

续表

年份	保有量(万辆)	年份	保有量(万辆)
2005	3160	2013	13700
2006	4985	2014	15400
2007	5679	2015	16300

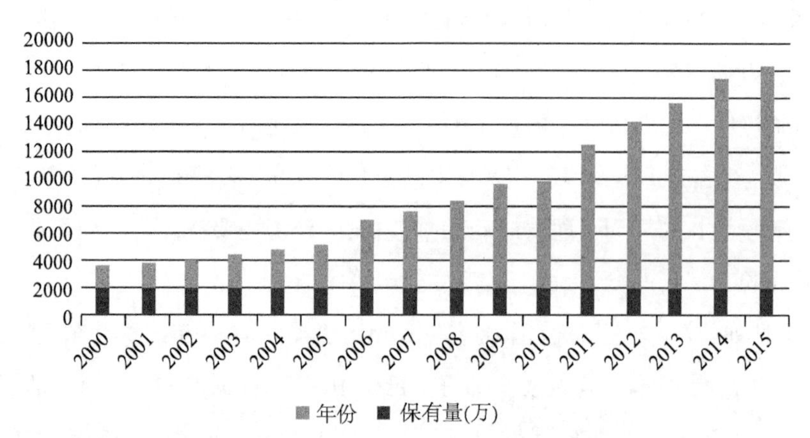

图 8.1　中国 21 世纪以来汽车保有量

由此可见,中国的汽车保有量增长非常迅猛,21 世纪以来中国智能交通系统也已经得到了很大的发展。

8.2.2　中国智能交通系统内容

中国的智能交通系统包括以下内容:

8.2.2.1　车辆控制系统

指辅助驾驶员驾驶汽车或替代驾驶员自动驾驶汽车的系统。该系统通过安装在汽车前部和旁侧的雷达或红外探测仪,可以准确地判断车与障碍物之间的距离,遇紧急情况,车载电脑能及时发出警报或自动刹车避让,并根据路况自己调节行车速度,人称“智能汽车”,包括车辆辅助安全驾驶系统和车辆自动驾驶系统。

8.2.2.2　交通监控系统

该系统类似于机场的航空控制器,它将在道路、车辆和驾驶员之间建立快速通信联系。有关交通事故、交通拥堵、道路畅通等信息,都可以最快的速度提供给驾驶员和交通管理人员。

8.2.2.3 车辆管理系统

该系统通过汽车的车载电脑、高度管理中心计算机与全球定位系统卫星联网，实现驾驶员与调度管理中心之间的双向通信，来提供商业车辆、公共汽车和出租汽车的运营效率。该系统通信能力极强，可以对全国乃至更大范围内的车辆实施控制。

8.2.2.4 旅行信息系统

该系统是专为外出旅行人员及时提供各种交通信息的系统。该系统提供信息的媒介是多种多样的，如电脑、电视、电话、路标、无线电、车内显示屏等，任何一种方式都可以。无论是在办公室、大街上、家中还是汽车上，只要采用其中任何一种方式，就能从信息系统中获得所需要的信息。有了该系统，外出旅行者就可以眼观六路、耳听八方了。

ITS所采用的技术，是世界上最先进的电子计算机技术和电子通信技术，这在我们国家已经有了一定的基础。比如，我国已经建立了一些车辆定位系统(GPS)，不停车收费系统，交通地理信息系统，而且在交通管理信息系统、光缆监控系统、车辆检测系统、交通广播系统等4个方面有着比较深入的研究。因此，发展ITS在中国有着坚实的基础。

光有基础是不够的，要想在中国扎扎实实地发展ITS，必须还要注意树立交通优先意识、公交优先意识、路权意识、交通工程基础技术意识。

8.3 GPS在智能交通系统中的应用

8.3.1 智能交通系统的关键问题

在ITS中，一个关键的问题就是要准确地知道车辆当前所在的位置，这个问题通常采用GPS技术解决。

GPS是美国维护的卫星全球定位系统，它可以为地面用户提供精确的三维位置、三维速度和时间。它由24颗距地面2万多千米的人造地球卫星组成，形成对地面的连续、均匀覆盖。GPS定位的特点是全天候、实时性和高精度，因此备受测量和导航用户的青睐。

但美国政府为了维护自身的利益,对 GPS 采用了人为降低精度的 SA 技术,使得一般的民用用户享受较差的定位服务,精度在百米水平,这是不能满足车辆定位的要求的。解决这个问题的方法之一是采用差分技术,通过求差(通常包括位置差分和伪距差分)部分地消除距离不远的两个单点的卫星误差、星历误差、电离层延迟误差、对流层延迟误差。经过差分之后,民用 GPS 的精度可达到 3~5 米水平。

8.3.2 车辆定位和导航

GPS 定位导航系统与电子地图、无线电通信网络及计算机车辆管理信息系统相结合,可以实现车辆跟踪和交通管理等许多功能,这些功能包括:

① 车辆跟踪——利用 GPS 和电子地图可以实时显示出车辆的实际位置,可对重要车辆和货物进行跟踪运输。

② 提供出行路线规划和导航——提供出行路线规划,包括自动线路规划和人工线路设计。

③ 信息查询——查询资料可以文字、语言及图像的形式显示,并在电子地图上显示其位置。

④ 交通指挥——指挥中心可以监测区域内车辆运行状况,对被监控车辆进行合理调度。

⑤ 紧急援助——通过 GPS 定位和监控管理系统可以对遇有险情或发生事故的车辆进行紧急援助。

从整体来说,自动车辆定位导航系统是 ITS 中非常关键的部分,利用它们可以很好地实现对交通运输系统整个过程的控制、交通信息服务、道路应急及多种信息服务。

8.3.3 GPS 在智能交通系统中的应用

GPS 在 ITS 中的应用主要体现在车辆导航上。在 GPS 的诸项应用中,车辆定位导航应用发展最快,并取得了巨大的经济效益和社会效益。

GPS 车辆应用有 3 种类型:美国的汽车急救系统、日本的车辆导航仪和中国的车辆调度系统。其中,日本的车辆导航仪应用最具规模,而且已有全国性的与之匹配的道路交通信息系统及其中心；美国的急救系统也在不断扩大应用之中；中国的 GPS 车辆调度系统正在蓬勃发展，尤其在公安、金融部门中应用最为广泛。下面将介绍车辆导航仪与车辆监控系统。

8.3.3.1 （自主）车辆导航仪

在 ITS 系统中，很重要的一大功能是集成信息服务功能，它所涉及的领域有信息处理及数据库技术，包括路线引导服务、旅行者信息服务、出行信息服务、驾驶员信息服务等主要功能。（自主）车辆导航仪则可以完全地提供这些服务。从层次化的观点出发，车辆导航仪可认为由 3 个层次组成：物理层、处理层和智能层。物理层提供当前车辆的相关信息，包括定位、定向、定时信息，以及与当前位置相关的地理信息数据；处理层则在提取信息的基础之上，进行一系列的数据处理，实现地图匹配。智能层则集中体现车辆自主导航的功能，它包括专家系统、辅助决策系统，用以实现不同条件下的路径搜索，还能够将每一次经过的路径记录下来，供将来或他人参考。

早期的车辆导航系统使用车辆计程表、环形检测器等。20 世纪 70 年代初，航位推算系统、车载电子地图和地图匹配技术也得到了发展。到 20 世纪 80 年代末期，新一代的汽车导航系统开始进入市场，它是以 GPS、航位推算和地图匹配共同作为车辆导航的基础。如前所述，GPS 定位精度高、实时性好，基本上能够满足未来 ITS 中的车辆导航系统的精度要求。但 GPS 还需其他手段加以辅助，这是因为在实际环境，特别是在高楼林立的大城市中，常常发生 GPS 信号受遮挡而接收机无法定位的情况。航位推算虽精度不高，但可以在 GPS 接收机无法工作时加以补充。另一种方案是以俄罗斯的 GLONASS 卫星定位系统对 GPS 进行增强，但由于 GLONASS 目前尚处发展阶段，这种解决方法还有待进一步研究。GPS 同航位推算相互补充，形成一个稳定的汽车导航平台。同时，电子地图存储在 CD－ROM 中，显示在显示器上，使用起来也十分方便。

8.3.3.2 车辆监控系统

车辆监控系统是集 GPS、GIS 和现代通信技术于一体的高科技系统，其主要功能是对移动车辆进行实时动态的跟踪，利用无线通信设备将目标的位置和其他信息传送至主控中心，在主控中心进行地图匹配后显示在监视器上。主控中心还能够对移动车辆的准确位置、速度和状态等必要的参数进行监控和查询，从而科学地进行调度和管理，提高运营效率。如果移动车辆遇到麻烦或其安全受到危害，可以向主控中心发送报警信息，及时地得到附近保安部门的支援。车辆监控系统在 ITS 中的应用是相当广泛的。

车辆监控系统分为主控中心和移动车辆设备，两部分都包含移动通信装置和 GPS 定位装置。移动通信装置可以是大区制的集群系统设备、小区制的蜂窝设备如 GSM 手机，利用无线和有线通信网与现有的通信系统联系起来，从而能实现各种各样的功能。定位装置采用 GPS 作为其核心手段，惯导辅助使定位的可靠性和连续性大大地提高。信息的提取和变换是使用高速的调制解调器来扩大系统的容量，从而可以节约系统的建设成本。从改善通信设备的性能角度出发，可以通过减少车载设备的收发时间以进一步扩大系统容量。主控中心的信息提取和变换电路在需要时还能够提取 DGPS 和惯导信息。通信控制器完成调制解调器和通信设备的匹配。GIS 信息数据库存有主控中心和移动车辆所属范围的电子地图及当地的路况信息，还包括特定的路径搜索和优化算法，微机和工作站则实现整个系统的协调、显示及强大的查询功能。

总的来说，车辆导航仪和车辆监控系统都是 ITS 中非常关键的部分，利用它们可以很好地实现交通运输的控制、旅行信息服务、道路应急及多种信息服务。而 GPS 接收机在这两个系统中都是核心的定位部件，起着重要的作用。

8.4 无人驾驶

8.4.1 无人驾驶汽车

Google X 实验室设计了无人驾驶汽车，让乘客安心坐在车里，不需要进行人工干预，乘客所要做的就是按下车内的按钮，就直接被汽车从 A 点送至 B 点。车内没有方向盘、油门或者刹车，取而代之的是各种传感器以及软件系统。

无人驾驶汽车是在任何一条街道自己驾驶的汽车，通过传感器，它可以神奇地看到周围的一切事物，并据此对如何驾驶做出判断。

8.4.1.1 无人驾驶汽车技术

(1) 激光测距仪

Google的无人驾驶汽车的一个“突出”的特点就是其车顶上方的旋转式激光测距仪。该测距仪能发出64道激光光束,帮助汽车识别道路上潜在的危险。该激光的强度比较高,能计算出200米范围内物体的距离,并借此创建出环境模型。

(2) 用于近景观察的前置相机

车头上安装的相机可以更好地帮助汽车识别眼前的物体,包括行人、其他车辆等。这个相机还会负责记录行驶过程中的道路状况和交通信号标志,然后车载软件将对这些信息进行分析。

(3) 前后保险杠雷达

在Google的无人驾驶汽车的前后保险杠上面一共安装了4个雷达,这是自适应巡航控制系统的一部分,可以保证Google的无人驾驶汽车在道路行驶时处在安全的跟车距离上,按照Google的设计,其无人车需要和前车保持2～4秒的安全反应距离,具体设置根据车速变化,从而能最大限度地保证乘客的安全。

(4) 从空中读取自己精确的地理位置

利用GPS技术和Google地图,可以实现最优路径规划。但由于天气等因素的影响,GPS的精度一般在几米的量级上,并不能达到足够的精度。为了实现定位的准确,Google需要将定位数据和收集的实时数据进行综合,车不断前进,车内实时地图也会根据新情况进行更新,从而显示更加精确的地图。

(5) 后轮上的超声传感器

后轮上的超声传感器有利于汽车保持在一定的轨道上运行,不至于跑偏。同时,在遇到需要倒车的情况时,这些超声传感器还能快速测算后方物体或墙体的距离,还能帮助汽车在狭窄的车位中实现停靠。

(6) 车内设备

在车内还装备着一些高精度的设备,比如高度计、陀螺仪和视距仪,能帮助汽车精确测量汽车的各种位置数据,这些高精度的数据为汽车的安全运行提供了保证。

(7) 传感器数据的协同整合

所有传感器收集到的数据都会在汽车的 CPU 上进行计算和整合，从而让自动驾驶软件带来更安全舒适的用户体验。

(8) 对交通标志和信号的解析

Google 的无人驾驶汽车能够识别基本的交通标志和信号。比如说前车的转向灯开启时，Google 汽车可以相应地做出反应。还有各种限速、单行道、双行道和人行道标志等，这些都可以通过 Google 相应的软件进行解读。

(9) 路径规划

在 Google 无人驾驶汽车前往目的地之前，自然需要对路径进行规划。和我们的地图 App 画出路线图不同，Google 的系统能够建立起所选路径的 3D 模型，里面包含了交通标志、限速和实时交通状况等信息。而且随着汽车的行驶，车载软件还可以按照捕捉到的信息不断对地图进行更新。

(10) 适应实际道路行为

我们都知道实际上的道路交通状况和交通法规还是略有不同的。有时候会出现闯红灯的人，甚至还能看到在道路上逆行的汽车，所以对实时状况的把握也格外重要。Google 的无人驾驶汽车就具有这种能力，从而能让 Google 汽车在复杂的路况环境中安全行驶。

8.4.1.2 无人驾驶汽车发展情况

除了 Google 外，欧美各国去年已大量推出无人驾驶的概念车，英国首款将在公路上行驶的无人驾驶巴士在其首都伦敦曝光。

日本 Robot Taxi 将推出机器计程车，预计 2020 年就能商业化营运。韩国现代汽车最近才正式完成道路测试，并且在校园内试验。

中国已实现世界首次将无人驾驶公交车开上了全开放道路环境下的大马路上。

百度集团研发的无人驾驶车也已走上“实境演练”。

8.4.1.3 无人驾驶汽车的意义

当无人驾驶技术成熟时，极低的成本能让无人驾驶汽车成为每个人出行的交通工具，解决了交通不便的偏远地区的出行难题，缓解受交通拥堵之苦的路况，帮助更多老年人甚至盲人轻松出行，还会使由人为错误造成的车祸伤亡大大减少。由于不需要亲自驾驶，无人驾驶汽车将变成办公室，职员将会充分利用在无人驾驶汽车上的空闲时间。

有不少人认为，无人驾驶汽车能够减少交通事故的死亡人数、更智能地导航以及更简单地停车。但是一项最新的研究表明，除非这些无人驾驶汽车的数据能够共享，否则我们很可能会看到街道上的汽车数量急剧增加。由利兹大学、华盛顿大学和橡树岭国家实验室联合发表在《交通运输研究》上的一份研究报告显示，无人驾驶汽车将会在2050年对能源需求以及交通路况造成非常大的影响。

8.4.1.4 无人驾驶汽车撞车事件

2016年2月中旬，在谷歌无人驾驶汽车与一辆公交巴士的轻微碰擦事故中，无人驾驶汽车应当“承担部分责任”。这可能是谷歌无人驾驶汽车首次在事故中需要承担责任。谷歌表示，在事故发生后，已对软件进行了调整，避免未来类似事故的发生。

谷歌表示，无人驾驶汽车和乘坐汽车的司机都认为，“公交车将会减速，让无人驾驶汽车先通过”。然而在3秒之后，当谷歌无人驾驶汽车并线时，与公交车的侧方发生碰擦，导致左前翼子板、前轮和司机侧传感器受损。双方车辆中没有乘员受伤。

不过，自己汽车上装有半自动驾驶功能的受访者，比那些不使用辅助驾驶功能的人更有可能信赖无人驾驶技术，这显示渐进式体验可以缓解消费者的恐惧。

8.4.1.5 其他国家的无人驾驶汽车试验

在日本，神奈川县与研发自动驾驶出租车的DeNA子公司“机器人出租车”(位于东京)从2016年2月29日开始在该县藤泽市试行无司机的自动驾驶出租车。这是国家战略特区项目之一。当地居民作为评论员进行了试乘，为有关研发提供参考。试行进行到了3月11日。据日本内阁府介绍，这是首次在特区让普通民众试乘。评论员分为10组，通过智能手机在专门网站上约车。自动驾驶仅在往返于居民住家与商业设施间的约2.4千米的部分公路上进行。

在新加坡，一家从麻省理工学院分离出来的创业公司开发的无人驾驶出租车，于2016年3月下旬在新加坡通过了首次测试，让测试用车成功跨越了各种障碍。该公司还将继续在新加坡的商业区测试这种汽车,并计划未来几年在该市推出数千辆无人驾驶出租车。该公司 CTO 兼麻省理工学院教授法佐立曾于 2014 年在《公路用车自动化》(*Road Vehicle Automation*)上发表研究称,只需要 30 万辆无人驾驶汽车即可代替目前的 78 万辆出租车,同时将等车时间控制在 15 分钟以内。

8.4.2 无人机快递

美国内华达州的霍桑市是美国西部的边陲小城市,但是 2016 年 3 月 25 日让这个城市成为一个历史先例地点:第一个通过全自主的无人机完成城市快递服务的地方。

这架无人机按照预定的航线飞行,当靠近了目标房屋时它放下了一个包裹,内含有瓶装水、食物和一些救助用具。这也展示了无人机在紧急需要的时候可以起到的救援作用。

8.5 中国智能交通系统发展回顾

8.5.1 上海智能交通系统

8.5.1.1 上海道路交通现状

上海是一个具有 700 年历史的特大城市。由于历史的原因,上海的交通设施没有一个合理有序的宏观布局,城区建筑密集,没有足够的交通空间。改革开放前的几十年时间里,上海城市基础设施的建设速度缓慢,交通基础设施严重不足,交通阻塞现象严重,严重制约了经济的发展。

为了尽快改善上海市的交通状况,改革开放以来,特别是 1992 年以来,上海市的交通设施建设有了很大的发展,在修建了中国大陆第一条高速公路——沪宁高速公路后,又先后建成了南浦大桥、杨浦大桥、内环线高架道路、外滩拓宽、成都路高架道路、延安路高架和通往机场的虹桥路高架道路等城市快速干道系统以及辛松、沪宁等高速公路,沪杭高速公路也建成通车。

大量交通设施的修建大大缓解了上海市的交通拥挤状况,改善了交通安全,减少了交通废气的污染。但是，一方面由于交通量的持续增加，另一方面由于交通设施的修建又诱发了大量新的交通需求，所以尽管修建了大量的交通设施，加强了交通管理，完善了交叉口信号控制系统和交通监控指挥系统，建立了交通信息广播电台，上海的交通拥挤状况依然十分严重，在一些地区甚至有增无减。

现代电子、通信和计算机技术的进步为我们解决上海的交通问题提供了新的思路，包括加拿大在内的发达国家在采用高新技术解决交通问题方面所取得的研究进展和成功实践使我们深受启发，大受鼓舞。我们越来越清晰地认识到，不仅仅应该修建更多的交通基础设施，而且应该十分重视采用先进技术使人们的出行过程信息化，提高交通的机动性、安全性和道路的通行能力。这样，不仅可以大大节约解决交通问题的投资，最大限度地发挥已有道路系统的交通效率，还可以降低交通因素对环境的影响。

8.5.1.2 上海智能交通系统的研究和应用

在上海，采用高新技术改善交通状况的尝试已有较长的时间。

20 世纪 80 年代初，上海市引进了澳大利亚的 SCAT 悉尼自适应交通信号控制系统。该系统引进后，培养了能够安装、调试与维护这类系统的工程技术人员。此外，在上海市的高速公路，如沪嘉、辛松、沪宁高速公路以及内环线高架道路上，安装了交通监控系统。这些实践可以看作 ITS 在上海市的初步应用。

在研究开发方面，1986 个国家“七五”科技攻关项目中立项进行“城市交通信号控制技术”的研究，开发适合中国交通特点的自适应交通信号控制系统。这套系统的交通控制模型、算法和软件均由上海同济大学道路与交通工程研究所研制；1990 个成果完成后在南京安装运行。系统运行后的测试结果表明，系统的总延误平均下降 16%，停车率平均下降 16.6%，行程车速提高 14.8%。该系统在控制策略上考虑了我国混合交通的特点，采用了两套控制优化算法，建立了考虑自行车干扰的信号控制参数的优化算法。目前，该系统已在海口、广州和昆明等城市推广应用。

1991 年，作为上海市“八五”科技攻关项目，上海市科学技术委员会、上海建设委员会立项进行“上海城市交通诱导信息系统”的研究。这套系统由 5 部分组成：交通信息采集子系统，该子系统在 SCAT 原有的检测期基础上补充而成；交通信息评价处理子系统,综合处理来自检测器、电视监视器和交警报告等多方面的交通信息;数据传输子系统;中央处理子系统;动态信息标志、交通信息广播等。该系统的软件部分由同济大学道路与交通工程研究所研制,硬件部分由上海交警总队交通工程研究所研制;整个系统于1994年完成。

1996年,国家自然科学基金委员会资助同济大学进行“城市交通控制与路线诱导系统基础理论”的研究。作为国家自然科学基金委员会的重点研究课题,针对上海的具体状况,分8个方面开展具体的研究。同时,上海市科学技术委员会委托同济大学道路与交通研究所进行“上海市智能交通系统体系结构的研究”和“上海市智能系统发展计划及可行性研究”,试图制定上海智能交通系统研究和发展的技术框架。

为了尽快改善上海快速干道系统的交通状况,上海市政工程局委托上海城市建设设计研究院、同济大学、上海铁道大学、上海电器科学研究所和上海电气自动化研究所等单位联合进行“上海城市快速道路系统交通控制综合系统的研究”,制定切实可行的快速干道交通改善措施。

综上所述,上海的ITS的研究和应用已经有了初步的基础,但是,和发达国家相比,我们还有很大的差距。目前,我们还不可能像美国、欧洲和日本那样投入巨额资金进行ITS的全面研究和开发,我们只能根据我们的能力选准目标,针对具体项目进行局部范围内的ITS研究和应用。根据上海的具体状况,上海实施ITS技术的设想和应予优先发展的领域如下。

8.5.1.3 上海市实施智能交通系统技术的设想及优先领域

(1) 做好规划,鼓励国际合作

在ITS研究和应用方面,学习、借鉴发达国家的技术和经验,对于迅速提高上海市ITS研究和应用的技术水平、少走弯路,对于迅速缩短与发达国家差距,更主要的是对于迅速改变上海市的交通状况是极其必要的。开展学术交流,进行国际合作,评价和引进国外实用的、成套的技术和设备应当是近期上海市ITS研究的主要工作之一。

(2) 规范公众的交通行为,建设先进的公共交通设施系统

ITS的应用不是一个纯粹的技术过程,是一个复杂的社会系统工程。开展广

泛的宣传教育,使每一个公众了解到遵守交通规则的必要性,自觉地遵守、自觉地维护公共交通秩序是应用 ITS 所必不可少的前提。

另外,建设一个先进的公共交通设施系统同样是十分必要的。上海市依然应该改进交叉口的设计布局,提高其通行能力。在修建新的交通设施的过程中,应该及时地引进现代的规划、设计思想,打破行业和部门的条块分割,从规划和设计上充分考虑不同交通方式的协调,设计便利的换乘系统,考虑现代的交通管理需要,充分考虑交通对环境的影响。

(3) 限制、控制非机动车交通

上海的交通形式非常复杂,除了汽车交通外,还有大量的非机动车交通,如助动车、自行车等。实际上,现阶段只能有计划地对非机动车交通予以限制,逐步淘汰。从交通和环境方面考虑,上海已经限制了助动车的发展,在不远的将来,燃油助动车将被淘汰。

(4) 建立公共交通信息系统

公共交通信息系统所涉及的面较广,涉及的部门较多,因此重要的是要做好规划,分步实施。组织专家对国内外技术状况进行评估,研究适合于上海市的技术方案。对技术方案中所涉及的技术设备,要分门别类进行研究,哪些能够国产,哪些需要进口,从哪个国家进口。要研究交通信息的来源,结合目前正在进行的机构改革,制定出保证信息来源的措施。

(5) 先进的交通管理系统

先进的交通管理系统能够大大提高道路网的通行能力,但由于上海交通状况的复杂性,在上海使用先进的交通管理系统的难度是很大的。

事实上,上海已经使用了一些简单的交通监视系统,如安装于近郊沪嘉、辛松、沪宁和沪杭高速公路上的交通监视系统。市区内环线上的交通管理起到了良好的作用,也使我们认识到,系统不仅要可靠,而且一定要适合上海的交通状况。上海正在计划对内环线及近郊高速公路上的交通监控系统进行改造,以增强其交通管理的作用。

(6) 不停车收费技术

采用不停车收费将遇到诸多问题,除了技术之外,还有一系列的法规需要健全。上海的地域面积不大,来自其他省市的车辆很多,这是采用不停车收费所应该考虑的。

考虑到上海的实际情况,也不应到处使用不停车收费技术。在一些公路上仍然可用传统的收费方法,这不仅可节约设备费用,而且有利于就业。

(7) 车辆称重系统

公路是为车辆服务的,但超载车辆对公路系统所造成的损伤是十分严重的,设置称重系统对车辆进行重量检查对于保护公路系统是非常必要的。传统的称重方法多为固定式的,称重时对交通的干扰较大。按照公路网的具体布局和公路上的交通状况,可以分别采用不同的称重技术。

(8) 使交通信息成为上海信息港的主体

上海市人民政府制订了上海的信息港建设计划。信息港计划中涉及了众多的、公众所关心的信息,交通信息就是其中之一。在众多的信息中,交通信息是数据量最大、变化最为频繁的信息之一。智能交通系统的建立,应充分考虑与上海信息港的关系,自觉地成为上海信息港的主体部分之一。这样做既有助于上海市对公众信息的统一协调与管理,提高信息的共享度,也有利于降低 ITS 的建设成本。

(9) 长期稳定的资金支持

智能交通系统的实施需要大量的资金支持,智能交通系统的运营也需要资金的支持。所以,作为上海 ITS 规划的一部分,还应该包括一个长期、稳定的资金计划。

上海大规模的交通设施建设已经持续了一段时间,市区内交通设施扩建的余地已越来越小,采用智能交通系统来改善本市的交通状况已是一个适时的选择;而技术的进步也提供了采用这一技术的现实可能。

8.5.2 首都机场高速不停车收费系统

北京首都机场高速公路天竺收费站于 1996 年 10 月安装了不停车收费系统,设备从美国 AMTECH 公司引进。1998 年初,由北京首都高速公路发展有限公司(北京首都高速公路发展有限公司系对北京首都机场高速公路进行运营管理的公司)下属的北京云星宇交通工程有限公司与建行、工行和美国 AMTECH 公司合资成立了北京速通电子科技有限公司。该公司系中外合资企业，主要从事不停车收费系统的生产、运营管理和服务。现安装在首都机场天竺收费站的不停车收费系统由北京公司投资，并负责运营管理。

8.5.2.1 运行情况

不停车收费系统在世界上一些发达国家已广泛应用，例如香港已实现 13 万张车载标签的使用量，且向自愿领取标签和接受服务的用户收取服务费符合国际通行管理。北京速通电子科技有限公司自 1998 年 11 月正式接管天竺收费站的不停车收费系统运营以来，积极主动地消化和掌握美方的技术，并做了一些不停车收费系统和停车场的软件开发和本地化工作；同时，也努力开拓市场，形成了比较稳定的客户群。客户在决定使用速通卡时，首先将服务费与通行费一起预交给速通公司，每次通行时扣一次通行费，未用的通行费给客户记活期利息。客户一旦想终止使用，即可将其账号上的余额及利息一起取走。北京首都高速公路发展有限公司设专人负责现场电脑与速通公司的中央电脑每日进行交通量与受款额的核对。

速通公司与北京首都高速公路发展有限公司每月结账一次。经过几年来的运行，设备系统运行稳定，速通卡用户一致认为不停车收费系统可节省等待时间、减少现金流动、有利于单位内部财务管理和减少停车交费汽车对环境的污染等。特别是国外一些驻京机构、涉外单位以及国家机关等都对天竺收费站的不停车收费系统的先进性和提供高质量、方便、快捷的服务给予了充分的肯定。同时，有的客户也希望北京其他高速公路收费站能安装不停车收费系统，实现智能交通收费自动管理，从而树立北京的大都市形象和改善城市的服务功能。总之，不停车收费系统经过三年多的运行，受到了客户的充分肯定。

8.5.2.2 存在问题

任何新事物和新产品从进入市场到被市场认识和接受，都有一个过程。北京引进的美国 AMTECH 的不停车收费系统是 20 世纪 90 年代的高新技术产品，全套系统成本比较高，设备投入比较大，可市场上速通卡由于各方面的原因并没有达到预期的发行量。其中有两个主要方面的原因：

(1) 按照国外速通卡的惯例，都是鼓励客户使用速通卡，即给予速通卡用户通行路费优惠，而北京目前的速通卡客户没有享受任何路费优惠。这其中有两点主要原因：北京速通是由四方组建的中外合资企业，与路方没有任何利益关系，所以造成路费优惠问题很难达成一致；由于国内目前尚无配套法规来治理逃费现象，所以收费车道上安装了不停车收费系统后，虽然减少了人工收费员，但却增加了监管人员，并没有实际减少路方的人工成本。

(2) 北京目前只有首都机场天竺收费站有不停车收费系统，不能让客户实现速通卡的多路口"一卡通"功能，从而限制了速通卡用户数量。

(3) 在发达国家，非法进入专用车道的车辆，在被现场拍照后，依据照片可索回通行费并将依法给予处罚。目前，国内尚无该方面的法规，人工收费车道都无法对逃费车辆进行处罚，像这样的电子收费方式就更无法进行追费与处罚了。这样，中国特色的方式也就产生了：在该车道检测设备之后 20 米左右，安装常开栏杆，设专人进行看管，发现非法车辆进入时，立即将栏杆放下，现场收费。这种方法不但会使正常车辆通行受阻，由于不停车收费车道通过车辆的通行速度快，一旦客户增加、交通量增大时，非常容易发生交通事故，造成正常的收费通行秩序混乱。这一问题一直是我们多次呼吁并迫切需要解决的问题。

总之，市场的培育需要一个过程，而速通公司也在运营管理的过程中逐渐摸索出一套行之有效的科学运营管理方法和经验。我国目前正值高速公路建设高峰，国家对公路的投入逐年加大，并随着智能交通的发展，解决收费口人工收费排队等待的交通瓶颈问题，已日益引起广泛的关注。因此，我们相信不停车收费系统一定能在我国取得成功的运营经验，达到发达国家的水平。

在进入 21 世纪之际，随着我国公路事业的发展和不停车收费系统的开发应用，以及增长的交通需求，我们相信不停车收费系统一定会被国家、被企业、被消费者广泛关注和接受。不停车收费系统在我国的市场一定会有广阔的光明前景。

8.5.3 广州智能交通系统

8.5.3.1 广州市智能交通系统应用研究现状

广州市智能交通系统应用研究现状，主要有以下几个方面：

(1) 开展了"广州市智能交通建设发展规划的研究"，由市科委、市交委等有关部门组成课题组，通过课题的研究，做出操作性强、可实施的广州市智能交通建设的总体规划。

(2) 开展城市智能交通管理系统的研究工作，由广州市公安局等有关部门组成的课题组，在城市交通控制和视频监控的基础上，在视频动态交通信息采集、路边停车信息，以及数据处理、网络信息发布和交通违章数字记录等方面开展了卓有成效的研究工作。

(3) 1997年，在广州市开展全市路桥实施"一卡通"不停车收费推广工程，于1999年1月1日系统投入运行，到目前已开通不停车收费车道39条，面向社会发行电子标签约14000个，不停车收费车道累计车辆通过20000000次。

(4) 实施了公共交通综合管理系统在公交公司的应用。该系统由局域网和城域网组成，以中心数据库为核心，集成了公交企业常规管理的13个系统，使用VB开发工具建成一套技术先进、功能完善、实时性强、操作方便的公共交通MIS系统。

(5) 全线通(OMN，TPAS)移动信息管理系统是面向交通运输和物流业的管理系统，是利用COMA技术开发的基于卫星的双向通信/定位系统，它为卫星覆盖范围内的任何移动目标提供业务状态/性能信息、有效监控、管理车及船队运行费用、提高运输公司的管理水平和竞争能力。

(6) 集装箱货物信息管理在黄埔仓码有限公司使用。该系统通过电子报文的传输后交换、规划、组织和控制货物集散、配载、中转、储运等各个环节的信息流通，达到加快货物流转速度、降低运输成本的目的。

8.5.3.2 广州市智能交通系统发展初期应用的展望

结合当前ITS研究和应用情况，广州市近期考虑以下几个方面的工作：

(1) 制定广州市ITS建设发展规划，确定广州市ITS的目标和基本框架。

(2) 改进和完善城市的交通管理系统，在现有道路条件下，合理为各种交通方式分配道路，加强交通管理并且配合必要的交通控制闭路电视监控手段，使道路处于有效的监控中。同时，采用现有的交通技术设备将交通动态、静态信息提供给道路使用者。

(3) 发展公共交通指挥调度系统，继续应用现有先进的管理技术和设备，使用公共交通系统进行有效的运行，同时，要发展公共车辆移动定位和指挥调度系统，为乘客提供更加便捷和舒适的旅行服务。

(4) 随着广州市内环路、环城高速公路的网络形成,ETC技术在广州市路桥收费“一卡通”上应用更加广泛。同时,地铁一号线开通以及其他公交网络形成,公交“一卡通”也将在广州实施。“一卡通”的应用无疑给城市智能交通系统提供了更多的交通信息,必将推进ITS的发展。

8.6 中国智能交通系统发展趋势

8.6.1 重庆智能化巴士

2016年4月19日,恒通客车2016年新产品展示会上发布三款恒通ITS巴士,表示最快年内这些车型将在重庆公交线路进行投放,并通过智能交通系统实现公交车按需增减班次以及定制公交线路等。

此次,恒通客车一共发布了三款恒悦系列客车:插电式混动客车、城市客车CKZ6731N5和CKZ6781HN5。

“我们此次发布的三款恒通ITS(智能交通系统)巴士均导入DMT智能信息系统。”恒通客车相关负责人介绍,通过智能信息系统,搭建智能调度、营运管理、安全生产、维护保养智能化管理等四大公交系统平台,未来,公交公司可通过这些平台,随时对客流数据、道路状况、车辆投放等大数据进行分析,对车进行远程操控。例如,下班时间,观音桥车站客流量比较大,系统则可提示增加发车频率,或在附近“囤车”,来缓解乘坐拥挤的情况。

同时,市民还可通过安装“车来了”App,查询这些车行驶到哪个位置,减少等车时间。

不仅如此,市民今后乘坐的公交车也将更加安全。上述负责人介绍,新款车型在安全性上也下足功夫,在车速不为零时,车门不会开启;在天黑后,车大灯会自动开启。

同时,通过车载智能系统,后方平台可对车辆进行远程故障诊断,并记录车辆维修记录等信息,及时获取车辆潜在故障,实现提前维护保养。司机在手机上安装一款智能车载终端,遭遇突发情况,只用发送故障表现,就能及时获取专家处理意见，进行有效处置。

同时，对于电动客车或混动客车的用电情况，也能实时监控。此外，该系统还能对驾驶员超速行驶、随意变道等违章行为、驾驶习惯等进行监控。

据悉，恒通客车目前已接到山东、浙江等地公交系统订单。重庆公交集团或将批量采购一批智能巴士，并在主城区先期投入运营进行示范操作。

8.6.2 中国商用车车联网

2016年3月29日，由中国卫星应用产业联盟、深圳市智慧交通产业促进会等联合主办的2016中国商用车车联网大会在深圳市宝立方博览中心隆重召开，近1000位来自全国各地的商用车车联网产业链上的专家、企业领袖、应用单位代表等参与了本次大会，30余位商用车车联网转型时期的杰出探索者联袂为大会带来了一场深度的交流碰撞和创新分享。中国卫星应用产业联盟执行秘书长、智慧交通杂志社主编王勇兵发表《中国商用车车联网3.0时代》的主题演讲。

8.6.2.1 中国商用车车联网的三个时代

中国商用车车联网1.0时代：1996年正式拉开帷幕，整个行业的应用特点、产品的形态不断变化。当时是一批国企推动这个行业的，也诞生了那个时代的英雄。这一时代的产品特征是监控调度、防盗反劫。从赛格生产出第一台专门的车载卫星定位设备开始，正式开启了中国的车联网时代。产品应用从专网迈向公网，从单点通信转向集群通信，从单一定位扩向增值应用，并逐步开始商用化。

中国商用车车联网2.0时代：2009年，北斗正式进入这个行业，我们认为这是2.0时代。2.0时代最显著的特点就是越来越功能化，基于道路运输的车联网服务得到深化应用，在政府的政策拉动和市场需求的双引擎作用下，行业得到了飞速的发展，同时市场竞争也趋于白热化，企业开始回归理性。

中国商用车车联网3.0时代：从2015年开始到随后3～5年应该是商用车车联网的另外一个时代。该时代的行业特征主要是商用车车联网的运营服务商将开始分化为全国性运营商、专业性运营商和区域性服务商；商用车车联网将被切割成诸多细分领域的运营服务，服务手段和技术将快速突破卫星定位的技术；BAT开始关注并进入试水，但是2B的业务仍将保留在运营商手中；细分领域运营商和区域运营商搭乘资本快车，快速完成专业市场和区域市场的整合。

8.6.2.2　中国商用车车联网3.0时代特性分析

第一是大数据。快速形成大数据；基于大数据，推动增值服务；基于增值服务，打造资金池和支付通道；基于资金池和支付通道，提供金融服务；基于金融服务，建立行业生态圈。对于数据的理解可以是这样的：数是它能够转化为价值，据就是据我所用，一定要重新开发、利用这些数据，否则就是僵尸数据。3.0时代，一些全国性运营商在接下来的时间里会快速形成一个大数据池，这是不争的事实。

第二是区域性。区域品牌服务、区域响应团队、区域服务模式。区域抱团才有可能形成区域的竞争力，有区域的竞争力，才有可能形成区域的品牌，有区域的品牌，才有可能分享区域的蛋糕。接下来，行业会形成一些区域性的服务平台，要避免区域的重复投资、区域的恶性竞争。

第三是专业性。很多专业性的运营商的思维能够给我们带来一些启发和未来合作的机会。

第四是定制性。行业在3年时间里，终端设备降价了整整10倍，这种伤害不单单是对终端企业，对运营商、对司机都是一种伤害，没有高品质的产品就提供不了高品质的服务，也一定不会有高的收益。商用车车联网有两个大领域，第一是两客一危，两客一危没有那么容易攻破，要想抢市场也没有那么容易。很多运营商在货运市场都想抢占10万台、20万台，然后通过低价、免费，甚至倒送的模式把这些数据抓在自己的手上。货运1200多万台货车，市场很大。除了货运之外，很多专业的运营商虽然疲于在各地方备案，但并不影响其专业服务，设备、软件开发其实影响也不大的，所以接下来对于一些特殊的领域定制需求的业务还是会成为主流。

第五是扩展性。今天的运营商，95%都是服务车辆位置定位的，所以不仅北斗、GPS这些设备能提供车联网服务，车间通信、电子车牌等未来都可以提供服务。

8.6.3　发展趋势

“智能交通未来发展将更加关注公众出行、交通安全等民生需求，更加适合我国国情、地域和行业特点，更需要企业和社会力量的参与，并将自主创新与集成创新结合起来。”交通运输部科技司副司长洪晓枫说。

智能交通是当今世界交通运输发展的热点和前沿，它依托既有交通基础设施和运载工具，通过对现代信息、通信、控制等技术的集成应用，以构建安全、便捷、高效、绿色的交通运输体系为目标，充分满足公众出行和货物运输多样化需求，是现代交通运输业的重要标志。

在国外，日本的智慧道路系统、欧洲的绿色智能交通、美国的智能驾驶战略都是智能交通发展的有效实践。电子站牌、动态导航仪、电子不停车收费系统等智能交通应用也逐渐走进中国人的生活。

从战略性新兴产业发展形势来看，截至2016年，我国手机用户超过10亿，其中智能手机用户2.5亿，手机首次超过计算机成为第一大上网终端。移动互联的迅速发展也为智能交通提供了新的手段和发展机遇。

中国智能交通的发展方向：在支撑交通运输管理的同时，更加注重为公众出行和现代物流服务；在为小汽车出行服务的同时，更加注重为公共交通和慢行交通出行服务；在关注提高效率的同时，更加注重安全发展和绿色发展；在借鉴国外技术的基础上，更多面向国内需求等。

8.7 互联网+交通

8.7.1 “互联网＋交通”的核心本质

8.7.1.1 空闲交通资源的“再利用”

打车、拼车等各种软件的流行，是因为充分开发闲置资源的利用价值，提高了出行的效率。由机械式“打车难”转为软件算法计算，提高了司机与乘客的对接成功率，将私家车由“个人资源”变为“公共资源”。打车软件使得乘客能够打到车的概率更高，靠的是算法而不是运气，这样也有助于进行数据统计，在高峰期进行合理分流。因此，打车软件的出现极大提高了司机与乘客之间的对接成功率，并充分利用闲置资源，扩大个人资源价值的实现范围，为人们出行提供便利的同时也没有额外增加交通负担，因此更易形成良性循环。

供需的重构是促使“互联网＋”落地的关键。非互联网领域逐渐与互联网进行对接和融合，不仅是利用互联网手段提高过程中的效率，更重要的是在供需两侧同时增量:在供给端是挖掘资源的多重价值,充分利用闲置资源;而在需求端则是利用新型手段构建新型消费场景,这样无意中为满足需求的实现提供了多样化途径。在供需的通力合作下,形成共享经济,跨越资源在“公有”和“私有”之间的界限,使其共同创造价值。

但不可否认的是,尽管“互联网＋交通”的模式给出行带来了极大便利,但是其实施过程并不是一帆风顺的。互联网本身具有相对较大的自由性,由此“互联网＋交通”也存在监管困难的问题。比如,之前阿里和腾讯的“打车软件烧钱大战”便引起了专家和消费者的争议。当然,如果今后监管的力度能够跟上,打车软件依旧是优化社会资源、解决出行难题的一种有效方式。

8.7.1.2　数据资源的共享促进公共服务优化升级

互联网对城市的交通资源进行优化重组,这对整个城市的资源管理来说无疑是最为有效的自下而上的管理方式。另一种自上而下的管理方式,是交通支队、交通电台等地方公共服务机构通过收集互联网及时反馈的数据,根据职能特点对这些数据加以利用,可以准确高效地解决各种交通问题。这种管理发生在数据链后端,不会被大众注意到。

2015 年 4 月,高德发布“高德交通信息公共服务平台”。这一平台以“高德交通大数据云”为主要依托,能够及时为交通机构反馈各种路面状况以及交通信息,如城市主要拥堵点、交通事故、主要商圈路况等,并能够对相关问题进行智能排查。

该平台发布后,北京交通电台率先使用,使听众能够及时收听到路况信息,了解到拥堵地点,根据自身实际情况选择规避拥堵,极大地提高了出行效率。此外,听众还可以收听到热点路段的疑似事故预测,疑似点周围的用户可以通过高德地图用户端上传照片和语音等信息进行验证。这样一来,不但实现了数据的及时流动,提高了数据利用效率,而且还能极大地提高信息的准确度。

目前,高德交通信息公共服务已经陆续向北京、广州、深圳和天津等 8 个城市的交通媒体以及交通管理部门开放。通过高德数据信息的共享,我们不难发现其所利用的也是资源的公众化,只不过它是把资源转化成了数据。

由此我们可以看出,“互联网＋交通”的方式并不是对原有交通方式的颠覆,它在对公共资源进行结构优化升级、提高分配效率的同时，并没有给整个交通系统带来很大影响。除了能够密切贴近公众生活的交通电台之外，政府部门也可以充分利用数据，例如，交通部门通过数据分析酌情进行交通项目规划、更加有效地配置出勤警力等。

总之，“互联网＋交通”的本质就是资源公有化和数据公有化的有效结合，只有当这两个维度能够真正实现私有向公有的转变时，“互联网＋”才能实现其真正的价值，城市的交通状况也会得到有效改善。

8.7.2 “互联网＋交通”的四种模式

8.7.2.1 打车模式

利用移动互联网技术，消费者通过移动端（手机）在线下单，结合司机车辆位置合理配单，从而实现出行需求与车辆资源的有效对接。典型代表为滴滴打车。

8.7.2.2 专车模式

整合了私家车资源与传统租赁汽车资源，用户在移动终端上在线下单，专车司机负责接单。这种模式的显著特点是汽车较为高端、服务质量高、服务费用高，能够充分满足高端用户出行的需求。典型代表为滴滴专车、Uber与神州专车。

8.7.2.3 拼车模式

整合了私家车资源，通过移动终端用户与私家车车主达成合作出行协议，双方共同分担出行成本。拼车模式的车辆主要是经济车型，乘车费用较低。代表为滴滴顺风车。

8.7.2.4 共享租车模式

利用闲置的私家车资源，通过第三方服务商提供的在线交流平台，车主与用户在线上达成车辆租赁交易，用户可以获得车辆的使用权。代表为PP租车。共享租车始于创投市场空前火爆的2014年，但是现在很多家公司都倒闭了。顺风车、共享单车等共享经济盛行。共享租车产品和服务非标准化，共享租车的用户体验非常差，且预约与验收很麻烦。

四种互联网交通出行模式的相同点在于都是通过移动互联网、大数据、云计算技术，实现了信息的实时交互，使大量的出行资源能够对接消费者的需求，从而形成了一个多方共赢的局面。从某种角度来说，“互联网＋”所创造的最大价值就是实现了人类社会各个领域的有效连接。

8.7.3 “互联网+交通”的战略意义

“互联网+交通”的战略意义如下。

8.7.3.1 满足了多元化及个性化的市场需求

近年来，人们对传统出行模式积累的不满已经达到较高水平，打车难、体验差、性价比低等问题严重制约了出行市场的发展。

“互联网+交通”模式的出现，充分满足了人们个性化以及差异化的出行需求。有商务需求的消费者可以选择专车模式；追求经济实用的消费者可以选择拼车模式；喜爱出行旅游的消费者可以选择共享租车模式。

8.7.3.2 实现了资源的高效合理配置

移动互联网、大数据及云计算等技术的运用，使用户出行路线、价格策略、车辆匹配等得到优化，通过商家提供的交流平台，人们的出行需求与市场供给能有效对接，从而使市场的资源配置更加高效。

“互联网+交通”的运营模式实现了传统出租车资源与用户需求的有效连接，使困扰人们的出行打车难、出租车空载率高等问题得到了有效解决。另外，更多的私家车能够参与到出行领域的价值创造过程中来，大幅度提升了私家车资源的有效利用率。

8.7.3.3 细分了出行市场，实现了经济增量

传统招手打出租车的模式将会被逐渐淘汰，专车、拼车、共享租车等新业态的出现，使出行市场更加细分化，拓展了出行产业链的深度及广度。此外，更为多元化的出行模式的出现，提升了用户乘车出行的比例，带动了整个出行市场的消费增长，为国民经济的发展注入了新的活力。

8.7.3.4 为实现“大众创业、万众创业”提供了可能

李克强总理强调要将“大众创业、万众创新”打造成为中国经济持续发展的“双引擎”之一。在“互联网+交通”模式下，各种新业态用车平台的出现，正表现出了移动互联网时代共享经济的崛起。

共享经济模式的出现，顺应了市场经济的发展潮流，对人们思维模式的深刻变革将会为“大众创业、万众创新”的实现打下坚实的基础。

9 精细农业

9.1 精细农业的概念

精细农业(Precision Agriculture, PA)是20世纪80年代末由美国、加拿大的一些农业科研部门提出的,日本、英国、丹麦、中国也在积极地进行这方面的研究并付诸实践。精细农业是一种农业的微观管理系统,其核心是根据当时、当地测定的作物实际需要确定对田间作物的投入。精细农业的概念和理论被认为是指导现代农业生产的先进理念和具有创新意义的技术思想,被喻为"信息时代作物生产管理技术思想的革命"。

9.1.1 精细农业

精细农业即国际上通用的"Precision Agriculture"或"Precision Farming"技术名词的中译,国内科技界尚有采用其他的不同译名。精细农业是一个综合性的复杂系统,是实现农业低耗、高效、优质、安全的重要途径,是21世纪全球农业科技革命的方向。

精细农业是指在地学空间和信息技术支撑下的集约化和信息化的农业技术,其核心技术是地理信息系统、全球定位系统、遥感技术和计算机自动控制技术。

所以,精细农业是将遥感、地理信息系统、全球定位系统、计算机技术、通信和网络技术、自动化技术等高新技术与地理学、农学、生态学、植物生理学、土壤学等基础学科有机地结合起来,实现在农业生产过程中对农作物、土壤从宏观到微观的实时监测，生成动态空间信息系统，对农业生产中的现象进行模拟，达到合理利用农业资源、改善生态环境、提高农作物产品质量的目的。

9.1.1.1　精细农业的由来

精细农业（Precision Agriculture）或精确农作（Precision Farming）首先是由美国农学家于 20 世纪 90 年代初期提出来的。1992 年 4 月在美国召开第一次精细农业学术研讨会，精细农业这一概念才逐渐被人们接受。在我国，这一概念先后被译成“精细农业”“精确农业”等。精细农业的核心是指实时地获取地块中每个小区（每平方米到每百平方米）土壤、农业作物的信息，诊断作物长势和产量在空间上差异的原因，并按每一个小区做出决策，准确地在每一个小区上进行灌溉、施肥、喷洒农药，以求达到最大限度地提高水、肥和杀虫剂的利用效率，减少环境的污染的目的。

精细农业要实现三个方面的精确：

(1) 定位的精确

精确地确定灌溉、施肥、杀虫的地点。

(2) 定量的精确

精确地确定水、肥、杀虫剂的施用量。

(3) 定时的精确

精确地确定农作物的时间。

事实上，精细农业是农业工作者长期一贯的努力目标，即以最少的物质（水、肥、杀虫剂）与能量消耗，最多地生产高质量的粮食，而给环境造成最小的污染并给予土壤肥力以良性的循环，防止土壤退化。

9.1.1.2　精细农业

它是基于信息和知识的作物生产管理系统，是现代电子信息技术、作物栽培管理辅助决策支持技术和农业工程装备技术等集成组装起来的作物生产精细经营技术。

其主要目标是更好地利用耕地资源潜力，科学利用投入，提高产量，降低生产成本，减少农业活动带来的环境后果，实现作物生产系统的可持续发展。它是走向知识经济时代人们利用信息技术革命和现代农业科技成果经营农业的技术思想的革命。

精细农业是在现代信息技术、生物技术、工程技术等一系列高新技术最新成就的基础上发展起来的一种重要的现代农业生产形式，其核心技术是地理信息系统、全球定位系统、遥感技术和计算机自动控制技术。

精细农业系统是一个综合性很强的复杂系统，是实现农业低耗、高效、优质、安全的重要途径。

9.1.2 精细农业＝数字农业

9.1.2.1 数字农业

精细农业是建立在高新技术基础上的数字农业，通过精心计算出所需要化肥、水分、农药等的量，就可以极大地节约各种原料的投入，大大降低生产成本，提高土地的收益率，同时十分有利于环境保护。

精细农业使农业生产由粗放型转向集约型经营，其重要特征是使各种原料的使用量非常准确，经营可以像工业流程一样连续地进行，从而实现规模化经营。

信息和通信技术的革命使拖拉机和联合收割机等农机变得“聪明”了。这些农机都配备了雷达，通过卫星接收器记录下农场管理方面的资料。新世纪农业生产者将一手拿卫星图像，一手拿全球定位仪，活跃在农业岗位上，而利用卫星资料可能会像今天我们利用天气预报资料一样简单。利用卫星传回的空中监测资料，可以制订杀虫、施肥和灌溉计划，同时，还可以做出准确率更高的中长期预报，以提高单位面积土地的收益率。

9.1.2.2 数字农业技术系统

数字农业技术系统以大田耕作为基础，定位到每一寸土地。它从耕地、播种、灌溉、施肥、中耕、田间管理、植物保护、产量预测到收获、保存、管理的全过程实现数字化、网络化和智能化；应用遥感、遥测、遥控、计算机等先进技术，以实现农业生产的信息驱动，科学经营、知识管理、合理作业。它以促进农业增产为目的，使每一寸土地都得到最优化使用，形成一个包括对农作物、土地和土壤从宏观到微观的监测预测、农作物生产发育状况以及环境要素的现状和动态分析等在内的信息农业技术系统。

9.1.2.3 数字农业的运行机制

农业具有高度的分散性、区域性和规范化程度差等行业性弱点。新型的农业模式——数字农业借助于3S技术，即遥感(RS)、地理信息系统(GIS)、全球定位系统(GPS)这一完整体系，对农业生产的资源环境、生产状况、气象和生物性灾害等进行有效预测，指导人们根据变异情况实时实地采取相应的农事操作。变过去凭经验进行农事操作为实现智能化科学管理，以提高农业的稳定性和可控程度。

通俗地说，数字农业就是利用RS进行宏观控制；用GPS精确定位地面位置；用GIS将地面信息(地形、地貌作物种类和长势、土壤质地和养分、水分状况)进行储存，按区内要素的空间变量数据精确设定最佳耕作、施肥、播种、灌溉、喷药等多种操作，变传统的粗放经营为精细生产。例如，在喷洒农药时，通过传感器获取不同田块不同程度病虫害的具体数据，实地调整喷药量，"对症下药"。有效降低农业成本，使每一寸土地都发挥最优化作用，以最经济的投入获得最佳的产出；又能有效减少对环境的污染，保护农业的生态环境，走可持续发展之路。

9.1.2.4 数字农业的特点

数字农业是将遥感、地理信息系统、全球定位系统、计算机技术、通信和网络技术、自动化技术等高新技术与地理学、农学、生态学、植物生理学、土壤学等基础学科有机地结合起来，实现在农业生产过程中对农作物、土壤从宏观到微观的实时监测，以实现对农作物生长、发育状况、病虫害、水肥状况以及相应的环境进行定期信息获取，生成动态空间信息系统；对农业生产中的现象、过程进行模拟，达到合理利用农业资源、降低生产成本、改善生态环境、提供农作物产量和质量的目的。

数字农业数据库中存储的数字具有多源、多维、时态性和海量的特点。数据的多源是指数据来源多种多样，数据格式也不尽相同，可以是遥感、图形、声音、视频和文本数据等。数据高达五维，其中空间立体三维的时空数据必然导致数据库中的数据是大规模的、海量的。数字农业要在大量的时空数据基础上，对农业某一自然现象或生产、经营过程进行模拟仿真和虚拟现实。例如，土壤中残留农药的模拟和农作物生产的虚拟现实，农业自然灾害及农产品市场流通的虚拟现实等。

9.1.3 精细农业的产生背景

精细农业技术的早期研究与实践，在发达国家始于20世纪80年代初期从事作物栽培、土壤肥力、作物病虫草害管理的农学家在进行作物生长模拟模型、栽培管理、测土配方施肥和植保专家系统应用研究与实践中进一步揭示的农田内小区作物产量和生长环境条件的明显时空差异性，从而提出对作物栽培管理实施定位、按需变量投入而发展起来的。

在农业工程领域，自20世纪80年代中期微电子技术迅速实用化而推动的农业机械装备的机电一体化、智能化监控技术，农田信息智能化采集与处理技术研究的发展，加上80年代各发达国家对农业经营中必须兼顾农业生产力、资源、环境问题的广泛关切和有效利用农业投入、节约成本、提高农业利润、提高农产品市场竞争力和减少环境污染的迫切需求，为精细农业技术体系的形成准备了条件。

海湾战争后GPS技术的民用化，使得它在许多国民经济领域的应用研究获得迅速发展，也推动了精细农业技术体系的广泛实践，也使得近20年来，基于信息技术支持的作物科学、农艺学、土壤学、植保科学、资源环境科学和智能化农业装备与田间信息采集技术、系统优化决策支持技术等，在GPS、GIS空间信息科技支持下组装集成起来，形成和完善了一个新的精细农作技术体系并开展了试验实践。迄今，支持精细农业示范应用的基本技术手段已逐步研究开发出来，在示范应用中预示了良好的发展前景。

9.1.4 精细农业的优点

9.1.4.1 提高收益

因为精细农业通过采用先进的现代化高新技术，对农作物的生产过程进行动态监测和控制，并根据其结果采取相应的措施。

按照土壤特性、作物需求，实施灌溉、施肥、播种和病虫草害防治，既能降低用水、肥料、种子、农药的投入，也能增加作物产量。

9.1.4.2 保护环境

合理施用化肥，降低生产成本，减少环源污染。

精细农业采用因土、因作物、因时全面平衡施肥，彻底扭转传统农业中因经验施肥而造成的三多三少(化肥多，有机肥少；N肥多，P、K肥少；三要素肥多，微量元素少),N、P、K肥比例失调的状况,因此有明显的经济和环境效益。根据农田作物定点需求,控制化学物品的施用量,既能降低土壤、地下水、作物品质的污染,也能保护生态环境。

9.1.4.3 减少和节约水资源

目前,传统农业因大水漫灌和沟渠渗漏,对灌溉水的利用率只有40%左右,精细农业可由作物动态监控技术定时定量供给水分,可通过滴灌、微灌等一系列新型灌溉技术,使水的消耗量减少到最小,并能获取尽可能高的产量。

9.1.4.4 优质高产

精细农业采取精细播种、精细收获技术,并将精细种子工程与精细播种技术有机地结合起来,使农业低耗、优质、高效成为现实。在一般情况下,精细播种比传统播种增产18%~30%,省工2~3个。根据作物的实际需求,即能避免因过量施用化肥、农药、水带来的副作用,造成作物减产,品质下降,也能改善缺少养分造成的减产和降低作物品质。

9.1.4.5 提供更多有用信息

由于可以获取农田更多的信息,能够使作物生产管理人员制定出更准确、合理的管理决策。

9.2 精细农业的技术基础

精细农业之所以能够在20世纪90年代提出来,与高新技术的发展密不可分。这方面的技术基础包括以下几个方面。

9.2.1 遥感(RS)、遥测

9.2.1.1 遥感遥测

从遥远的地方,如卫星、飞机上采集地面空间分布的地物光谱反射或辐射信息,遥感(RS)技术是未来精细农作技术体系中获得田间数据的重要来源。它可以提供大量的田间时空变化信息。近30多年来。RS技术在大面积作物产量预测,农情宏观预报等方面做出了重要贡献。

由于卫星遥感数据尚达不到必要的空间分辨率，无法提供满足农作需要的实时性，目前还未用于作物生产的精细管理。然而，遥感技术领域积累起来的农田和作物多光谱图像信息处理及成像技术、传感技术和作物生产管理需求密切相关。

RS获得的时间序列图像，可显示出农田土壤和作物特性的空间反射光谱变异性，提供农田作物生长的时空变异性的信息，在同一季节中不同时间采集的图像，可用于确定作物长势和条件的变化。

采用卫星遥感比航空摄影的成本将低一半以上，卫星遥感技术在“精细农作”技术体系中扮演重要角色，农业工程师应该了解有关的知识，参与应用研究。现在的RS软件已可装载在PC机上使用，性能价格比已可为普通用户所接受。

遥感是快速、大面积测试地物各种状态的现代化手段，其优势在于无接触地逐个单元“观察”地物，无须采样统计与后处理。遥感是人的眼睛的延伸。遥感比眼睛功能更强之处在于它能将地物对阳光的反射与自身的辐射光分解为各个波段分别成像，还能够对人的视觉范围以外的红外光或长波的电磁波摄影成像。将波段分解得越细，越能够将看似颜色一样的地物，如雪与石灰、水稻与小麦等区分开来，并可评估作物的长势，进行产量预测，对其自身的状态有所反映。

9.2.1.2　在精细农业中的主要应用

遥感技术可以客观、准确、及时地提供作物生态环境和作物生长的各种信息。它是精细农业获取田间数据的重要来源。遥感技术在精细农业中主要应用于以下几个方面：

(1) 农作物播种面积检测和估算

遥感可实时记录农作物覆盖面积数据，通过这些数据可以对农作物分类，并在此基础上估算出每种作物的播种面积。

(2) 监测作物长势和估算作物产量

农作物遥感估产包括农作物长势、土地荒漠化和盐渍化、农业环境污染、水土流失等的监测，这种监测是持续进行的，在监测过程中不断提供农业资源的数字变化和不同时间序列的图件依据，农田管理者可以通过遥感提供的信息，及时发现作物生长中出现的问题，采取针对性措施进行田间管理，还可以根据不同时间序列的遥感图像，了解不同生长阶段中作物的长势，提前预测作物产量。

(3) 作物生态环境监测

利用遥感技术可以对土壤侵蚀面积、土壤盐碱化面积、主要分布区域以及土地盐碱化变化趋势进行监测，也可以对土壤、水和其他作物生态环境进行监测，这些信息有助于田间管理者采取相应的措施。

(4) 灾害遥感监测和损失评估

包括小麦、玉米、水稻、棉花等农作物的产量预测和草场产量估测。气候异常对作物生长具有一定的影响。利用遥感技术可以监测与定量评估作物受灾程度，对作物损失进行评估，然后针对具体受灾情况，进行补种、浇水、施肥或排水等抗灾措施。在自然灾害监测方面，开展了北方地区土地沙漠化监测、黄淮海平原盐碱地调查及监测、北方冬小麦旱情监测等。

(5) 农业资源调查及动态监测

农业资源调查包括土地利用现状、土壤类型、草场、农田等农业资源的调查以及结束后的评价，提供农业资源的准确数值和分布图件。农业部遥感应用中心于2000年设立草地遥感监测和预警系统。该项目是利用遥感技术、地理信息系统和全球定位系统等现代空间信息技术手段，建立技术先进、快速准确的中国草地退化和草畜动态平衡遥感监测系统。

9.2.2 全球定位技术

GPS是精准的全球定位系统，是精细农业研究开展的基础。该系统可以实时迅速地获取田间信息并指导田间操作的精确定位，与相应农业机械配套的DGPS系统在精细农业中发挥着重要作用，为田间信息定位、农业机械田间作业和行走提供监测定位。这项技术在海湾战争后开始转向民用，并且已商业化，最高地面精度可达到厘米级。在精细农业中，现一般基于差分GPS技术，精度为米级。GPS接收机和发射机的尺寸将会变得像信用卡那样大小，任何运动的机械均可安装，任何人都可以携带。

GPS接收机在精细农业中的作用包括精确定位、田间作业自动导航和测量地形起伏状况。为了实现以上功能，GPS接收机需要与农田机械结合，随着农田机械在田间作业，同时进行精确定位、田间作业自动导航和测量地形起伏。在GPS

定位系统的协助下,农田机械可以根据不同地块的差别,自动调节种子、肥料和化学药剂的投放量。例如,播种机会根据地块内部土壤结构、有机质含量、不同土壤含水量来确定具体地点播种的疏密,这反映出精细农业田间作业具有定位化的特点。由于GPS具有精确的定位功能,农业机械可以将作物需要的肥料送到准确位置,也可以将农药喷洒到准确位置。这不仅有助于提高作物产量,也可以降低肥料和农药的消耗。

9.2.2.1 全天候、高精度、全球性无线电导航定时、定位系统

"精细农作"中的定位信息采集与处方农作实施,需要采用全球卫星定位系统(GPS)。

9.2.2.2 美国GPS系统

由24颗卫星星座,地面监测站、主控站、控制站和地面GPS接收机组成。美国GPS系统包括在离地球约20000 km高空近似圆形轨道上运行的24颗地球卫星,其轨道参数和时钟,由设于世界各大洲的五个地面监测站和设于其本土的一个地面控制站进行监测和控制。使得在近地旷野的GPS接收机在昼夜任何时间、任何气象条件下最少能接收到4颗以上卫星的信号,通过测量每一卫星发出的信号到达接收机的传输时间,即可计算出接收机所在的地理空间位置。信号处理技术的发展,可使微弱的卫星信号为便携式或掌上型接收机的小型天线所接收。这是一个功能强大、对任何人、在全球任何地方都可以免费享用的空间信息资源。

9.2.2.3 差分校正全球卫星定位系统 → DGPS系统

DGPS差分信号服务系统的发展:卫星广域差分、局域差分、自建差分站。

近几年来,GPS产业技术发展迅速,若干大公司迅速涉足农业领域,提供了用于农田测量、定位信息采集和与智能化农业机械配套的DGPS产品。这类产品通常均具有12个可选择的卫星,信号接收通道动态条件下每秒能自动提供一个三维定位数据,动态定位精度一般可达分米和米级,并具有与计算机和农机智能监控装置的通用标准接口。

如美国Trimble公司Ag 132 12通道GPS接收机,可接收信标台发布的地区性差分校正信号免费服务或获得由近地卫星转发的广域差分收费校正信号服务,

提供可靠的分米级定位和0.16千米/小时的速度测量精度。系统可用于农田面积和周边测量、引导田间变量信息定位采集、作物产量小区定位计量、变量作业农业机械实施定位处方施肥、播种、喷药、灌溉和提供农业机械田间导航信息等。

中国的以近地卫星作为星载GPS的广域差分信号服务系统已经建立。

现有GPS产品大多采用OEM方式引进关键部件进行二次开发后嵌入农业机械应用系统中，可使性能价格比显著改善。

DGPS作为农业空间信息管理的基础设施，不但可服务于“精细农作”，也可用于农村规划、土地测量、资源管理、环境监测、作业调度中的定位服务，其农业应用技术开发前景广阔。

9.2.3 地理信息系统(GIS)

20世纪90年代，计算机数据处理速度、单位体积芯片数据贮存量以及对工作环境的需求都达到了前所未及的水平。软件技术在高性能的硬件支持下，有突破性的进展。特别值得注意的是，模拟技术与地理信息系统技术发展非常快。现在一套作物模拟系统可以对指定作物以一小时为步长，从种子发芽、长叶直到抽穗结实模拟全过程；不但模拟在各种胁迫条件下物质积累的过程，而且以动画图像模拟其形态也可以达到逼真的程度。地理信息系统技术以利用遥感、全球定位等技术获取的信息为信息源，以空间位置为框架，存贮地物各种属性数据，为农田管理、农作物群体生长模拟奠定了技术基础。以上高新技术加上长期的作物栽培的定量化基础性研究使精细农业已不再是农学家的主观愿望，而成为实际的农田管理措施。

地理信息系统将田间信息储存起来，利用计算机进行评估，对农田土地数据管理、查询土壤、自然条件、作物长势、作物产量自然条件等进行统计、分析和处理，并能够方便地绘制各种农业专题地图，也能采集、编辑、统计分析不同类型的空间数据。

目前，地理信息系统在精细农业中主要应用于以下几个方面：

9.2.3.1 管理数据

GIS技术以地理空间数据为核心，通过GIS可以管理农业空间数据和实现远程寻找所需要的各种地理空间数据，包括图形和图像等，同时提供分析工具、参与分析过程、显示与输出分析的结果等。

9.2.3.2 绘制作物产量分布图

安装GPS的新型联合收割机，在田间收割农作物时，每隔一定时间记录下联合收割机的位置，同时产量计量系统随时自动称出农作物的重量，置于粮仓中的计量仪器能测出农作物流入储存仓的速度及已经流出的总量，这些结果随时在驾驶室的显示屏上显示出来，并被记录在地理数据库中。利用这些数据，在地理信息系统的支持下，可以制作农作物产量分布图。

9.2.3.3 农业专题图分析

通过GIS提供的复合叠加功能，将不同农业专题数据组合在一起，形成新的数据集。通过对其进行分析，可以得出土地上各种限制因子与作物的相互作用和相互影响，从中可以发现它们之间的关系。

地理信息系统(GIS)作为用于存储、分析、处理和表达地理空间信息的计算机软件平台，作物生产精细管理与有关空间信息存储、分析、管理的强大工具，技术上已经成熟。它在“精细农作”技术体系中主要用于建立农田土地管理，土壤数据、自然条件、作物苗情、病虫草害发生发展趋势、作物产量的空间分布等的空间信息数据库和进行空间信息的地理统计处理、图形转换与表达等，为分析差异性和实施调控提供处方信息。它将纳入作物栽培管理辅助决策支持系统，与作物生产管理与长势预测模拟模型、投入产出分析模拟模型和智能化农作专家系统一起，并在决策者的参与下根据产量的空间差异性，分析原因、做出诊断、提出科学处方，落实到GIS支持下形成的田间作物管理处方图，指导科学的调控操作。

基于GIS设计规范的简单实用、易于向基层农村用户推广、界面友好的田间地理信息系统(FIS)已经研制成功并广泛应用，为中国农业发展提供技术支持。

9.3 精细农业支持技术

9.3.1 精细农业技术思想

中国科技界在推进新的农业科技革命时，对国外精细农业技术的发展广泛关注。精细农业技术体系是农学、农业工程、电子与信息科技等多种学科知识的组装集成，其应用研究发展必将带动一批直接面向农业生产者应用服务的电子信息高新技术，如:卫星定位系统(GPS)、地理信息系统(GIS)、遥感技术(RS)的农业应用;农田信息快速采集仪器，农田耕作、土肥管理、农药利用、污染控制等适用技术和农业工程装备及其产业化技术的研究与开发，对推动我国基于知识和信息的传统农业现代化具有深远的战略性意义。

精细农业，即国际上已趋于共识的“Precision Agriculture”或“Precision Farming”学术名词。国外关于 Precision Farming 的研究，基本上集中于利用 3S 空间信息技术和作物生产管理决策支持技术(DSS)为基础面向大田作物生产的精细农作技术，即以信息和先进技术为基础的现代农田“精耕细作”技术。因此，采用“精细农作”这一译名来表达更为确切。

“精细农作”是直接面向农业生产者服务的技术，这一技术体系的早期研究与实践，在发达国家始于 20 世纪 80 年代初期，由从事作物栽培、土壤肥力、作物病虫草害防治的农学家在进行作物生长模拟模型、栽培管理、测土配方施肥与植保专家系统应用研究与实践中进一步揭示的农田内小区作物产量和生长环境条件的明显时空差异性，从而提出对作物栽培管理实施定位、按需变量投入，或称“处方农作”而发展起来的;在农业工程领域，自 20 世纪 70 年代中期微电子技术迅速实用化而推动农业机械装备的机电一体化、智能化监控技术，农田信息智能化采集与处理技术研究的发展，加之 20 世纪 80 年代各发达国家对农业经营中农业生产力、资源、环境问题的广泛关注和对有效利用农业投入、节约成本、提高农业利润、提高农产品市场竞争力和减少环境后果的迫切需求，为“精细农作”技术体系的形成准备了条件。

带定位系统和产量传感器的联合收获机每秒自动采集田间定位及小区平均产量数据 → 通过计算机处理，生成作物产量分布图 → 根据田间地形、地貌、土壤肥力、墒情等参数的空间数据分布图，支持作物管理的数据库与作物生长发育模拟模型，投入、产出模拟模型，作物管理专家知识库等建立作物管理辅助决策支持系统，并在决策者的参与下生成作物管理处方图 → 根据处方图采用不同方法与手段或相应的处方农业机械按小区实施目标投入和精细农作管理。

9.3.2　信息快速采集与处理

土壤信息：类型、结构、地形；水分、营养、pH、SOM；压实、耕深。

作物信息：苗情、植株密度、病虫草害、产量。

快速、有效采集和描述影响作物生长环境的空间变量信息，是实践“精细农作”的重要基础。需要优先考虑的主要是土壤含水量、肥力、SOM、土壤压实、耕作层深度和作物病、虫、草害及作物苗情分布信息采集等。

目前，田间信息快速采集技术的研究仍大大落后于支持精细农作的其他技术。现有的土壤信息采集方法是基于定点采样与实验室分析相结合，耗资费时、空间尺度大、难于较精细地描述这些信息的空间变异性。技术创新的方向是研究开发可快速操作，有利于提高采样密度，测量精度能满足实际生产要求的新传感技术和进一步改善空间分布信息的定量描述与近似处理方法。

部分参数将可用扫描方式通过安装于作业机械上的传感器连续采集和进一步自动生成空间信息分布图。已经取得实用化或具有良好开发前景的成果，如：土壤含水量测量将在 TDR 成熟技术的基础上，在开发经济实用的基于驻波比、频域法原理、近红外技术的快速测量仪方面拓宽研究领域。

土壤主要肥力因素(N、P、K)测量仪器开发方面，基于传统化学分析技术基础上的快速肥力分析比目前国内已有实用化产品投入使用，其稳定性、操作性和测量精度虽然尚待改进，但对农田主要肥力因素的快速近似测量具有实用价值；一种基于近红外技术通过间接叶面反射光谱特性进行农田氮肥肥力水平快速评估的仪器已在试验使用，它与遥感技术的农业应用密切相关，可以相互借鉴相关技术研究成果；一种基于离子选择场效应晶体管(ISFET)集成元件的土壤主要矿物元素含量测量技术的研究在国外已取得进展，将是值得关注的技术突破性研究方向。

土壤耕作层深度对评价土壤持水能力和指导定位处方耕作，确定播种深度、施肥用量密切相关，在美、加、澳等国已经开发出不接触式、基于电磁场测量土壤电导率用于评价土层深度分布图的仪器，可对指导定位处方深耕取得良好的经济效益；关于 SOM 传感器，早在数年前已有报道，通过 NIR 原理研制的可用于田间在线测量的多光谱 SOM 测量仪已有商品化产品。

在作物生长有关变量信息的采集方面，田间杂草识别是精细农业支持技术中引起广泛关注的领域。在杂草识别的光谱响应特性方面已有许多研究成果及参考数据可供借鉴。

其他田间作物变量传感与空间信息处理技术方面的研究，将围绕新的物理原理与数学方法的应用，如多光谱识别、NIR视角技术、图像模式识别、人工智能方法（ANN、Fuzzy系统分析、ES应用）、状态空间分析、小波分析、卡尔曼滤波方法等。

9.3.3 智能化变量农作机械

智能化变量农作机械是实践精细农业的根本，按事先绘制的变量作业处方进行田间变量作业，变量农业机械已经应用于生产，在施肥、喷药、播种和田间灌溉等方面取得了较好的效益。如机电一体化与电子信息化、带GPS和产量传感器的联合收割机、智能控制耕作机械 、智能控制精密播种机、智能控制施肥、施药机和智能控制灌溉机械等。

9.3.4 辅助决策支持技术

9.3.4.1 模型库

作物生长过程模拟机理、投入产出分析与计算机模拟，其作用为了解或解释作物生长的过程或机理、预测作用、调控或指导作用。

9.3.4.2 数据库

支持作物生产管理的数据资源。

9.3.4.3 方法库

支持模型计算的算法。

9.3.4.4 知识库（专家系统）

作物生产管理知识、经验的集合。

9.3.5 系统集成技术

良好的人机接口设计，决策者的参与，系统协调技术。

精细农业技术体系是一个集成系统，它涉及多种学科知识的支持，需要学习应用不同子系统已经形成的硬、软件设计规范、标准、数据格式与通信协议，应用已有的单项技术成果，研究建立某些支持技术的新标准。

国外研究实践中已经积累了一些进行“精细农作”技术体系集成组装的经验。中国科技工作者要研究这方面的进展，积极参与国际交流，也已取得了成功经验。

9.4　精细农业关键技术

9.4.1　信息获取技术

即快速精确地获取作物生长状态以及环境胁迫的各种信息。这里的精确不仅指作物状态因子、环境胁迫因子数量化的精确，还包括作物所处位置的精确。需要指出，遥感的确是信息获取的重要手段，但并不是唯一的手段。设置在作物或土壤中的传感器定时测量也是获取信息的有效手段。在遥感中，需要解决选择适宜标识波段的问题，即选用最能反映作物生长状态并且信噪比最佳的一个或多个波段，以求达到数据准、信息提取方便的目的。对于各种测试手段都要解决定标、数字化以及与计算机相接口的技术。

9.4.2　构建作物生长和产量模型

这些模型根据作物自身状态信息以及农田小气候、土壤等环境信息给出作物长势诊断，即水、养分亏缺的数量和病虫害的程度。这些模型是农学家长期工作积累的结果，是精细农业技术关键的重中之重，关系到整个精细农业技术的成败。农学研究表明，水肥的投入与作物产量的关系是非线性关系，在作物不同的生长期又有不同的情况。在复杂环境因素作用下，选择正确合理的施肥，配方达到最少的投入与最佳的效益是一个复杂的问题。

9.4.3　决策与实施

给出地块每一小区单元施肥灌溉配方后还要考虑更多的问题，如土壤、条件、天气变化趋势、化肥农药市场状况等因素，最后从整体角度以综合效益最大化为目标，做出决策图。这个决策图实施要通过 GPS 导航、微机控制的农业机械，如铧犁机械设备、喷灌设备、农药洒喷设备、地下渗灌管道设施等做出相应反应，即采用变率控制技术进行，因而在这一技术环节中，还应解决农业机械自动化的问题。

9.4.4 精细农业的实施过程

精细农业的实施过程可以具体描述，并在今后的农业生产中实际实施。

其实施过程可描述为：带定位系统和产量传感器的联合收获机每秒自动采集田间定位及对应小区平均产量数据→通过计算机处理，生成作物产量分布图→根据田间地形、地貌、土壤肥力、墒情等参数的空间数据分布图，作物生长发育模拟模型，投入、产出模拟模型及根据作物管理专家知识库等，建立作物管理辅助决策支持系统，并在决策者的参与下生成作物管理处方图→根据处方图采用不同方法与手段或相应的处方，农业机械按小区实施目标投入和精细农业管理。这一技术思想是通过多次循环的实践，来不断改善农田资源环境，积累知识，逐步使作物生产管理精细化。

9.5 中国精细农业

9.5.1 中国精细农业的发展道路

中国精细农业的研究已经启动，大量的农业科技工作者、信息工作者投入研究。精细农业是农业工作者长期奋斗的目标，是各方面技术，特别是信息技术发展的必然结果，它不是另起炉灶的耕作方法，而是传统的耕作种植经验与现代信息技术的结合，要特别尊重传统农学的研究成果，将这些研究成果用到精细农业上来。

精细农业可以有多种实施模式，农作精确的程度也允许因地因时而有所不同。中国农业条件有自己的特点，不同于美国、欧洲一些经济发达国家，需要根据中国的国情研究有中国特色精细农业的道路，使研究成果能够推广，转化为生产力。

9.5.2 中国的精细农业

中国农业长期以来就有精耕细作的传统。在现代科学技术的浪潮下，我们应因地制宜地引进高新技术，走有中国特色的精细农业的发展道路。中国农田大部分处在丘陵地区，大片的平原有，不多，只集中在北方；南方农田分散在丘陵、山区或半山区，田块破碎，高低不平。梯田解决了山区或半山区灌溉与水土保持问题，但大型的多功能农业机械在这样的地区很难使用;由拖拉机牵引及灌溉、翻耕、施肥于一体的联合作业机械,在破碎的梯田上基本上不可运作。渗灌设施在我国北方旱区有应用前景,也有些地区在试验,但大规模推广受到资金的制约,目前条件尚不具备。此外,近年来我国农村实得包产到户和家庭联产责任制,田块分割破碎。在每户所属的耕地中,每户地块之间土壤性状差异减少了,而户与户之间的地块差异却增大了。

信息数据处理与采取农作物措施的实时程度也可降低,这样不仅降低了技术实施的难度,减少研究的时间,而且符合中国国情,便于在中国推广。

针对国农业的特点与实际状况,精细农业应当强调信息技术的应用,对快速获取的信息进行准确的作物生长和产量差异的诊断,给出科学合理的灌溉、施肥、杀虫方案。这项工作已有长期的科研基础,并建立了与信息技术的结合,优选、调整、集成的模型,并将模型与科学、可靠而又现实可行的信息采集技术结合起来。

9.5.3 中国精细农业的发展模式

要充分利用地理信息系统技术,在空间定位数据框架下将每地块的土壤类型、质地、pH、有机质含量、地下水平均水位等相对静态的数据事先输入系统数据库中,构建接收各种定位动态数据的接口,为定位定量施肥灌溉准备条件。在包产到户和农业高度集约化的农区,开展以 GIS 为基础、操作单元为小地块的精细农业。部分县市已经建立起了这样的以耕地管理为目标的地理信息系统,随后的工作只是充实其属性数据内容,建立农作决策模型,实施精细农业的目标。

将信息技术与现有农业机械设施如自动控制的喷灌设施、化肥与农药的喷洒机械结合起来,将定位定量灌溉、施肥、洒药落到实处,成为一整套切实可行的精细农业生产技术,推动农业现代化进程,即在我国东北、新疆的大型农场或农田连片区发展“3S 技术—大型机械—模型诊断”相结合的精细农业的道路。

9.5.4 重点发展方向

9.5.4.1 重点发展节水、节肥精准农业技术体系

(1) 实现精准灌溉,提高水资源利用率

水资源短缺是中国许多地区农业生产的主要制约因素。中国农业灌溉用水

面临的主要问题是渠灌面积较大，多属粗放型灌溉模式。在华北井灌区，特别是华北平原地区，自从将"两年三熟制"改为"一年两熟制"后，水分亏缺部分全靠超采地下水来弥补，地下水位连年下降，给北方灌溉农业造成严重威胁。

同时，我国农业节水潜力巨大，必须采用精细农业实现精准灌溉，提高水资源利用率。

（2）实施精准施肥，提高化肥资源利用率

据联合国粮农组织统计，化肥对粮食的贡献率约占40%。中国化肥施用的突出问题是结构不合理，利用率低。中国许多省区都存在过量施用氮磷化肥，钾肥施用不足的问题。由于农田复种指数和作物产量的大幅度提高，有机肥施用量下降，化学钾肥投入不足，土壤缺钾面积日益扩大。

中国氮素化肥利用率低于世界平均水平，不仅浪费了资源、增加了农业生产成本，而且未被作物吸收利用的氮素向大气挥发、向水体淋溶，造成对环境的污染。

中国必须实施精准施肥技术，提高化肥资源利用率，降低农业作业成本，提高作物产量，保证全中国的粮食安全。

9.5.4.2 发展精细设施农业

所谓设施农业是指应用某些特制的设施，来改变动植物生产发育的小气候，达到人为控制其生产效果的农业生产形式。

设施农业主要有：① 设施种植业，如温室栽培、塑料大棚栽培、无土栽培等；② 设施畜牧业，如畜禽舍、养殖场及草场建设等。利用现代信息技术、生物技术和工程装备技术，进行设施农业生产，即为精细设施农业。

设施农业在国外发展较早，已达到相当高的水平。欧洲多数国家以温室生产为主，其中：荷兰和英国的温室主要是玻璃温室，用来生产蔬菜和花卉；日本温室栽培蔬菜和果树的技术十分发达，几乎所有品种的蔬菜在很大程度上都依赖于温室生产。

中国设施农业起步较晚，但发展较快。设施农业同普通农业相比，产业化程度高，效益好，接受新技术的能力强。

在中国广大农村积极推广、应用精准设施农业可以达到增加农产品产出、提高农产品品质，节约水、肥资源，保护农业生态环境的目的。

9.6 精细农业应用前景

9.6.1 目前精细农业发展的难点

9.6.1.1 遥感图像分辨率低

目前，遥感技术应用于精细农业的主要限制因素是空间分辨率太低。随着遥感技术迅速发展，分辨率不断提高，必将成为精细农业技术中获取田间信息的重要来源。遥感获取的是作物生长过程中的时间序列图像，提供的是农田土壤和作物生长的空间反映光谱，通过 DGPS 地面测量，寻找光谱与实地测量值之间的关系，推断农田土壤和作物生长的时空变异性。另外，在作物生长季节，由于遥感定期获取土壤和作物生长的基本数据，可用于修正作物生长模拟模型，使作物生长模拟模型更加有效地反映作物生长规律，从而更好地服务于精细农业技术实践。

9.6.1.2 数据上也有不确定性

这种不确定性是由多方原因造成的，其中的一个原因是测量精度或尺度不同。二维空间中表达的线状地物的长度，三维空间中表达的面状地物的表面积在不同测量尺度下，其量测结果不同。地球表面的不规则性是造成地学信息数据不确定的又一重大因素。地学信息数据的不确定性导致了其往往没有真值。如何从大量的不确定数据中通过检验其精确度和可信度找到能够确定的这个范围是当前亟须解决的问题。

9.6.1.3 环境问题

如果说今天实施精细农业技术的主要动力是经济效益，那么，环境问题将是未来的发展动力。精细农业的目标是提高耕地资源的产量潜力，实施合理投入，科学管理，谋求作物生产最好的经济效益。其中，尤以减少化肥和农药的投入引起特别重视。传统的以整块农田平均施用化肥和农田内土壤养分时空需求、平均施用农药与病虫草害时空变化的明显差异相矛盾。既不能保证作物生产潜力的充分发挥，也会导致过量施用造成的生产成本增长、农田和地下水资源污染、农产品品质下降的严重后果。20世纪90年代后期，欧盟大多数国家都实施了限制使用化肥和农药的立法，并开始征收高效农业化学品使用税，这更刺激了寻求新的科学调控农业投入，降低作物生产成本的迫切需求。

9.6.1.4 土壤和作物空间差异性

实施精细农业的前提是田间土壤和作物生长的空间差异性。这些特性不仅沿水平方向和垂直方向变化，而且也随时间变化。有些特征是很稳定的，随时间变化很慢，如土壤质地、SOM等；而有些特性，如N和湿度，变化较快。所以，在实施精细农业技术实践中还要解决：主要采集哪些信息；怎样采集这些信息；采集时间间隔；怎样反映空间差异性等许多问题。即便获取了大量的空间数据，怎样更有效地利用这些数据制定合理的作物管理决策往往是很困难的。研究者们已经利用统计的方法来更好地建立作物产量差异与作物生长空间差异之间的关系。然而，作物生产不仅受到空间因素的影响，而且受到时间变化的影响。气候因素的变化往往比空间差异更重要，尤其是降雨和温度。在某些年份，空间差异对作物产量的影响可以忽略不计。但是，经过多年精细农业实践，可收集大量的有关作物生长信息，利用"反馈"方法，反复修正作物生长条件，使作物生长达到良性循环。

9.6.2 发展精细农业重视的几个问题

国际上关于精细农业的研究尚未完全成熟，支持技术产品也有待进一步深化研究，精细农业的实践在21世纪开发"数字地球"的实践中占有十分重要的地位。中国农业仍处于传统农业向现代农业转化的历史过程中，但启动这一新技术的示范与实践研究，将有利于推动实现中国农业生产知识化与信息化进程，改变传统技术思想，追踪科技进步，有利于推动基于信息和知识的农用先进支持技术产品制造业、服务业的发展。

在精细农业技术体系的实践中，也将开发出一系列适用新技术产品，为支持当前的"科技兴农"服务。在发展研究中，需要重视以下几个问题：

9.6.2.1 加强对国际有关研究发展信息和经验的研究

20世纪90年代以来，国外许多单位已经积累了一大批示范试验数据与支持技术产品开发研究成果。可以采取引进技术思想与部分装备技术和自主创新相结合的方法，找准切入点，注重其支持技术产品的国产化及产业化开发。

“精细农作”的技术思想在国际科技界共识的基础上有其特定的含义，即认识农田内小区产量和影响作物生长条件的空间差异性，实施定位处方农作。它是为适应集约化、规模化程度高的作物生产系统可持续发展目标而提出的，在中国可先在规模化农场和农业高新技术综合开发试验区进行农田小区尺度上的研究与实践。中国广大农村农田经营规模小，生产手段仍较落后，实现广域的农田精细经营尚需较长的发展过程，有条件的地区可先以村片进行农田尺度上的对精细农作的技术思想示范试验研究，并应结合农业技术推广性试验和农业社会化服务方式创新，开拓出新的服务领域。这样，既可以使中国的研究实践与国际上的研究发展趋势接轨，又可以探索形成具有国情特色、有利于在农村推广的先进农作技术体系。

9.6.2.2 在“精细农作”试验研究与实践过程中，注意组装一批基于信息和知识的单项适用先进技术支持当前的“科技兴农”

例如：GPS、GIS技术用于农田管理、节水灌溉、环境监测的实用技术；面向农业生产者应用的电子仪器、实用监控设备；农业装备信息化技术；精细测土配方施肥、病虫草害快速实用监测技术；智能化农业生产管理辅助决策支持系统的推广及支持农业社会化服务体系的先进装备技术与工具的开发等。

9.6.2.3 迄今国外进行的精细农业(Precision Agriculture)的实践，实际上是面向大田作物生产的精细农作(Precision Farming)系统

实现基于信息和知识的农业产业系统精细经营的技术思想，应该扩展到种、养、加，产前、产中、产后的整个过程，即过渡到建立精细农业的技术体系。实际上，精细农业的技术思想，早从20世纪70年代后期开始，已优先在发达国家奶牛场根据奶牛产奶量定量配料系统中得到广泛的推广应用。

近年来，全自动化设施园艺业的发展和养殖业中动物生长预测模型与配料、环境调控自动化系统的结合，农产品产后储藏、保鲜、加工为达到高品质、高附加值产品的过程中，都已吸收了电子信息科技前沿的成就。

精细农业的技术思想，尤应在设施园艺，集约养殖，农产品品质优选、加工增

值产业中率先付诸实践与推广，这对我国目前处于传统农业的结构性调整时期和开始重视强调实现农业增产方式的转变中，依靠先进技术装备和农业精细经营技术的支持，对农业增产、农民增效具有重要的现实意义。

9.6.2.4 在试验研究中加强多部门、多学科间的相互联系，协同攻关

发展学术讨论交流，加强国际合作，重视应用基础研究。在高等农业工程院系的学科建设与教学内容改革中，要逐步创造条件开设有关 GPS、GIS、RS 应用的课程，加强必要的实验研究设施与课程建设等。

9.6.3 精细农业的发展前景

精细农业是在信息科学发展的基础上，以 3S(GIS、GPS、RS)为核心技术引发的一场新的农业技术革命，它必将对我国农业技术的发展产生重大影响。从形式上看，精细农业是在发达国家大规模经营和机械化操作条件下发展形成的新的技术体系，可能仅适用于我国规模化经营的大型国有农场和较发达的地区，而在以家庭联产承包责任制为主要经济形式的分散经营的大部分农村则难以应用。但是，我们必须看到，精细农业发展的最基础的技术路线和原则是在充分了解土地资源和作物群体变异情况的条件下，因地制宜地根据田间每一操作单元的具体情况，精细准确地调整各项管理措施和各项物资投入的量，获取最大的经济效益。这些原则适用于任何形式和任何规模的农业生产。目前，计算机和信息技术突飞猛进发展，已逐渐深入社会生产和生活的各个层面，也必将对我们的农业技术革命产生重大影响。我们应该抓住这一机遇，结合我国具体情况，研究发展适用于中国农业的精细农业技术体系，以推动我国农业生产持续稳定发展。

在土壤养分管理和施肥技术方面，我们与发达国家存在很大差距。例如，美国已经将土壤类型、土壤质地、土壤养分含量、历年施肥和产量情况等有关信息输入计算机，形成了资料齐全的土壤养分和肥料信息系统。那里的许多地区和农场，已将此类信息制成 GIS 土壤养分或肥料使用 GIS 图层，形成了信息农业和精细农业的技术支持体系，并在此基础上发展形成了精细农业变量施肥技术，在田间任何位点上(或任何一个操作单元上)均实现了各种营养元素的全面平衡供应，使肥料投入更为合理，使肥料利用率和施肥增产效益提高到较理想的水平。中国测土推荐平衡施肥这一初级技术尚未真正落实，在土壤养分状况、养分管理和施

肥技术方面研究基础更是薄弱。现有的有限资料也分散在各单位，没能真正用于生产发挥作用，以至于农民在施肥上存在很大的盲目性；氮、磷、钾肥施用比例不合理；中、微量元素缺乏的情况没有得到及时纠正；肥料利用率低，肥料的增产效益没能充分发挥。

目前，应在充分了解国际上精细农业发展的理论基础和技术原则的基础上，结合我国具体情况，从养分管理和施肥技术入手，研究发展适合我国情况的精细农业技术体系。因此，我们必须从以下几方面着手开展精细农业的工作：

一是在规模化经营地区选点建立以 GIS、GPS 和 RS 为核心技术的精细农业试验示范区，引进国外先进技术，建立健全田间管理档案，应用 GIS 收集整理现有资料，逐渐建立起以土壤养分管理和施肥为主体的信息系统。引进 GPS 技术，改进现有施肥机具，研制适用的 GIS 施肥指导系统和自动调节变量施肥机具。在此基础上，建立 2～3 个规模化经营的精细农业试验示范农场。

二是针对家庭联产承包分散经营体制，在主要农业自然经济区选点研究不同生产条件下土壤养分状况、变化规律和变异情况，研究不同种植制度下土壤和植物体系内各种养分的循环规律和变化特征。应用 GIS 研究形成适用于当地条件的土壤养分地理信息系统，对农田系统中各种养分迁移规律、土壤中各养分状况和变化特征进行图形化描述和信息化管理。在此基础上，以县或乡为单位，研究建立适合当地生产条件的区域性土壤养分信息系统和养分信息化动态管理模式，分区指导当地的养分管理和肥料合理施用，逐步建立起适合小规模分散经营体制下的精细农业养分信息化管理模式。

三是在宏观上，逐步建立全国性的土壤肥力和肥料信息系统，以县为单位收集土壤类型、土壤肥力、肥料使用、作物类型及产量等有关信息，在 GIS 平台上建立包括全国 2370 个县的土壤肥力与养分资源信息系统，将分散的数据收集整理，随时了解全国肥力状况和施肥变化的时空特征，为国家主管决策部门服务。

四是在上述规模化和家庭承包分散经营试验区内，组织土肥、植保、栽培、农机等各领域专家的联合攻关，将精确农业从养分管理逐渐扩展到其他领域，最终形成按照当地条件精细准确调整各项土壤和作物管理措施的精细农业技术体系。

9.7 人工智能与精细农业

9.7.1 人工智能在产前阶段的应用

灌溉用水供求分析。智能灌溉控制系统可以帮助人们选择合适的灌溉水源，进行灌溉用水供求分析。人工神经网络(Artificial Neural Network，简称 ANN)是应用最多的技术。

土肥分析。利用非侵入性的探地雷达成像技术对土壤进行探测分析，利用 ANN 对土壤表层的黏土含量进行分析。

种子品种的鉴定。ANN 技术能帮助农民在农作物生产中根据自己的需求选择合适的种子种类，并对不同季节不同质量等级的农作物品种进行准确分析和评估。

9.7.2 人工智能在产中阶段的应用

农业专家系统。轰动一时的"吃"棋谱的阿尔法狗，有力地证明了人工智能方面取得的成功将会是人类历史上最重要的事件之一。农业专家系统是一种模拟人类专家解决农业领域问题的计算机程序系统，其内部含有大量的农业专家水平的知识与经验，它可以利用人工智能日趋成熟的各项技术，解决一些过去只能依靠农业专家才能解决的现实问题。

病虫草害管理。通过计算机视觉技术，还可以从农作物中精准地找出杂草，有选择性地杀死有害植物，从而减少化学农药的使用。该技术特别适于有机农业生产和耐药性杂草清理。

作物采收。采用人工智能技术开发的瓜果采摘机器人，既可以提高瓜果采摘速度，并且不会破坏果树和果实，对瓜果类产品进行无损采摘作业。

9.7.3 人工智能在产后阶段的应用

农产品运输。无线射频识别技术(Radio Frequency Identification，简称 RFID)是物联网的核心技术之一，也是自动识别技术的一个重要分支。将这项技术应用到农产品物流管理中可以使管理者即时获得精准的农产品物流信息，不仅可以监控农产品的流通过程，实现对农产品的实时跟踪，还可以减少农产品供应链各个环节上的安全存货量和运营资本，避免农产品在运输过程中产生不必要的损失。

农产品销售。利用人工智能对农业大数据进行市场分析，可以知晓农业行情，避免暴涨跌，用数据让农产品卖得顺畅、买得放心。

9.7.4 精细农业论坛

国内外精细农业行业重要的沟通交流平台和窗口，精细农业论坛每年举办一届。

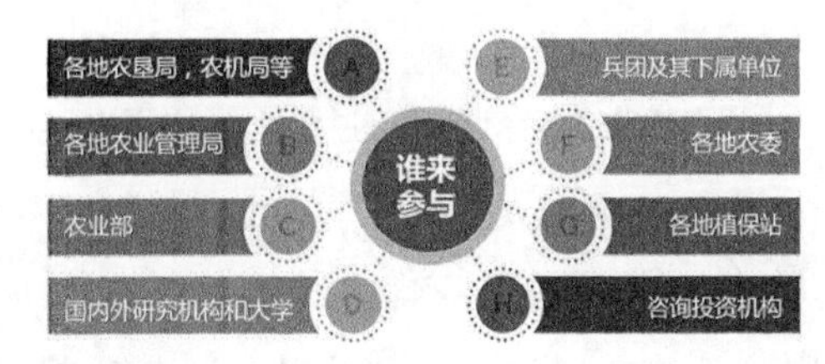

图 9.1 精细农业论坛及参会人员

2017 年的会议讨论专题：导航与自动驾驶技术发展趋势；遥感技术在精准农业中的应用的问题与解决方案；地理信息系统在精准农业中的应用创新；未来三年中国农用无人机植保市场前景分析与政策走势；未来五年内农业物联网技术发展方向与挑战。

10　数字水利

地球表面及表层修建了人类利用自然改造自然的绝大多数的水利工程，以及水资源、水环境、防洪抗旱、水土保持、农田水利、河道整治等，都与地理空间密切相关。水利行业从20世纪80年代就开始应用遥感技术获取水利信息，使用地理信息系统来存储、分析和处理水利信息，然后是全球定位系统的应用，这些都为数字水利的建设提供了坚实的基础。

数字水利就是借助数字摄影测量、遥测、遥感、地理信息系统、全球定位系统等手段采集基础数据，通过网络、卫星、光缆、微波、超短波等快捷传输方式，构建数据库平台和虚拟环境，用系统软件和数字模型对水资源综合利用和治理方案进行模拟、分析和研究，提供决策支持，增强决策的科学性和预见性。

数字水利是指以可持续发展理念为指导，以人水和谐作为终极目标，采用以信息技术为核心的一系列高新技术手段，对水利行业进行技术升级和改造，以全面提升水事活动效率和效能的发展战略和发展过程。

10.1　水资源

中华人民共和国成立60多年，尤其是改革开放以来，宏观形势发生了巨大变化。社会主义市场经济体制的建立，经济的高速发展和生产力的极大提高，水资源的严重短缺和水污染的日趋严重，以及科学技术水平的迅速发展，都对水利工作提出了新的更高的要求，促使我们必须及时调整治水思路，推进水利事业的发展。

10.1.1 转变人们对水的认识

10.1.1.1 水资源

从水资源的可持续利用的角度看，随着经济和社会的发展，要求人们对水的认识不断转变，在更高的层次推进水利的发展。这种转变，可归纳为：

从人类向大自然无节制地索取转变为人与自然的和谐共处，实现社会的可持续发展；

从认为水是取之不尽、用之不竭的转变为认识到淡水资源是有限的；

从防止水对人类的侵害转变为在防止水对人类侵害的同时，要特别注意防止人类对水的侵害；

从重点对水资源进行开发、利用、治理转变为在对水资源开发、利用、治理的同时，要特别强调水资源的配置、节约、保护；

从重视水利工程建设转变到在重视工程建设的同时，要特别重视非工程措施，并强调科学管理；

从以需定供转变为以供定需，按水资源状况确定国民经济发展布局和规划；

从灌溉土地转变为浇灌作物，积极发展有压灌溉，实施高效用水；

从认为水是自然之物转变为认识到水是一种资源，采取工程措施，使水成为商品；

从对水量、水质、水能的分别管理，以及对水的供、用、排、回收再用过程的多家管理转变为对水资源的统一配置、统一调度、统一管理。

10.1.1.2 水利工作要点

当前的水利工作要特别强调以下四点：

第一，水利要与国民经济和社会的发展紧密联系起来。

第二，解决我们面临的洪涝灾害、干旱缺水、水环境恶化三大问题，要注意综合治理、统一管理，实现水利的可持续发展。

第三，水资源的开发、利用、治理、配置、节约和保护六个方面，当前要特别重视水资源的优化配置和节约、保护问题。

第四，水利一定要认真研究经济问题，以适应社会主义市场经济体制的需要。水利工作思路的这种战略性调整，形象直观的提法，就是实现由工程水利向资源水利的转变;理论科学的提法,就是实现由传统水利向现代水利、可持续发展水利的转变。

10.1.1.3 水资源可持续利用

21世纪以来,针对我国洪涝灾害、干旱缺水、水环境恶化三大水资源问题,实现水资源可持续利用,是水利建设的历史性任务。资源水利的理论内涵就是水资源可持续利用。水资源的可持续利用当前要特别重视水资源的优化配置和节约、保护问题。要重点抓好七个工作领域:防洪、节约用水、防治水污染、水土整治、流域水资源统一管理、城市化进程、跨流域调水。

1998年6月,江泽民总书记亲临黄河视察,主持召开了黄河治理开发工作座谈会,发表了《让黄河为中华民族造福》的重要讲话,全面、系统地阐述了黄河治理开发的目标任务和方针政策,提出在新形势下治理、开发黄河的总的原则是:"要兼顾防洪、水资源合理利用和生态环境建设三个方面,把治理开发与环境保护和资源的持续利用紧密结合起来,坚持兴利除害结合,开源节流并重,防洪抗旱并举;坚持涵养水源、节约用水、防止水污染相结合;坚持以改善生态环境为根本,以节水为关键,进行综合治理;坚持从长计议,全面考虑,科学选比,周密计划,合理安排水利工程。"江总书记的这个讲话不仅为黄河的治理与开发指明了方向,而且是今后一个时期指导整个水利工作的总纲领。

10.1.2 防洪抗灾仍是中国水利建设的重要任务

中华人民共和国成立以来,中国的水利建设为防汛抗旱工作奠定了较好的物质基础,抗御洪涝灾害的能力有了很大的提高。但我们必须清醒地认识到,我国的江河治理难度极大,防洪标准仍然很低,堤防险工险段和病险水库很多,不可能在短时间内有根本性的改变,防洪除涝仍是我国水利建设的重要任务。要及时调整和制定江河湖海的防洪规划,综合应用堤防工程、控制性工程、蓄滞洪工程、河道整治工程、水土保持等各项措施,工程与非工程措施有机结合。由于中央的重视,中国防洪工程年投资强度保持在200亿元(中央投资)水平上,这样经过十多年的建设,可以使中国大江大河大湖和海岸的防洪能力达到与当地经济发展水平相适应的防洪标准。

当前,中国防洪工作的另一个重点,就是病险水库的安全问题,力争基本消除病险水库。

10.1.3 把水资源的节约和保护放在突出位置

随着人口的增长和经济社会的快速发展，我国水资源状况发生了重大变化。水资源短缺的矛盾已充分暴露出来，在很多地区已经成为严重阻碍经济发展的主要问题，直接影响我国经济社会的可持续发展。20 世纪 90 年代以来，一些地区水资源供需矛盾突出，缺水范围扩大，程度加剧。日益严重的水污染不仅破坏了生态环境，而且进一步加剧了本来就十分严重的水资源短缺矛盾。

严峻的水资源形势，对我国今后的可持续发展构成了极大威胁。从人口增长看，2030 年左右，我国人口将达到 16 亿，人均占有水资源量将减少 1/5，降至 1700 立方米左右。从经济增长看，今后几十年，我国经济仍将处于快速增长期，到 21 世纪中叶，国民生产总值要增长 10 倍以上，城市和工业用水将大幅度增长，废污水排放量也将相应增加，因此，开源节流和保护任务十分艰巨。从城市发展看，21 世纪中叶我国城市化率可能达到 70%，城市水供求矛盾必将更加尖锐。从粮食安全看，全国北方产粮区水资源条件是不富余的，2050 年前国家需要增加 1.4 亿吨粮食的要求，必将导致北方水资源短缺的形势更加严峻。这些都是必须正视的问题，也是必须认真研究解决的问题。

我国大力提倡并推行节约用水，把节水灌溉作为一项革命性措施来抓，把建立节水型农业、节水型工业、节水型社会作为全社会的努力目标。我国当前农业用水占 80%以上，农业节水具有巨大的潜力。节水灌溉不仅节水，而且节能、节地，省工、省肥、省时，增产、增效。灌溉方式的变化，可以带动农作物结构的调整，带动耕作方式的变化和生产关系的变化。节水灌溉以其先进性和科学性，必将带来一场农业革命。推行节水的主要措施有：制定节水目标和规划；制定鼓励节水的经济政策；政府对节水项目的资金支持；研制、引进、推广节水设备；建设服务网络，促进节水技术推广；加强节水科技工作，增强节水工作发展后劲；广泛宣传，增强全民节水意识等。在水资源保护方面采取的主要措施是：对污染严重的江河湖海进行重点治理；强制关闭资源消耗高而又污染严重的小型企业；对重点工业污染源实行达标排放；对江河水量统一调度，增加生态用水比例；实施排污许可证制度；改进水环境监测手段，加强水环境的科学研究等。

对河流水质进行有效控制的重要手段,就是在河流的行政区划断面处设置水量、水质监测设备,这样才能严格分清污染责任,才能按“零污染”(上游不得对下游造成任何污染)的原则,对河流的污染实行有效的防治。

10.1.4 实行水资源统一管理

实现水资源优化配置要做好水利工作,必须抓好水资源优化配置。水资源优化配置,从宏观上讲,就是要对洪涝灾害、干旱缺水、水环境恶化等问题的解决实行统筹规划,综合治理。要除害兴利结合,防洪抗旱并举,开源节流并重。要妥善处理上下游、左右岸、干支流、城市与乡村、流域与区域、开发与保护、建设与管理、近期与远期等各方面的关系。

水资源优化配置,从微观上讲,包含三层含义:取水方面的优化配置、用水方面的优化配置以及取水用水综合体系的水资源优化配置。取水方面有地表水、地下水、大气水、土壤水,主水、客水,海水和污水回收再用等。用水方面有生态用水、环境用水、农业用水、工业用水、生活用水等。各种水源、水源点和各地各类用水户形成了庞大复杂的取用水体系,再考虑时间、空间的变化,实现水资源优化配置就显得非常重要。

要实现水资源优化配置,就必须实行流域和区域的水资源统一管理,特别是流域水资源的统一管理。强化水资源统一管理,目标是建立权威、高效、协调的水资源管理体制,合理调度和统一管理流域或区域的水资源。只有对水资源实行统一规划、统一配置、统一调度、统一管理,才能最大限度地提高水的利用率,提高经济效益。

随着我国城市化步伐的加快,水利服务领域将进一步扩大,城市防洪、供水、水资源节约和保护、水土保持等任务越来越繁重。城市水务日益成为水利工作的一个重要领域。近年来,在全国兴起的城市水务局管理体制,就是适应这种形势的改革产物。城市水务局对城市水资源实行统一管理,严格实行统一的取水许可制度,对城市的防洪、除涝、蓄水、供水、用水、节水、排水、水资源保护、污水处理及其回用、地下水回灌等实行一体化管理,为水资源的优化配置提供了体制保证。城市水务统一管理,就是实行城市区划内防洪、水资源供需平衡和水生态系统保护的城乡统一管理。

21世纪,我国农村水利有三大任务:第一,搞好水利建设,提高防洪抗旱能力,保障广大农村生活、生产用水,为农民生活、农业生产和农村经济发展服务。当前,要处理好生活用水和生产用水的关系,争取用3年的时间基本解决贫困农村生活用水问题;要处理好粮食生产用水和经济作物以及畜牧业、林果业、水产业用水的关系,注意推进农业经济结构调整;要注意农业用水和生态系统的关系,注意生态系统保护;要处理好农田用水和小城镇供水的关系,注意发展小城镇供水。第二,认真抓好节水灌溉工作,以水利的现代化推进农业的现代化。第三,以水资源科学利用、综合治理为主线,搞好水土整治,使水土资源可持续利用。平原实现田园化,山区开展水土保持小流域综合治理。通过水土整治,使中国的山河面貌焕然一新。

10.1.5 西部大开发与南水北调

水资源状况是制约西部大开发的一个重要因素。西部地区特别是西北地区,土地辽阔,水资源稀缺,水土流失严重,生态系统极为脆弱。因此,水资源是该地区最具有战略意义的资源,水土流失是西部地区头号生态环境问题,水资源的合理开发利用是实施西部大开发战略的极为重要的内容。要合理开发西部水资源,必须改变一些传统的思路和做法,要在充分认识西部地区水资源特点的基础上,正确把握人口、资源、环境与经济社会发展的关系,处理好局部与整体、近期与长远等各种关系,以实现西部地区的水资源可持续利用和经济社会的可持续发展。

西部大开发要转变传统的水利开发观念,重点抓好生态、节水、管理、调水四个方面的工作:一是以改善生态系统为切入点,制定水利规划;二是以节水为重点进行水资源的合理开发利用;三是以水资源优化配置为目标,加强流域和区域的水资源统一管理;四是从长远和全局出发,实施必要的跨地区、跨流域调水。这四个方面归结到一点,就是要搞好水资源的优化配置,努力提高水资源的科学有效利用水平。

西部地区是我国水土流失最严重的地区.也是世界上水土流失最严重的地区之一,水土流失面广,治理难度大,任务十分艰巨。水土保持生态系统建设能不能取得实效,关系到西部大开发战略的顺利实施,也关系到长江、黄河等大江大河的长治久安。在当前形势下,治理水土流失,既要总结坚持我国水土保持工作几十年来实践的成功经验,又要根据当前国民经济和社会发展的新形势,及时调整思路,采取新的对策,加快防治步伐。第一,全面贯彻落实党中央、国务院关于水土保持、生态系统建设和西部大开发的战略部署,以节约保护、综合治理、合理开发、有效利用水土资源为主线,促进经济社会的可持续发展。节约保护就是要十分珍惜水土资源,增强全民的水土保持意识,认真贯彻执行水土保持法规,依法行政,强化水土保持监督管理,防止在大规模的开发建设过程中造成新的人为水土流失;综合治理就是要山水田林路统一规划,因地制宜,工程措施、林草生物措施与保土耕作措施优化配置,形成综合防治体系;合理开发就是要坚持把水土资源保护与开发结合起来,把治理水土流失与群众脱贫致富结合起来,实现经济效益、生态效益和社会效益的统一;有效利用就是要大力加强蓄灌排兼备的坡面水系及小型、微型水利水保工程建设,充分利用水土资源,改善农业生产条件。第二,认真落实"退耕还林(草),封山绿化,以粮代赈,个体承包"的政策措施,加快退耕还林还草步伐,恢复和建设良好生态系统。第三,以长江、黄河上中游地区为重点,以县为单位,以小流域综合治理为基础,适应新形势,进一步优化水土保持措施,加大水土保持生态系统建设力度。

在流域水资源总量不足的情况下,跨流域调水就是必须的。南水北调是实现我国水资源优化配置的最大也是最重要的水利工程。

南水北调工程涉及的技术、经济、社会、环境等问题十分复杂,与此有关的各类前期工作要在政府领导组织下进行。南水北调是事关中国发展的大事,全国人民都非常关心,提出了许多建议和方案。对积极的建议,要表示欢迎;对不现实、不科学的建议,要做好解释和引导工作;对借机敛财、非法集资、误导舆论的,要加以揭露和制止,避免人民群众上当受骗。

10.2 数字水利的框架结构

数字水利是指利用现代计算机和通信技术对水利行业进行全面技术升级活动的统称,此概念的提出有深刻的社会和技术背景。

数字水利连接水利行业与信息技术，它涉及的技术专业非常宽泛，其中的关键技术有：远程自动化控制、数值模拟、GIS和遥感技术、数据库技术、通信和计算机网络技术、人工智能管理等。从水资源规划管理到水资源工程设计施工和运行，数字水利技术无处不在。随着时间推移，信息技术将与水利行业全面融合，数字水利的内容也将不断丰富和发展。

数字水利是水利公用信息平台上的空间信息获取、更新、处理和应用系统：包括数据获取和更新体系、数据库体系、网络体系等。

10.2.1 数据获取与更新体系

传统数据的采集手段是通过航测来实现的，采集的数据包括：流域彩色/黑白影像的获取、空间基础信息提取、DEM 自动提取、正射影像制作等。随着航天科技的发展，近几年来，卫星对地观测迅速发展。系统通过卫星上具有的不同波段的传感器对全球连续不断地进行遥感，使数字水利可以及时地获得相应的数据，这种技术手段在将来还会得到进一步的发展。近年来，星载对地观测发展十分迅速，系统通过卫星、航天飞机、宇宙飞船、飞机、热气球携带的各种波段的各类传感器提供全球连续和重复的表面数据，保证数字水利具有准实时数据，在目前和将来都是最基本的技术手段。

10.2.2 数据存储体系

随着数据获取手段的不断增强，对数据处理、传输、分辨和压缩技术的要求也越来越高。数字水利要管理海量的空间数据和属性数据以及其他数据，由于存储容量的限制，在集中存储和管理的基础上，可能需要适量分散以提高存取及更新的速度，但分散存储和建库的方法存在着安全性差、数据兼容性及标准化困难等局限，需要进一步研究。

10.2.3 信息提取与分析体系

通过数据获取和更新体系，我们可以获得大量数据，借助于信息提取与分析体系。在基本数据分析处理的基础上，采用现代科学方法进行挖掘，提取可用的、相关的信息。

10.2.4 数据库体系

数据库体系是数字水利的核心，包括水利卫星影像数据库、不同比例尺的地形图库、专题信息数据库、三维模型库、知识库、数据集元数据库等。空间数据库是一个存储空间和非空间数据的数据库系统,因其存储数据性质的特殊性，成为当前的一个研究热点。

数据集元数据库是数据共享、查询、访问、评估和集成的基础，也是建立数据库和复杂信息系统的基础，对于数字水利这样大型多用途的信息基础设施，非常需要建立元数据库。元数据库中的数据包括空间数据组织、数据质量、标识、引用、时间范围、联系、地址等信息。

10.2.5　网络与传输体系

数字水利工程建于网上，网络体系是空间数据查询和更新的基本途径，能提供专业空间信息服务。数字水利网络体系建设，要充分利用现有设施，按照全国水利信息骨干网、地区网络和水利部门局域网三级网络体系来建设。同时，也要考虑网络信息的安全问题。

10.2.6　数据标准化体系

数字水利的建设，解决了数据采集，海量数据的存储、处理、传输，其目的就是要让更多的人充分应用这些数据，也就是要实现数据共享和应用软件的相互兼容，减少重复劳动和投资,让更多的专业技术人员把精力集中于数据应用上。要实现数据共享和软件兼容，必须建立统一的数据格式和交换标准。数字水利工程所需的标准按内容可分为:数据采集、数据处理、数据分类与编码、空间坐标参照系统、数据质量控制、元数据、软硬件配置原则、系统安全与保密、网络管理、信息服务等。

10.3　数字地球与数字水利

绝大多数的水利工程都是在地球表面及表层修建的。水利包括的水资源、水环境、防洪抗旱、水土保持、农田水利、河道整治、水利工程等无不与空间地理有密切关系。水利行业自 20 世纪 80 年代初开始应用遥感技术,即通过对地观测获取信息。对 GIS 的使用则始于 20 世纪 80 年代后期,在经历了认识了解和初步应用这两个阶段后，现已步入深入应用的阶段，且很快就与生产实际紧密地结合起来。全球定位系统在水利行业的应用始于20世纪90年代初，但发展非常迅速，在地面及水下地形测绘中使用已很普遍。

10.3.1 数字地球提供调查统计数据

作为“数字地球”技术基础的3S技术在水利行业的应用已经发挥了重大作用。利用RS和GIS技术，快速准确地为决策部门提供了以下有关灾害、资源、水利规划与管理方面的调查统计数据。

10.3.1.1 灾情评估

洪涝灾害淹没耕地及居民地面积、受灾人口和受淹房屋间数；旱情；大面积水体污染和赤潮的影响范围；大面积泥石流、滑坡等山地灾害的影响范围。

10.3.1.2 水资源水环境调查

应用遥感资料进行下垫面属性分类，计算其分类面积，选取经验参数及入渗系数。根据多年平均降水量，计算出多年平均地表径流深、入渗补给量。两者之和扣去重复计算的基流量即为多年平均水量，尤其适用于无水文资料地区。此外，根据遥感资料提供的积雪分布（三维）、积雪量、雪面湿度，用融雪径流流域模型估算融雪水资源和流域出流过程。如有精度较高的数字高程模型（DEM，1∶10000以上），湖泊面积及容量调查也有较高精度。目前，已可以对混浊度、pH、含盐度、BOD和COD等要素做定量监测，对污染带的位置做定性监测。

10.3.1.3 土地资源调查

包括：监测水蚀、风蚀等多种类型的土壤侵蚀区的侵蚀面积、数量和强度发展的动态变化；盐碱地、沼泽地、风沙地、山地侵蚀地等劣质土退化地的面积调查与动态监测；土地利用现状调查、耕地面积和滩涂面积调查。

10.3.1.4 工程规划与管理

大型水库淹没区实物量估算，库区移民安置环境容量调查，灌溉区实际灌溉面积和有效灌溉面积的调查，水库淤积测量。

10.3.2 数字地球在水利方面的作用

除了提供调查、监测和统计数据外，3S技术作为新的技术手段，与传统手段相结合，还在防灾减灾、水资源开发利用以及水利工程规划、建设和管理等方面发挥了重要作用。

10.3.2.1 防洪减灾及业务运行

星载和机载侧视合成孔径雷达(SAR)实时监测特大洪水造成的灾情,将信息迅速传送到指挥决策机构;对易发洪灾区和重点防洪地区建立防洪信息系统;旱灾的实时监测;在全球气候变暖、海平面上升以及地下水超采造成地面沉降等情况下,对可能造成的海水入侵的范围做出预估并进行对策研究。

10.3.2.2 水资源开发利用研究

利用遥感资料和GIS建立与大气模型耦合的大尺度水文模型,计算出在全球未来气候变化情况下区域水资源的增减;采用细分光谱卫星资料、主动式微波传感器与地球物理、地球化学等多种信息源相结合的方式,以信息系统为支持,分析研究地下储水结构。

10.3.2.3 大型水利水电工程及跨流域调水工程对生态环境影响的监测与综合评价

大型水利水电枢纽工程地质条件的遥感调查、技术经济评价及动态监测,流域综合规划;灌区规划;水库上游水土流失调查及对水库淤积的趋势预测,河口泥沙监测和综合治理;河道演变监测;河道、水库、湖泊等水体水质污染遥感动态监测;流域治理效益调查;海岸带综合治理;对施工过程中的坝址进行1∶2000的大比例尺遥感制图,包括坝肩多光谱近景摄影,以研究坝肩裂隙和节理的分布变化情况。

国家防汛指挥系统工程在数据传输方面采用通信卫星和安全的网络技术;用遥感技术监测洪涝灾害;在七大江河流域建立以GIS技术为支撑的包括社会经济、水体、水利工程、地形、土地利用、行政边界、交通、通信、生命线工程等数据层的分布式防洪基础背景数据库或数据仓库;完善水文及灾害预报这些以空间数据为基础的虚拟地球的技术;可以进行异地会商和远程教育。在上述技术的基础上,可以在灾前进行洪水预报及对未来各种降雨情况下的水情进行模拟;可以针对洪水预报作出多个调度预案,进行后效与损失比较,为决策提供依据;可根据决策,优化分洪区居民撤离,抢险物资及救灾物资的输运路线;可对灾情的发展做出空间与时间上的预测;可对灾后重新进行规划。总而言之,将在真正意义上做到防洪减灾,把损失减少到最小。这是“数字水利”在防洪方面的一个雏形,有统一的数据定义、格式和交换标准。

建设“数字水利”建设“数字国家”乃至“数字地球”具有重要的战略意义。“数字水利”是提高对信息化的认识，计算机技术的普及，实现现有多源信息的数字化、空间结构化、网络化和标准化，大力推进信息资源的共享。

“数字地球”是人类认识地球的第三次飞跃，是重大技术的突破口，是国家可持续发展的要求，是宏伟的国家战略目标。水利工作者应该抓住这一机遇，迎接这一挑战，抓应用、促发展，引导水利科学、信息科学和水利产业的发展。

10.3.3 水利办公自动化

水利办公自动化是提高水利系统办公效率、更好地为社会公众服务的强有力的手段，是构建水利电子政务的核心内容。

10.3.3.1 水利办公自动化定义

水利办公自动化以解决中国三大水问题，更好地为社会公众提供水利专业服务为目标，采用先进的信息集成技术，以对水利信息流的传输、存储、处理、控制为主要内容，对水利政务办公信息与水利业务信息进行跨平台整合集成，实现水利政务办公的方便、高效、准确、智能一体化。人们常常谈及的水利办公自动化主要是指水利政务办公自动化，而更为准确科学的水利办公自动化应当为水利政务办公系统与水利业务系统(防汛、水资源管理、水土保持等)的无缝集成。

10.3.3.2 水利办公自动化内容

水利办公自动化建设的主要内容主要包括两大部分：

水利政务办公系统建设；

水利业务办公系统建设，如防汛指挥系统、水资源实时监控管理系统、水土保持监测系统等。

10.4 数字水利的内容

10.4.1 高新技术发展战略

数字水利是水利行业基于可持续发展理念的高新技术发展战略。经过近几年理论研究和探索，水利行业已形成较为系统的可持续发展理论体系，这个理论体系是我国水利事业发展的思想宝库，但思想必须付诸行动，正确而有效的行动则决定着我国水利现代化的实际进程。“科技是第一生产力。”当今以信息技术为核心的高新技术发展迅速，为水利行业全面技术升级提供了可能，水利政务、防汛减灾、水资源监控管理、水环境综合治理、大型水利工程的设计和施工、大中型灌区的综合管理等都迫切需要采用计算机技术、通信网络技术、微电子技术、计算机辅助设计技术、3S(遥感、地理信息系统、全球定位系统)技术等一系列高新技术进行技术改造，水利行业有必要站在当今科学技术的制高点，结合水利行业的应用需求，提出一个较为系统的技术发展战略，为可持续发展水利这一理念体系提供可操作的技术内涵。可持续发展水利和数字水利将分别成为我国水利现代化发展的理论基石和技术基石。

10.4.2 技术升级的历史过程

数字水利是水利行业进行技术升级的一个历史过程。数字水利需要政府、研究机构、商业组织和个人的共同努力，需要大量的基础和应用技术研究。水利发展的任务:研究区域水利问题，分析解决水利问题应用需求，梳理水利业务运作的信息流程，找到提高水事活动效率和效能的切入点，跟踪把握当今信息技术的最新进展，研究各类信息技术与水利行业需求结合的解决方案，开发和部署水利各类业务应用信息系统，培养使用和维护这些业务系统的技术人才，实施数字水利战略。政策规划、技术标准、解决方案、资金投入、人才准备，就是数字水利的历史过程。数字水利与水利信息化产生了某些相同的语义，数字水利就是新的历史条件下的水利信息化发展战略。两者的不同之处在于:水利信息化是水利行业计算机和信息技术应用的整个历史过程，而数字水利是以可持续发展水利治水思路和以数字地球战略为背景的水利高技术发展战略，其出现应以21世纪治水新思路出现和通信行业大规模应用数字电路技术为标志。

10.4.3 数字流域

数字水利的前沿研究领域是数字流域。尽管数字地球是数字水利提出的重要技术背景，但数字地球的自然延伸不是数字水利，而是数字流域。流域和地球都是自然空间地理概念，而水利是行业概念，有人简单地套用数字地球的技术概念,把数字水利等同于数字流域,把数字水利的内涵大大缩小了。数字流域是数字水利的一部分,实施数字水利战略必须以把握水循环运动规律和甄别水问题为前提,而数字流域正是以流域为研究单元把握流域水循环运动规律和水问题的利器。数字流域很自然地延用数字地球的空间地理信息框架,运用远程自动测控技术采集各类流域相关水信息,采用数学模型手段对流域水循环(包括自然循环和人工循环)运动进行仿真模拟,建立三维流域水信息平台,为流域水问题解决和社会经济宏观决策提供依据,构成数字水利最为活跃的前沿研究领域。

10.4.4 数字水利

数字水利可以成为一门新的学科。从学科建设的角度,我们可以把支撑数字水利战略实施的知识技术体系叫作数字水利。正如水信息学脱胎于计算水力学,数字水利是传承水信息学的进一步发展,是2000年以来发展了的现代水信息学。它从解决水问题的实际需求出发,以水循环的仿真模拟为基础,综合汲取运用水科学(水文学、计算水力学、环境水力学、生态水文学、湖泊学与海洋学等)、信息科学(数据库与数据挖掘、可视化与系统仿真、3S技术、决策支持与专家系统等)、系统科学(系统分析理论、信息论和控制论、非线性理论等)和社会科学(水资源政策、法律规范和标准、经济学等)最新研究成果,服务于提高水事活动效率和效能的目标,为水利现代化提供技术支撑。多学科交叉、创新、集成是其典型特征。与传统水信息学相比,数字水利的研究目标更为清晰,研究内容更为丰富,大量的与水相关业务应用系统的开发和部署为数字水利这一新学科提供了生动的应用案例,推动着数字水利学科的发展和完善。

10.5 数字水利的实用系统

10.5.1 实时控制管理系统

10.5.1.1 主要功能

将系统综合分析与辅助决策的成果以实时报告(如水资源预报、水质分析公报、企业排污超标警报、水资源调配建议方案等)和多媒体报警信号(如大屏幕指示、声光警报等)的形式进行动态输出,以供决策部门进行水资源配置和管理参考。

将输出指令直接作用于可控自动化水资源调配和控制设备(如给、排水闸门等),通过有线、无线、远程控制技术对系统所涉区域内的重点给、排水设备及重点控制工程进行远距离的调节控制。

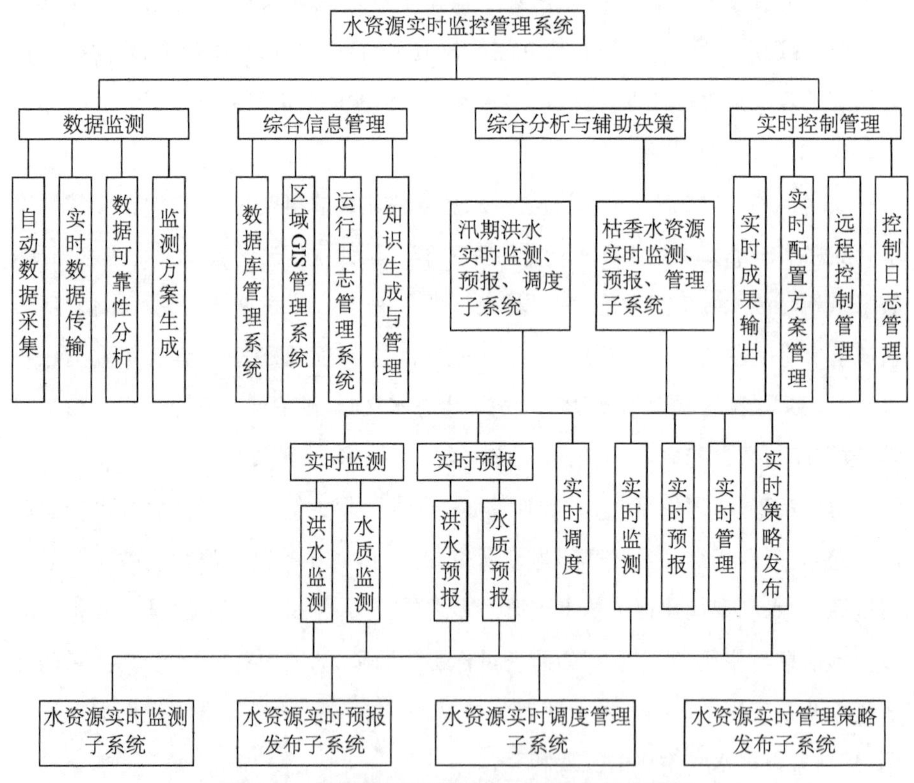

图 10.1 水资源实时监控管理系统功能概要图

10.5.1.2 系统的目标

系统的目的是优化水资源调度,提高水资源利用效率。

水资源实时监控系统的基础是监测,目标是调度,调度是当前水资源管理的核心问题,提高水资源利用效率,特别是对我们水资源严重短缺的国家,是我们水资源管理的核心目标,通过科技手段加强管理出效益,从粗放型管理到集约型管理,提高科技含量。

10.5.1.3 试点地区

水资源实时监控系统以天然河流作调度对象，其中长江、黄河、海河、淮河四大流域和南水北调三大纵线，作为主体系统以区域、流域为单元，进行实时监控，所以，我们选取了4个试点单位，这4个试点单位都具有以下特点：

① 工程基础较好；

② 调度意义重要；

③ 有一定的信息化条件；

④ 大都处于东部地区，与国家率先发展东部的战略目标吻合；

⑤ 东部人才技术实力较雄厚。

10.5.2 水资源动态管理系统

10.5.2.1 系统结构

水资源动态管理系统是以信息技术为基础，综合运用各种高新技术手段，对流域或地区的水资源及相关的大量信息进行实时采集、传输及管理；以现代水资源管理理论为依据，以计算机技术为依托对流域或地区的水资源进行实时、优化配置和调度；以远程控制及自动化技术为手段对流域或地区的工程设施进行控制操作。水资源动态管理系统具备水资源实时监测、水资源实时预报、水资源实时调度和水资源实时管理等功能。

模型库可分解为以下主要部分：数据库（包含图形库、图像库和GIS系统）、模型库（包括方法库）、知识库、在线数据采集系统、综合信息管理系统、综合分析与决策支持系统、实时控制管理系统，其核心是综合分析与决策支持系统以及数据库、模型库、知识库。

10.5.2.2 水资源动态管理系统的主要关键技术

(1) 远程遥测遥控技术

用于对水资源的实时监控。

(2) 水资源各类数学模型

水资源供需模型、水量水质模拟模型、水资源优化配置模型等，用于对水资源的供需分析、水量水质预测分析和对水资源进行优化配置。

(3) 数据库技术

用于对采集和各类水资源有关信息进行建库,便于检索查询和进行各类数学模型建模。

(4) GIS技术

将水资源的各类信息与空间位置联系起来,提供良好的交互界面。

(5) 系统集成技术

采用组件编程(COM)技术,处理好系统各组成部分的接口,将各组成部分集成一个协同工作的整体。

10.5.3 卫星水情自动测报系统

每年汛期,江河流域都可能遭受洪水的威胁,因此,提前知道每次洪峰到来的时间和流量,对于保护人民生命和财产安全是至关重要的,"卫星水情自动测报系统"为此提供了有力的保障。

系统由遥测站、中心站两大部分构成,遥测站安装在野外,实时收集雨量和水位信息,然后将有关数据发送给卫星,卫星再将接收到的数据转发给设置于大型水利枢纽处的中心站,最后,由中心站进行数据处理,工作人员根据处理后的信息采取相应的措施对实际水情加以利用或控制。

遥测站,安装在防洪设施的上游,向卫星发送雨量水位信息。太阳能光板和天线被架装在筒体外部,分别负责收集太阳能和发送信息。一个承雨漏斗,降水首先通过漏斗进入雨量计。翻斗式雨量计可根据杠杆原理将雨量信息传递给仪器提桶内的遥测仪。雨量数据由仪器桶内的设备处理转换成水量信息,再通过天线发送给卫星,当然,这一系列设备运行的动力来自安装在遥测站底部的蓄电池组。

中心站将接收到的水情数据信息进行处理及洪水模型演算,得出洪峰到来的时间和流量,并进行预报。

传统的超短波方式测报水情,需要许多级中继站,容易受到干扰和雷击。遥测站发出的信息,由中继站依次传递给中心站,如果中继站发生故障,它所连带的遥测站信息传送将全部中断。而中继站又需要安装在地势较高处,因此,安装和维护都有很大不便。由中国水利水电科学院自动化研究所研制成功的卫星水情自动测报系统采用卫星技术作为水情信息传递的手段,这样信息就能快速、准确无误地传递到中心站。

富春江水力发电厂是将卫星通信水情自测系统首先运用于实践的企业，该电站位于浙江省钱塘江中游富春江七里垅峡谷的出口处，扮演着发电、灌溉、航运、供水多位一体的角色，使它对于苏杭地区的繁荣富足意义重大。而库容量仅 4.4 亿立方米的富春江水库却要负责上游 3 万多平方千米水域的水量调节，因此，及时、准确地掌握水情信息显得至关重要，富春江卫星水情自动测报系统的建成是一次大胆的尝试，在实践中取得了巨大成功。

将 21 个遥测站分别安置在富春江干支流的不同域段，采用自报工作体制，由各遥测站向设置在电厂内的中心站单向传送水情数据信息，电功耗低，可靠性高，便于维修，轻松实现了挖掘水力资源、增发电量、减轻洪涝灾害等方面的社会和经济效益。

1998 年是富春江流域发生洪水次数和来水量最多的年份之一，经统计，采用卫星水情自动测报系统之后，洪峰流量预报精度最高达 99%，遥测系统可用率为 100%。

正是高精度的数据信息，使富春江水库经受了 11 场洪水、14 次洪峰的考验，缓解了其他水域的排洪压力，在抗洪工程中突显了洪水调度的能力。

10.6 治水之道

10.6.1 综合分析与决策支持系统

10.6.1.1 主要功能

对实时监测获得的数据信息进行综合分析处理。运用模型库中的相应模型对监测数据资料进行智能化的综合分析，参照知识库中的专家知识和有关法律、法规、规程规范，形成水资源(包括水量、水质、水情和水环境等)动态状况的分析成果；并根据分析成果，产生辅助决策报告或直接发布控制指令。系统专门设计有多库协同器，提供系统各库的协同规划、综合调度、人机交互、资源共享、冲突仲裁和通信联络等处理功能。

10.6.1.2 战略地位

综合分析与决策支持子系统以国内外近年在水源、水环境和农田水利等方面的科研成果为基础，结合现代高新技术进行综合开发，形成技术先进、功能完善、实用性强、便于扩展和更新的具有决策支持能力的智能化综合分析系统。

10.6.2 治水之道

10.6.2.1 古代朴素的自然治水观

当历史回放时，可以看到古人朴素的自然治水观。西汉的贾让提出了适应洪水规律以减轻水灾损失的治河三策；北宋大文学家苏轼在"禹之所以通水之法"一文中提出："治河之要，宜推其理而酌之以人情。河水湍悍，虽亦其性，然非堤防激而作之，其势不致如此。古者河之侧无居民，弃其地以为水委。今也堤之而庐民其上。所谓爱尺寸而忘千里也。故曰堤防省而水患衰，其理然也。"虽然废弃堤防而任水所向的办法值得商榷，但治河之要"宜推其理而酌之以人情"的话却道出了人类活动要主动积极地适应洪水客观规律的合理的内核。

10.6.2.2 20世纪的治水观

20世纪，由于科学技术的发展，人类改造影响自然的能力明显增强，人定胜天，对于洪水的有效办法是大规模兴建防洪工程，工程水利的治水思路昭然若揭。堤防越修越长，越修越高，但并未能抑制灾害损失的增长。

大规模兴建防洪工程并没有遏制洪水灾害上升的趋势，由此而提出了工程与非工程相结合的减灾策略以及洪水保险的社会保障措施，进一步强调了洪泛区的社会经济发展要适应洪水规律，以及减灾应与流域生态环境保护相协调的原则，可持续发展水利治水思路应运而生。

10.6.2.3 数字水利

可持续发展水利是全新的治水思路，尽管名称叫法不尽相同(资源水利、大水利等)，但都有着同样的要点：强调人与自然的和谐相处，强调治水是一个复杂的系统工程。数字水利，就是要把最新的信息技术全面引入水利行业，为可持续发展水利提供先进的技术支持，赋予可持续发展水利这一崭新的治水思路以可操作的实际内涵。

表 10.1 可持续发展水利和工程水利的比较

比较项目	工程水利	可持续发展水利
工作范围	以河道及其建筑物为主	包括河道在内的全流域管理
治水原则	强调改造自然	重视人与自然相适应
水功能开发	资源功能	资源、环境、生态多功能
对象水体	只考虑水的物理特征	考虑水的物理、化学、生态特征
学科支持	水力学、岩土力学、结构力学等力学理论体系	力学、环境、生态、社会经济等多学科
流域管理	以河道水系管理为主	对流域内水系的各影响因素进行干预
流域观念	不尊重流域圈存在，盲目跨流域引水	尊重流域圈存在，促进节水社会形成
防洪减灾	防洪工程调度、工程抢险	全流域风险管理
河道治理	断面规则化、渠化	断面多样化、自然化
堤防建设	破坏水陆连续性，湿地消失	采取湿地保护措施，保持水陆连续性
大坝建设	破坏河道及生态连续性	加强过船、过渔设施建设，保持河道及生态连续性
水资源利用	侧重于经济用水，造成黄河断流	同时兼顾经济、环境、生态用水
后果	流域生态、环境恶化，不可持续发展	流域生态、环境不断改善，可持续发展

11　数字地球与现代军事

11.1　数字化战争

11.1.1　数字地球对军事的影响

数字地球是21世纪世界高技术的集合体，对军事领域的影响巨大。

11.1.1.1　数字地球改变了战争时空观

数字地球利用计算机操作系统提供的界面图形方式，跨入多种分辨率、三维的表达方式。利用多维虚拟现实技术，可以不受限制地穿越空间，同样也能穿越时间，建立起包括陆、海、空、天的计算信息网络。利用它，并配合有关技术保障部门，可以尽快掌握战场环境的最新情况，并快速进行处理和综合判断，及时提供各种有关文字、图表、影像与数据资料，辅助提出兵力兵器使用、任务区分、机动路线、集结地点及兵力兵器部署的补充建议，协助指挥员修订战役作战预案，参与战役决策，为军事决策和作战指挥提供便利条件。

11.1.1.2　数字地球使战争攻击多样化

未来战争决定胜负的重要因素不仅是交战兵力和武器装备的多少，而且还取决于信息资源、知识的占有量和运筹兵力装备的能力。利用数字地球，可迅速收集敌方的地理空间信息及有关的属性信息，进而利用非致命武器和计算机病毒武器，通过删改程序和数据向敌方注入假情报，破坏敌方的指挥控制系统，使之未战先败。

11.1.1.3 数字地球使未来战争的战斗与指挥一体化、实时化

未来战争主要是高技术局部战争,这种战争的发起时间、作战方向、作战方法都具有突然性。数字地球为战争指挥中心提供敌我部队的位置、动向,使战况能够准确、实时地传送到指挥部。指挥员可及时了解不断变化的战场全貌,使指挥自动化程度空前提高,而指挥层却大大减少。

11.1.1.4 数字地球提高了战斗勤务保障效率

通过数字地球,后勤部队的行动和物质储备、消耗等情况都可以在指挥中心显示出来,作战部队可以及时得到战斗勤务支援,每个战斗实体的装备能够及时地报告伤员在战场上的位置和伤情,使之及时获救。

11.1.2 数字化战争

数字化战争就是数字化部队在数字化战场上进行的信息战。数字化战争是以信息为主要手段,以信息技术为基础的战争,是信息战的一种形式。其特点是信息装备数字化、指挥控制体系网络化、战场管理一体化、武器装备智能化、作战人员知识化和专业化。数字化战争过程中主要的角色有数字化战争中的士兵、数字化战争的支柱、数字化战争的核心。

11.1.2.1 数字化战争中的士兵

数字化部队的士兵将装备一套士兵系统,该系统包括一种头盔和衣服连为一体的装备,这种服装可根据环境变换色彩以提供伪装,可根据当地气候条件提供适宜温度,可抵御核武器、生物武器和化学武器的侵袭。头盔上的护目镜可以接收指挥官的命令,可以阅读地图、可以夜视,还可以接收同伴得到的情报和其他与执行任务有关的第一手地理信息资料。头盔里有小的显示仪或热敏成像照相机,可以实时获取、显示和传送其所在位置的信息,包括地形和敌方目标位置,而且还可看穿伪装,而数字化罗盘可指示去向。士兵系统还包括单兵出击战斗武器。

11.1.2.2 数字化战争的支柱

数字化战争以计算机网络作为支柱,利用数字通信进行联网。

11.1.2.3 数字化战争的核心

数字化战争的核心是提供通信和信息处理能力。

11.1.3 数字化部队

数字化部队即以数字化技术、电子信息装备、作战指挥系统、智能化武器装备为基础，具有通信、定位、情报获取和处理、数据存储与管理、战场态势评估、作战评估与优化、指挥控制、图形分析等能力，实现指挥控制、情报侦察、预警探测、通信和电子对抗一体化，适应未来信息焦点要求的新一代作战部队。

C3I是军队指挥自动化的英文缩写，即指挥、控制与通信(C4I再加上计算机)。也就是说在军事指挥体系中，用以电脑为核心的技术装备与指挥人员相结合，对部队和武器实施指挥与控制的“人—机”系统。

未来高技术战争，是系统与系统的整体对抗，体系对体系的较量，任一军兵种都只能在战斗的某一阶段、时节和行动中发挥主导作用，它们都是作战系统的一部分(分系统)，只有通过C3I把各层次的分系统有机地连为一体，才能发挥最全的作战整体功能。C3I的重点在于信息的获取、传输(通信)、处理、评估、选择和显示。

信息技术渗透于各种武器装备、作战手段和作战指挥之中，并以网络的形式将他们连为一体。在海湾战争中，美军和多国部队有效地发挥了C3I在战争中的特殊作用：运用多种侦察和监视手段，实施全面情报保障：建立高效通令网络，保证情报及时传送、联络通畅稳定，指挥中心立体配置。

以数字化技术为核心的战场革命，使机械化战争逐渐退向战场一隅。它没有重量，易于复制，能以光速传播；它在网络中传输时，时空障碍基本消失；它可供无数的用户使用，使用面越广其价值越高。数字化技术不仅具有较强的数字压缩和纠错功能，而且给整个信息网络带来了高分辨率、高容量和高效率。未来战场，物质能量只有通过信息的周密控制才能有效地释放。作战成败不再仅仅取决于钢铁数量、弹药当量等物能对比，而是首先取决于谁能以较为先进的数字化技术手段，最多、最快、最准地去获取和利用战场信息，有效地控制和释放战场物能。今后，作战平台将不再以非制导弹药、厚重装甲以及提高平台本身的牵引力和速度为主，而是以追求作战平台的信息实时处理能力为主。数字化技术手段大步走向战场前台。

C4ISR系统，C4代表指挥、控制、通信、计算机，四个字的英文开头字母均为

“C”，所以称“C4”；“I”代表情报；“S”代表电子监视；“R”代表侦察。C4ISR是军事术语，意为自动化指挥系统。它是现代军事指挥系统中7个子系统的英语单词的第一个字母的缩写，即指挥Command、控制Control、通信Communication、计算机Computer、情报Intelligence、监视Surveillance、侦察Reconnaissance。C4ISR，就是美国人开发的一个通信联络系统。

11.1.4 数字化战场

数字化战场是数字化部队实施作战的重要依托。所谓数字化战场，就是以数字化信息为基础，以战场通信系统为支撑，实现信息收集、传输、处理自动化，网络一体化的信息化战场。

11.1.4.1 数字化战场的主要特点

技术数字化：指信息网络建设运用数字化技术，使网络技术水平适应信息作战的要求。如采用先进的传感器技术和智能化计算机技术，增强多层次、全方位的战场信息获取能力。

综合一体化：主要指把指挥控制、情报侦察、预警探测、通信、电子对抗等信息系统和各军兵种信息系统，实行多层次、大范围的综合连接，将其共同纳入一个综合的大系统之中，实现准确的信息传递和信息共享，确保一体化作战整体效能的发挥。

业务多媒体化：指综合数字信息网络能以多媒体形式实现信息交流，如会议电视、可视电话、多媒体电子邮件、图文检索、视频检索、视频点播等。

用户全员化：指信息网络可以实现全员互通，战场上将军和士兵在任何地点、任何时候都能互通情况。

功能多样化：指信息网络具备信息作战需要的多种战术功能，如对武器系统的有效控制能力、攻防兼备的电子对抗能力、复杂电磁环境下的不间断通信能力和抵御计算机病毒及“黑客”入侵的防卫能力等。

11.1.4.2 数字化战场的具体表现

数字化战场主要包括数字化武器系统、数字化C3I系统、C4ISR系统和数字化部队，其中，数字化武器系统是基础，数字化C3I系统、C4ISR系统是核心，数字化部队是行动的主体。数字化战场具有区别于传统战场的鲜明特点，主要通过武器系统、指挥系统和部队得以显现。

(1) 系统集成,协同行动

武器系统包括所有具有杀伤能力的装备和集团,数字化战场上的武器系统是武器系统大量使用信息技术提升性能,实现技术一体化的产物,是集目标探测、识别、跟踪、定位、控制与制导于一体的打击系统,可以独立完成作战任务。从整体上看,数字化武器系统是多个系统集成的复杂系统,通过智能控制发挥系统整体功能。从部分出发,数字化战场上的侦察系统、指挥系统、部队及武器装备协同行动,密切配合,对目标实施打击,共同组成具有杀伤能力的武器系统。

(2) 功能融合,性能稳定

数字化武器系统的主要特点是多功能化,并不是指系统流程中具有的侦察定位、跟踪识别、精确制导等功能,而是指武器系统在打击效能上具有多项功能融合的特点,如弹炮结合武器系统、舰炮武器系统等都是多项功能融合的数字化武器系统。而且,根据不同结合方法所形成的武器系统具有不同的功能。以弹炮结合武器系统为例,采取地空导弹、高炮、火控系统分开配置的弹炮结合武器系统,其结合方式称作“软结合”,这类系统火力配置和火力部署灵活,总体作战效能较好,主要用于要地或阵地防空;采取地空导弹、高炮、火控系统三位一体的弹炮结合武器系统,其结合方式称为“硬结合”,这类系统的显著特点是机动性好,作战准备时间短,反应时间短,主要用于野地防空。数字化武器系统的另一个显著特点就是性能稳定。一方面,数字化武器系统中大量使用的精确制导武器,其概率误差已趋于零,随着精确制导技术的提高,其性能将进一步提升,从而促使武器系统的性能逐渐稳定在一定范围之内。另一方面,数字化战场上将出现的激光武器、粒子束武器等高性能武器也都具有性能稳定的特点,从而使得数字化武器系统的整体性能趋于稳定。

(3) 反应迅速,打击精确

数字化战场上,“防御”与“打击”一体化运行,武器系统作为打击系统的具体表现形式,必须具备反应迅速、打击准确的特点。只有具备这一特点,才能实现积极防御的战略目的。同时,高技术的直接配置与运用、科学的强化训练也直接推动武器系统实现这一目标。按照积极防御的原则,反应迅速不仅表现为在短时间内迅速发现目标并予以打击，更应表现为当敌方目标出现时，迅速锁定目标，跟踪监视，在敌方目标实际行动并产生明显效果时，快速打击，消除敌方行动可能造成的危害，加上“后发制人”的精确打击，迅速瘫痪敌方目标，实现作战目的。也就表示，打击精确也不仅仅是表面意义上的命中率，更多的表现应该是其打击效果上的精确性，即在精确选定目标实施打击的基础上，能精确测算打击范围和打击程度，对打击目标内人员、设施的损毁程度进行精确测算，做到既能瘫痪目标，又能最大限度保护无关人员和设施，实现“打击”与“保护”的最佳结合。

数字化战场上的作战部队，是武器系统的组成要素，是与武器装备相结合的作战系统，其数字化表现不仅体现在武器装备数字化上，还表现在部队建制、组织纪律和战斗力上，更表现在作战部队与武器装备的结合上。

在数字化战场上，作战部队在建制组成上趋于多元化，不仅是指征兵范围面向全体人民，还向具有特殊功能的动物扩展，充分发挥其功能。例如，在信息感知能力上，就可以充分利用狗的嗅觉功能，发现更加隐蔽的战场信息。

在数字化战场上，作战部队在功能结构上趋于专业化，是指根据不同的任务需求，结合作战部队的日常工作，通过反复考核评估、教育训练，使作战部队具备一定的功能结构，有效发挥其作战效能。

在数字化战场上，作战部队在战斗力上趋于精确化，是指通过训练评估使作战部队充分掌握运用不同作战方式、使用不同武器装备作战将实现的不同效果，确定其作战效能指标。

11.2 虚拟战争与网络战争

信息革命正在改变着战争的形式。要理解信息时代的战争，首先要对信息战争、网络战争、虚拟战争等基本概念有明确的认识。

信息革命正在改变战争的形式。士兵们浑身披挂，豪情冲天地在沙场上浴血奋战——这种情景将一去不复返了。取而代之的，是轻型化的、更为机动的军事力量，利用从卫星和战场上的传感器传输而来的实时信息，可以给敌人以闪电一般迅捷的歼击。谁更好地利用了信息,谁就是胜利者。

想象一下这样的战争:一小支轻型的、高度机动的队伍,击败并迫降了一支数量庞大、重型装备的队伍,而且,双方的有生力量都损失甚微。这一小支高度机动的队伍之所以能取得胜利,那是因为他们战前准备做得很好:很好地为军队的灵活调动打下了基础;把炮火迅速集中到敌人预想不到的地方;配有优良的命令、控制和信息系统,这些系统使军队的各个分队在战术上处于主动状态,同时,在战略目标方面,他们又处于高度统一的指挥之下。

上述这幕情景的灵感与其说来自美国在海湾战争中的巨大胜利,不如说来自蒙古人在13世纪的出色表现。与其对手相比,这一游牧民族在人数上常常处于极大的劣势,然而,他们征服了一个又一个的民族,建立了世界历史上疆域最为广大的帝国,长达一个世纪之久。蒙古人战无不胜的关键因素就是他们在战场信息上绝对占优。当他们认为作战时机已经成熟时,就毫不犹豫地给对手施以重击。他们的指挥官虽然常常在几百里之外,但是信使每天都将战场上的情况报告给他。即使远在千里之外的可汗,也能对战场上发生的情况了如指掌。

11.2.1 信息时代的战争

在战争史上,由于技术这一驱动因素的进步,军事原则、军事组织和军事策略接连不断地经历着深刻的变化。在第一次世界大战中,工业化产生了大兵团的消耗战;在第二次世界大战中,机械化导致兵团的调动在坦克里完成。而信息革命的完成则意味着产生一种新的战争模式,在这种模式里,决定战争结果的既不是军队的数量,也不是兵团的机动能力,而是对军情的掌握。作战双方中,谁对军情了解得更多,谁就更有可能取得胜利。

如今,在信息的收集、整理、交流和表现等方面,正发生着巨大的变化。同时,各种组织也在绞尽脑汁地想,怎样才能在这不断增长的信息海洋里取得优势地位。信息正在成为战略资源,在这个后工业时代,它的价值和影响力也许可以与工业时代的资本和劳动力相媲美。

信息革命对许多传统制度进行了挑战,它模糊了各个社会阶层的界限,而这些社会阶层却是制定各种社会制度时所考虑的依据。它还对权力进行了再分配,其天平通常偏向于弱小者。它重划了职责和义务的界线,常常让自我封闭的系统变得开放起来。

信息革命会在下述两个方面引起巨大的变动:各国卷入冲突的方式和各国武装部队发动战争的方式。为了便于讨论,我们将社会意义上的冲突称为网络战争,将军事意义上的冲突称为虚拟战争。

11.2.2 网络战争

网络战争是指民族与民族之间、社会与社会之间所发生的高层冲突,这种高层冲突与信息有着千丝万缕的联系。网络战争意味着在意识形态领域竭力去破坏和混淆敌对社会的视听。它将重点放在普通大众或者社会精英的身上,有时兼顾两者。其方法有外交手段、新闻传播、心理战、政治颠覆、文化殖民、对计算机网络和数据库的渗透,甚至通过计算机网络去策划反政府活动。

网络战争是涉及经济冲突、政治冲突和社会冲突的一种新的战争形式。经济战所关注的是商品的生产和分配;政治战将目标瞄准政府的领导阶层和社会制度;而网络战则将目光投向信息和通信领域。

网络战争的形式多种多样。其中,有些发生在敌对国家的政府之间;还有一些发生在政府和非政府人士之间。比如,政府会发动网络战争去对付恐怖主义和毒品走私等不法活动。另外,由于环境问题、人权问题以及宗教问题等原因,某些团体采取网络战这种形式来反对政府的有关政策。

有些非法活动,如毒品走私和恐怖主义运动,由于它们对国际秩序和国内安全都存在潜在的威胁,因此,有关乎此的网络战争就涉及军事问题了。

从传统的角度来看,网络战争不是真正意义上的战争。但是,网络战争也许能够使真正的战争消弭于无形之中。

11.2.3 虚拟战争

虚拟战争是指按照有关的信息原则去操纵军队。这意味着瓦解和破坏敌军的信息、通信系统;也意味着可以尽情地去侦查敌军的情报,同时却不让敌方对自己有太多了解;它还意味着可以节省更多的资金和劳动力。

这种形式的战争涉及各种各样的技术,尤其是用于命令控制,人才的收集、管理、分配,敌友的鉴别以及智能武器系统等方面的技术,还包括对敌军的信息通信电路进行电子干扰、电子欺骗、电子超载和电子侵扰等。

虚拟战争将对军事组织和军事原则产生广泛的影响。要让军事力量“网络化”,这需要将权力进行一定的分散,但是,这种权力的分散仅仅是这片新天地的一部分:“网络化”同时将使军方具有更为深刻的洞察力,这种洞察力将提升其管理能力,而这会为军方带来真正的利益。

虚拟战争可能还意味着发展新的军事学说:在何处展开自己的军队,怎样展开自己的军队,又怎样去有效地打击敌军。怎样安置计算机、传感器、网络和数据库以及在哪里安置它们,其重要程度也许可以和当年轰炸机及其后勤力量之配置的重要性相媲美。

作为战争史上的革命,虚拟战争之于21世纪也许恰如闪电战之于20世纪。在传统战争中,军队需要获取有关的信息,以使自己具有卓越的指挥、控制和通信能力,并且抢占先机,事先对敌军进行了解、恐吓和欺骗。由此可见,信息在传统战争中是至关重要的;而虚拟战争则意味着信息的作用被空前提高。

后现代时期的战场可能会因为信息技术的革命而在战略和战术上发生根本性的变化。这个战场的深度和广度都在不断增加,常规武器的命中精确度和破坏力也在不断增加,它们把信息的重要性提升到了这样的高度:谁在这方面取得优势,谁就将接连不断地取得战争优势。

11.2.3.1 虚拟战争

① 信息化改变了战争形式。

② 信息在战争中的作用:作为战争史上的革命,虚拟战争之于21世纪恰如闪电战之于20世纪。

③ 信息战:敌对双方围绕信息获取权、控制权、使用权进行的斗争就称之为信息战。

11.2.3.2 虚拟战争的作用和意义

① 虚拟战争按照信息原则操纵军队

② 虚拟战争涉及多种技术

③ 虚拟战争将对军事组织和军事原则产生广泛影响

④ 虚拟战争将发展新的军事学说

11.2.4　网络将模糊等级区别

从传统的观点来看,军方就是使武装部队奔赴沙场的一种机构。所有的机构通常都级别森严,军队里尤其如此。然而,信息革命将模糊这种等级区别,并重新勾画各种等级界限。

蒙古人被组织得像一张紧密相衔的网,他们是古代按照虚拟战争原则去作战的经典例子。

再举一个近代的例子:北越这支相对弱小的军队击败了现代化装备的美军,其原因就是他们的运转更像一张网,而不是等级森严的军营。

现在,美国及其盟国在轻度冲突这一领域所面临的最大敌人是国际恐怖主义分子、游击队、毒品走私团伙和种族主义分子,而令人头疼的是,这些团伙的组织就像一张网。

因此,可以得出结论:谁掌握了网络,谁就掌握了未来。

11.3　数字地球在现代军事中的作用

11.3.1　军事监控

军事监控是指为获取敌情、地形和有关作战情况等方面的信息而开展的一系列活动。

从远古到现代人类漫长的战争史上,军事监控主要依靠人本身的感觉器官,听与看是两种最基本的形式,多采取自然手段,通过细作、斥候、探马、间谍来刺探军情,借助烽火、狼烟 、灯光、旌旗、号角、信鸽、暗语来传递信息。人对战争信息的处理也只能依靠人的大脑来完成。

21 世纪以来,随着高新技术的发展,军事监控能力大为提高,主要手段有:观察、搜索、捕俘、窃听、战斗侦察、火力侦察、照相、雷达侦察、无线电侦听与侧向战场传感侦察等。在现代战场上,从太空到高、中、低空,从地面到水下到处布满军事监控平台。例如在海湾战争中,美国调用几十颗卫星对伊拉克进行实时监测,为摧毁地面目标提供了准确的定位信息。

数字地球技术使军事监控的距离增大了。一体化的数字化侦察、监控技术装备和通信指挥系统可在全球范围内进行,并覆盖全战场。例如,地面监控系统纵深可达150千米,卫星监控可覆盖几百万平方千米。

数字地球技术有助于实现不间断、滚动式军事监控。数字地球技术能够把从不同军事监控设备上所获得的实时信息(数据、图形、图像、声音、电信号)在相关系统环境下加以综合分析、归纳合成,最终形成战场决策和评估的基础,这样就能保证战场决策者对战场实施全方位、不间断、滚动式监控。

11.3.2 数字地球与巡逻跟踪

巡逻跟踪是指担负警戒的分队或人员在规定地区的巡查跟踪活动,目的是及时发现敌人的袭击或破坏,保障主力及时展开和投入战斗。春秋战国时期,军队行军、作战、宿营时就有派斥候、游兵或散骑作为警戒。担负巡逻警戒任务的是尖兵、尖兵连、尖兵班、前卫、侧卫、前哨、营哨、观察哨等。随着高新技术向战争渗透,战争空间空前扩大,警戒的范围扩大了 ,手段也增多了。

在现代战场上,巡逻跟踪平台遍布海、陆、空及太空空间,形成了一个立体巡逻跟踪网,太空有各类监视卫星,空中有各种侦察机、预警机,地面有侦察营、地面巡警雷达、无线电监测站等,将无线电、雷达、可见光、红外、微波、声学等技术应用到了巡逻跟踪中。

数字地球技术是打信息战的关键。在人类漫长的战争史上,战场信息的报知与对战场瞬息万变情况的洞察力,历来是兵家必争的一个重要筹码。我国古代军事家孙武说过:“知己知彼,百战不殆”。数字地球技术能实现各种信息源的融合和并行处理,再通过分类和综合,并瞬时传输出去,转变为“实时信息”。战场情况变化将会与战场信息报知同步化。

早在“沙漠风暴”行动开始前半年里,美国就调集了大量的侦察卫星、侦察飞机、预警飞机和舰载电子侦察设备,在伊拉克附近部署了80多处地面侦察站,对伊拉克形成了全方位、多层次、全频谱的立体巡逻网,昼夜不停地为多国部队提供情报信息。“沙漠风暴”一开始,在美军强大的信息压制、干扰和打击下,伊军只有招架之力,基本上陷于被动、瘫痪的局面。

数字地球不仅可为巡逻跟踪提供技术支持,而且还是巡逻跟踪的直接信息源。数字地球存储着各种与地球有关的信息,包括地质、水文、地形、气象、资源等,而这些信息对战争是至关重要的。数字地球与数字战场不谋而合,必将相辅相成。数字地球将为数字战场提供信息,数字战场反过来将进一步丰富数字地球的内容。

11.3.3 数字地球与突发危机事件的管理

地球时刻面临着各种尖锐的突发性危机问题,包括资源与环境的恶化,国家、集团、民族间的政治冲突,甚至是来自地球外星体的威胁等。这些危机往往是区域性的,甚至是全球性的,让人类时刻感受到一种危机感。全球荒漠化问题,粮食危机问题,气候环境恶化问题,大规模区域性的洪灾、旱灾、海洋环境问题,区域性战争、陨石撞击地球等危机,已经成为政府、百姓关注的焦点。

中国近年多个流域性的水灾引人注目,黄河严重断流引起社会各界的广泛关注;中国耕地面积在减少、荒漠化过程在加剧、大片的森林和草场发生火灾等,都是迫在眉睫、亟待解决的问题。

当今社会进入了信息化社会,数字地球计划将使我们真正拥有一个数字化的地球、信息化的地球。也就是说,我们可以获得地球各种多维的自然和人文数据,这样就可以实时地虚拟各种危机事件和场景,这将对管理全球突发危机事件具有极大用途。

例如,通过数字地球掌握全球的环境演变和突变状况,模拟环境突变对濒危动植物的影响,有助于及时采取适当措施以保护生物多样性;森林递减是影响气候变化的重要因素,利用卫星对地监测数据,可以推算出森林递减率,从而可以做出气候变化的分析评价;利用数字地球的立体风暴潮预报模型可进行海岸带台风、潮水的准确预报;利用数字地球的遥感动态监测数据和海洋流体场数据,可进行海洋油污染扩散的动态监测;利用数字地球虚拟战争场景进行模拟反侵略战争的防御演习;等等。

今后,在数字地球框架下,科学工作者可以更科学地开展这方面的工作。例如,可以通过数字地球模拟区域性及全球性生态环境的突变;可以对海洋污染进行有效实时的监测和预报;可以虚拟整个长江流域的森林资源、水资源、土地资源的动态变化和发展趋势,为今后防洪决策打下基础;可以虚拟黄河断流后流域自然环境的变化,等等。总之,数字地球为我们科学管理各种危机问题提供了一个崭新的技术体系。

11.3.4 在国家安全监测和入侵反应中的应用

数字地球实施的结果使全球信息一体化了,坐在家中就可以到世界各地游览,与各个国家的人进行交谈。在国防上,无烟的战争正在网络空间中弥漫,敌对国之间纷纷利用网络相互进攻,网络"黑客"频频闯入"军事重地"。数字地球给生活增添了丰富多彩的内容,但是也给国家的安全监测和入侵反应提出了新的课题。美国曾做了一个试验,仅仅利用一台联网的计算机就轻而易举地控制了美国某海军舰艇。如果发生了战争,敌人完全可能不费吹灰之力就控制了自己的部队,并且命令他们向自己的国家进攻。这就是"数字化"的威力,利用它可以轻易地"不战而屈人之兵!"下面的故事描述了一场未来也许会发生的国家安全监测与保卫的战斗。

这是一个虚构的故事。

世纪末的一天,太平洋底某处。漆黑的海水笼罩了四周,四处一片死一般的寂静。一艘不明身份的巨型核潜艇孤零零地停泊在那儿,庞然大物透出几分恐怖的感觉。此时艇上灯火通明,人们正在狂欢着,喧嚣声弥漫了整个空间。突然扬声器中传出一个粗壮的声音:"时间已到,马上各就各位!"人群四散,刹那间整个大厅寂静下来,空无一人。各个操纵室里却开始了有条不紊的忙碌。中央控制室传来了命令:"立即准备,目标——X国总统府。"这伙人是干吗的?为何要向总统开火?原来这是一伙恐怖分子,早在几个月以前他们劫持了一艘核潜艇,并窃取了国家卫星监测控制系统的密码,扬言要为他们的前首领复仇。由于他们潜伏在大洋深处,官方一直难以寻找并捕获他们。

这时,艇上中央控制室内的超大屏幕显示器上显示出通过卫星监测系统得到的X国影像。控制台前的黑首领一边瞪着屏幕一边喝道:"放大,再放大!"突然,屏幕上出现了总统的身影,他正领着妻子和孙女儿在家中后园的草坪上玩球。只听黑首领咬牙切齿地说:"发射,准备发射!"经过几分钟的准备后,各个操纵台纷纷回话:"准备完毕"……潜艇根据卫星传来的监测参数,已经自动调整好了方向,导弹的发射系统也已经瞄准了总统府,屏幕显示框牢牢地锁定了目标。总控制台前的首领听着传来的“准备完毕”声音，脸上露出了得意的微笑，他似乎已经看到了总统官邸一片瓦砾，总统及其家人的躯体四分五裂，又似乎见到前任首领对他微笑，他的手下对他更加佩服、忠诚。猛地，他将手一挥，“发射!”只听“轰，轰”两响，潜艇的躯壳顿成碎片，海面泛起狂涛。

很快，X国总统得到了报告:“根据卫星的监测和海军的侦察得知:A3恐怖组织已经在太平洋底爆炸覆灭了。”总统轻舒了一口气，为此他已经很久没能睡好了。三个月以前，在恐怖分子劫走了核潜艇以后，他立即组织了专门小组进行反恐怖。由于恐怖分子的狂妄，他们曾利用卫星通信系统多次试图闯入国防系统进行破坏，并在网上宣扬他们的“战果”，专家们制造了一个假的国防数据库，以勾引恐怖分子进入，同时跟踪这些网上入侵分子，终于找出了恐怖分子的“据点”。于是他们将计就计，悄悄地将恐怖分子的导弹系统进行了修改，使得导弹系统一旦启动就自己引爆。当恐怖分子得意扬扬地启动按钮欲炸毁总统府时，终于钻进了“自掘的坟墓”，葬身海底。

利用高科技，在数字化空间中“不战而屈人之兵”并非神话。数字地球革新了国家安全监测与入侵反应的手段，同时也面临着新的考验。这中间，高科技成为兵家“必争之地”。

11.4 武器装备发展的体系化趋势

11.4.1 理想部队勇士

英国《简氏防务周刊》于2001年3月7日报道，美国陆军正在为其未来步兵研究新的技术和装备，以作为未来战斗系统项目中类似研究的补充。这项名为“理想部队勇士”的计划是“地面勇士”项目的后续，旨在减轻步兵的载荷，同时赋予他们胜任未来战斗的技术和装备。

该系统将以一套轻型战斗被服形式呈现，内嵌个人局域网，用于健康监测并能够从无人机等平台下载态势感知数据。天线埋设在被服内，以减弱信号特征。该被服能够防破片、5.56毫米和7.62毫米普通枪弹以及7.62毫米穿甲弹，还具备生化防护能力。该被服还有可能包括一部安装在头盔上的警告系统，可对激光、狙击手和地雷威胁发出警告。装备该系统的士兵将具备视距作战和超视距能力。目前，美军步兵的负载为 40 千克，“理想部队勇士”系统的重量将为 22～25 千克，可大大减轻步兵的负担。考虑采用的弹药包括空炸弹药和 5.56 毫米轻型动能弹。美国陆军希望“理想”单兵战斗武器能够发射带寻的头的空炸弹药。此外，也有可能会研制新的 5.56 毫米轻型动能弹。

该系统还考虑采用一种名为“机器骡”的装备，用它来运载额外的装备和补给品，以提高步兵的耐久力和机动性。此外，也可以在战场上布置小型传感器来提高态势感知能力。

11.4.2 “哥白尼”计划

美国海军利用先进的计算机数据处理和多媒体技术，以及先进的侦察监视和通信技术，建设一个超大规模的“哥白尼”计划。这个计划由监视、情报、识别、环境和定位输入及作战决策支援等组成，通过数据链系统将全球信息交换系统、战术数据信息交换系统和战场信息交换系统等各个节点连通，在高层战略指挥官和战术指挥官乃至射手之间建立起一条高速信息通道，从而实现“从传感器到射手无缝连接”这样一个良好的信息共享环境，使所有作战人员无论在海上还是在空中都能够近实时处理、存储和操纵大量的战场信息。“哥白尼”计划的实施，从一个侧面表明了武器装备发展的体系化趋势。

以往，军事装备建设大都是重视单项战术技术性能的提高。而“哥白尼”计划能将战场监视和侦察、目标获取和定位、武器发射、制导和战斗损伤评估等通过信息系统的“黏合”作用凝聚成一个整体，能够实现作战情况的综合分析和处理。这样，就会提高各作战单元、各武器系统相互之间的融合程度，实现武器装备的横向一体化。

当今信息时代的主要特征是网络化，只有信息与物质能量紧密联系在一起，才能充分发挥最大的作战效益。蓬勃发展的新军事革命带来了许多前所未有的新鲜事物，最重要的是如何提高现有装备的综合效益，使之实现网络化和一体化，即把各种孤立的军事装备真正融合成一个大的体系，形成整体作战能力。科索沃战争中，南联盟空军虽然拥有当今世界一流的米格- 29 战斗机，但由于缺乏战场信息感知一体化系统，没有完整的防空预警体系，没有预警机的空中引导，因而始终处于被动挨打的地位，开战仅 3 天就有 6 架飞机被击落。实践证明，在高技术战争中，只有注重整体联动效应，才能使武器装备在战场上发挥出“1+1=2”甚至“1+1>2”的效果。

“哥白尼”计划启示我们，必须注重武器装备的整体联动效应，而这种整体联动效应的关键是作战空间信息一体化能力的增强。未来，战争的胜负在很大程度上将取决于谁的军事装备体系更完善、更配套，谁的军事装备一体化程度更高，谁能掌握信息优势并将其转化为全面优势。有鉴于此，我们在武器装备的建设和使用上亦应确立“体系”的新观念，从“体系”的角度来思考和谋划武器装备的建设和发展，使武器装备体系具有极大的黏合强度和聚合能力，达到战斗力的最佳集成。

11.4.3 美陆军数字化部队由构想走向战场

美国陆军数字化部队奔赴美国国家训练中心，向世人展示其作战潜能。经过数年的努力，美军终于将陆军第 4 机械化步兵师打造成了世界上第一支数字化部队，在得克萨斯州胡德堡正式投入使用。

11.4.3.1 特色：耳聪目明信道通

数字化部队与普通装备部队的根本区别在于，数字化部队从高层指挥机构到低端的战术单位及至单个武器平台和单兵，都采用了数字化的通信装备。这种部队通过改变传统的信息获取与传递方式，在战场上高效率地利用所有战斗资源，快速准确决策，合理协调，使参战部队相互支援、协同作战，从而大幅度提高部队的战斗力与生存力。

实现了数字化的部队，将变成由声音、图像、文字、数据等数字化信息构成的巨大“作战平台”。在这个“作战平台”上，运用计算机技术把战场上的话音、文字和图像等各种信息变为数字编码，尔后，通过无线电电台、光纤通信、卫星通信等传输手段，使各个作战单元联系在一起，形成一个立体交叉、纵横交错的计算机通信网络。

在传统的战场上，由于受到侦察和通信手段限制，战场指挥官往往难以及时发现战场上的敌情，特别是敌方战场纵深的情况变化，只能靠有限并且有时不实时的情报做出分析和判断。这些并不十分清晰和可靠的情报，极容易浪费战场最为宝贵的资源——兵力、火力、机动力与作战时机。战场上的士兵也常常会感觉到,尽管你在努力作战,但由于对战场情况的了解不足,对自己所做的努力是否和上级的意图相一致没有把握,经常会处于一种茫然无措的状态。

对于数字化部队而言,上述难题将迎刃而解。参战部队的指挥官和全体士兵对战场情况的了解和控制将非常全面,也非常精确。指挥官将对数百千米乃至上千千米范围内的战场情况有全面和及时的了解,普通士兵也能知道更多、更准确的战场资料,甚至对敌、我、友各方情况了如指掌。具体说来,数字化部队与传统作战部队相比具有如下特色:

指挥控制灵活。小型化、分散性、机动作战将是21世纪陆战的基本特点,由此对指挥控制提出了新的要求——远:在更远的距离进行通信联络,以对分散的各方向各地域作战部队的行动加以协调控制,并利用更远距离的发射平台的火力;快:未来战场的透明性,决定了指挥机构必须快速决断;准:大规模的全面对抗基本是一场"对称"的形态,容不得某一方有丝毫差错。由现有的数字化装备及其发展趋势来看,数字化部队所拥有的情报信息的获取、传递、处理一体化的方式基本能满足这一需求。

信息传递实时。获取的信息是否有效,主要体现在信息传递是否实时、有效。数字化部队间的情报网,能随时掌握敌方的兵力部署、武器配置等方面的情报,并将包括执行侦察任务的侦察小组到作战指挥总部的己方各作战单位紧密联系起来,实现信息共享。

部队行动神速。未来战争中,快速的机动和攻击行动可以使防御一方来不及做出反应,是战斗或战役中制胜的重要法宝。数字化部队信息灵通,传递迅速,指挥官可以通过快速的情报收集和近实时化的传递,随时拥有全面而准确的战场全景图,果断地下定决心,迅速集中战斗力量,争取战场上的主动。对战场形势判断准确,决策迅速,可以适时地机动到战场上的有利位置,从而赢得战场主动权。

武器反应迅速。未来战争中,各种武器系统越来越复杂,成套率越来越高,如何提高武器系统的反应速度、形成整体威力,就成为研究未来战争的重要课题。数字化部队可以实现从具体的武器系统到不同层次级别的作战体系之间借助通信网络来构成一个有机整体,加强武器系统的互通,提高武器反应速度。

11.4.3.2 指挥：上通下达渠道顺

根据美国陆军最新版《作战纲要》所提出的“多能作战”原则，数字化部队编制的指导思想，主要是为了满足未来发生地区性局部战争或突发事件、能够快速实施兵力投送和同时执行多种作战任务的要求。其将以战术单位为主，规模与编制都比现行部队精练。编成原则遵循人与武器、计算机三者有机结合，适应整个作战信息流动、信息共享的需要。

美陆军针对数字化部队的特点，专门提出了建立“陆军作战指挥系统”的构想，其基本思路是：将美陆军的各种指挥与控制系统组成一个一体化的互联网络，使上至国家指挥当局、下至基层分队连成一体，实现信息共享。该系统可对从各渠道获取的信息进行综合，并将其显示成数字化图像。各级指挥官可从中直接调用各自所需信息，实时掌握敌我双方情况，减少战争中的混乱和阻力。

数字化部队由于信息搜集、处理、传输和显示能力大大提高，建立了人机结合信息网络作战指挥与控制信息系统，将战场上各部队的指挥与控制系统组成了一个高效的信息共享网络，指挥官在决策和在各参战部队间进行协调时，效率大大提高，指挥体系变得少而精干，减少了上下级之间指挥控制的中间层次。

此外，数字化部队由于低端战术单位乃至单兵都对战场情况相当了解，对上级作战意图、相互关系位置、敌方战场动态等一目了然，能够实现全新型的所谓“分散化网络指挥”。美前陆军参谋长沙利文认为：“分散决策，而不是集中决策，才是21世纪的主要方向。”这种决策方式的好处是显而易见的：信息量变得少而清晰明了；信息传输途径大大缩短，反应速度提高；容易调动下级指挥官与单兵在战场上的主观能动性与积极性等。

11.4.3.3 装备：三位一体显神威

美军数字化部队的数字化装备主要体现在三个方面：指挥控制系统数字化(主要是C3I系统)，武器平台数字化，士兵装备数字化。

指挥控制系统是正在研制、试验和调整阶段的第3代指挥、控制、通信和情报系统。该系统由5个功能领域、3个通信系统和通用的计算机硬件和软件组成，可实现陆军内部纵向、横向联网，并能与各兵种和盟军的相应系统互通，使各种战场功能综合为一体，是解决陆军从营到军各级部队数字化的核心系统。目前，该系统中一些分系统已装备部队，并在海湾战争中试用过。预计整个系统在21世纪初叶正式投入使用。

武器平台数字化主要是在一些传统兵器上加载数字化装备，从而加强或扩展传统兵器的作战能力。如在MIAI主战坦克上装备车际信息系统(IV1S)、指挥官综合显示器、驾驶员综合显示器、定位导航系统等；在战斗指挥车装载旅和旅以下指挥控制系统、高级野战炮兵战术数据系统、全信息源分析系统、增强型定位与报告系统等；AH-64C/D"阿帕奇"攻击直升机上，则装有综合地面定位系统、数字式空中目标交接系统等。即使在最为传统的火炮上，也装载有大量的数字化设备，如M109A6"侠士"自行榴弹炮，装上了定位、导航与定向系统，炮载技术射击控制系统；M106AZ增强型迫击炮，装有全球定位系统、数字指南针等。

单兵装备数字化，主要是指士兵随身携带士兵计算机和士兵电台综合系统。士兵计算机体积小，重量轻，可装在军服口袋里或挂在武装带上，控制方式为话音控制或手动控制。它是单兵全身数字化设备的"中心"，可以控制士兵随身携带的其他电子设备。士兵电台能保证单兵与班内、其他班的成员以及与战车、武器系统的通信联络，能传输话音、数据和图形。它比士兵计算机略重，但加上电池也不会超过一公斤，非常轻便易带。

11.4.4 印军积极进行信息系统建设

印度《国防研究与分析》网站报道，自21世纪初期开始，印军积极进行信息系统建设。在空军、陆军、海军三军中信息化推进得到了举世瞩目的成就。

11.4.4.1 空军

综合地面环境系统由雷达和通信网组成，为各防空部队提供监视服务，其网络也连接到战术空军中心司令部、防空指挥中心和联队指挥部，并可提供近距空中支援；在后勤方面，印空军已发展出了"联合材料管理在线系统"；在通信管理方面，印空军还发展了一个专门的"分布式信息转换系统"，并可添加诸如电邮、传真和视频传输等附加功能。同时，印空军目前还正在研制"综合防空系统"，该系统是一个全国范围的网络系统，可把全国的雷达和其他传感器所探测到的信息综合起来，提供实时的空中图像，从而使防空部队能在真实的空战中实施指挥和控制。

11.4.4.2 陆军

印陆军目前已开发出了两种信息系统并继续对其进行完善。一是“管理信息系统”。该系统专门用于行政管理，如人员管理、车辆管理、原材料管理和物资控制等。军区司令部与陆军司令部之间的联网工作也已开始；二是“陆军战略信息系统”。主要用于陆军司令部与军区司令部及各军区司令部之间的作战信息交流，逐渐建成一个C4I2系统。在下级单位中，它将与作战部队的战术C3I系统联结，其最终目标是建成在战略、战役和战术间的联网。在战术C3I系统下还有许多子系统，负责通过雷达输入信息、向各指挥官提供快速通信、处理、过滤和分发信息等，最后使指挥官根据所掌握的信息为作战行动做出决策。

11.4.4.3 海军

印度海军信息技术程度很高，目前已实现了主要指挥控制中心、后勤基地、保养机构和军舰的联网，其作战信息系统已把德里的海司作战室与东、南、西三个海军司令部作战中心和数据库连接起来，任何一个海军司令部中的任何作战部队均可与其他作战中心或德里的作战室交换情报。此外，印海军中还有一个联合后勤管理系统，通过大网络将主要后勤基地连接起来，所有有关单位和用户都可以进入该网络。

11.5 中国的现代军事

11.5.1 军事测绘与现代信息化战争

军事测绘主要包括军事大地测量与导航定位、军事摄影测量与遥感、军事地图制图与地理信息系统、军事海洋测绘、军事工程测量以及军事测绘保障等。随着现代科学技术的飞速发展及其在军事领域的广泛应用，战争的基本形态发生了重大变化，诸军兵种在多维广阔的战场空间内联合作战的样式、规模、武器装备和组织指挥等对军事测绘提出了越来越高的要求，测绘保障将更多地直接参与现代化作战指挥和决策，已成为高技术指挥控制系统和武器装备的重要组成部分，并为信息化战场提供实时、准确、统一的地理空间信息，成为夺取战场决策优势、保障一体化联合作战胜利的基础。

在现代战争中，信息优势的争夺日趋白热化，航天、卫星技术的快速发展和太空资源争夺的日益激烈，未来战争将由原来的陆海空进入太空领域，随之而来军事测绘保障范围的立体扩展也日益突出。同时，陆、海、空、天的战争一体化发展，也正在改变传统的陆地测绘和海洋测绘分头管理的格局，正向统一的测绘保障体系迅速变革。

2000年，一批数字化遥感测绘成果在原沈阳军区、原兰州军区推广使用，标志着中国军队开始形成数字化遥感测绘的规模生产能力。

据《解放军报》报道，这批科研成果是由信息工程大学测绘学院组织专家教授研制的，主要包括"数字测图系统""地图信息快速采集系统""三维数控成型系统"等。

近年来，测绘学院着眼于未来高技术战争的要求，瞄准学科发展前沿，加强了"航天摄影测量"和"遥感图像信息工程"两个新专业的建设，增加了遥感测绘及数字化战场建设急需的高新技术的比重，并确定了"航天摄影定位""数字摄影测量""图像信息系统""军事遥感影像理解"等前沿技术的研究方向。

此外，这所学院还建成了军事遥感信息工程实验室，新开了适应学科主干课的实验项目，形成了航天遥感图像处理系统等8个系统，加速了摄影测量与遥感学科全面走向数字化的进程。

为了使新成果尽快应用于部队，学院组织专家、教授、青年教员，紧密结合部队实际开展研究，如他们研制的"军事目标电子图集制作系统"，是三维地形可视化技术与图形图像高度融合的一门新技术，可以实现战场地形环境的真实再现，是作战指挥、训练演习、地形教学的重要平台。

11.5.2 中国研制成功虚拟战场系统

中国军队第一台可虚拟各种战争场面的可视化平台于21世纪之初通过鉴定，被由多名院士和教授组成的专家评委认为"属国内首创，具世界先进水平"。

这套系统集虚拟现实、模拟仿真、人工智能、指挥自动化等多种技术于一体，能快速准确地生成各种三维作战地理环境，逼真地模拟动态的云雾、水流、海面、波浪及各种作战人员、飞机、舰船、车辆的机动和交战情况，加之烟尘、火光和各种战场综合音响效果,其战场仿真效果达到相当高的程度。

这套系统还包涵了中国军队陆、海、空三军各军兵种所有现有装备及外军装备模型,可适用于中国军队各军、兵种的模拟作战演习。这套系统应用于“作战实验室”,对于作战指挥训练、战法研究、装备性能分析等都具有良好的应用价值。

战场可视化技术是各类作战指挥模拟系统实现虚拟化、智能化的基础。此前,中国军队研制的各类作战指挥模拟系统均因缺乏逼真的可视化技术,而致使模拟作战演习效果受到影响。

专家们认为,这套系统的研制成功,使中国军队拥有了标准、通用、高性能价格比的具有独立知识产权的战场可视化系统开发平台,将大大地推动虚拟现实技术在军事领域的广泛应用,使中国军队的作战、训练以及武器装备的发展呈现出前所未有的生机。

12 网络学校

12.1 网络学校概述

网络学校其实就是人们通常说的 E-learning，或 CBE（Computer Based Education）。所谓网络学校，简单地说，就是在线学习或网络化学习，即在教育领域建立互联网平台，学生通过 PC 上网，通过网络进行学习的一种全新的学习方式。当然，这种学习方式离不开由多媒体网络学习资源、网上学习社区及网络技术平台构成的全新的网络学习环境。在网络学习环境中，汇集了大量数据、档案资料、程序、教学软件、兴趣讨论组、新闻组等学习资源，形成了一个高度综合集成的资源库，而且这些学习资源对所有人都是开放的。一方面，这些资源可以为成千上万的学习者同时使用，没有任何限制；另一方面，所有成员都可以发表自己的看法，将自己的资源加入网络资源库中，供大家共享。E-Learning 的“E”代表电子化的学习、有效率的学习、探索的学习、经验的学习、拓展的学习、延伸的学习、易使用的学习、增强的学习。

12.1.1 媒体技术的功利主义是 E-Learning 的外显特征

从 PC 计算机到网络的发展，尤其是国际互联网（信息高速公路）的出现，为教育技术的发展写下了迄今为止最为辉煌的一页，它不仅使计算机的功能发生了惊人的巨大变化，更主要的是将信息时代的社会细胞（多媒体计算机和掌握多媒体技术的人共同构成信息时代的社会细胞）连为一体，由此创造出全新的网络文化。所谓联网,绝不仅仅是计算机的联网,而是人类智慧的联网!以往我们常说,计算机是思维的工具,是人脑的延伸,而国际互联网却通过全球计算机的互联,将古今中外全人类的智慧汇聚到覆盖全球的巨型复杂网络系统之中,这才真正称得上是人脑的延伸,不仅延伸了个体的大脑和思维活动,而且创造了一个外化的、每时每刻都在急剧发展的全人类的大脑!

12.1.2 人格化的人本主义是 E-Learning 的内在特性

人本主义是 20 世纪 50 至 60 年代在美国兴起的一个心理学学派,强调人的尊严和价值。在人本主义看来,自我实现是促使人生长和发展的最大驱动力,甚至是推动社会发展前进的动力,而 E-Learning 关注的就是人的自我实现。因此,自我实现应该成为 E-Learning 的确定目标。

E-Learning 充分实现了个性化学习。在互联网上,没有统一的教材,没有统一的进度。每一位学习者都可以根据自己的学习特点,在自己方便的时候从互联网上自由地选择合适的学习资源,按照适合于自己的方式和速度进行学习。

E-Learning 改变了学生的认知过程。文本、图形、图像、音频、视频等媒体手段的合理应用,使学习内容有形有声有色,具有较强的直观性,能够引导学生直接认识事物的发展规律和本质属性。

E-Learning 实现了教师与学生之间的相互理解和信任。人本主义认为,教学是一种人与人的情意交流活动,教师应该把自己的情感因素转移到学生身上,促进学生自觉地积极学习。E-Learning 为教师的移情提供了先进的媒体手段,它可以把远方的物体呈现在学生面前,可以把复杂的东西变得简单,把抽象的东西变得具体,还可以改变学生的时空观。同时,便捷的媒体手段使教师有更多的时间与学生进行交流。

E-Learning 不仅使自主学习成为现实,而且使自主学习成为时尚。学习者在时间上和内容上有了充分的选择余地,自主学习成为必然。西方有句名言:"最有价值的知识是关于方法的知识。"19 世纪德国教育家第斯多惠也指出:"不好的老师是转述真理,好的老师是教学生发现真理。"

E-Learning 为学习者提供了丰富的学习资源以及选择学习材料和学习方式的机会。学习者能够根据自己的需要,选择和决定所学内容和学习方式。在具体的学习过程中，学习者结合自己的特点和经验，分析面临的学习任务和学习情境中的相关因素，根据自身的条件，提出个人的实现目标和需求，然后根据自己确定的目标，选择自己喜爱的学习方法，建立解决问题的方案。在实施过程中，可以随时随地根据学习结果，评价自己达到的水平，找到自己的差距，加强薄弱环节，巩固已知内容，真正地发展和完善自我。

12.1.3 交互式协作学习是网络学校实现的手段

E-Learning 充分体现了交互式合作学习的优越之处。在互联网上，学习者不仅可以从网上下载教师的讲义、作业和其他有关的参考资料，而且可以向远在千万里之外的教师提问，与网上的其他同学讨论和评价在课堂上所学的知识，从而调动了学习的积极性，有利于发展学生个体的思维能力，增强学生个体之间的沟通能力以及对学生个体之间差异的包容能力。此外，这种交互式合作学习对提高学生的学习成绩、形成学生的批判性思维与创新性思维、对待学习内容和学校的乐观态度、小组个体之间及其与社会成员的交流沟通能力、自尊心与个体间相互尊重关系的处理等都有明显的积极作用，并且充分地发展学生的个性，充分调动学生学习的内在动机，创造出和谐融洽的人际关系。

12.1.4 信息素养是 E-Learning 的重要内容

面对网络时代的到来，学生的信息素养的培养正在引起世界各国越来越广泛的重视，并逐渐加入从小学到大学的教育目标与评价体系之中，成为评价人才综合素质的一项重要指标。信息素养的获得日益成为世界各国教育界乃至社会各界关注的重大理论与实践课题。

信息素养概念是从图书检索技能演变而来的。美国将图书检索技能和计算机技能集合成为一种综合的能力、素质，即信息素养。自从信息素养的概念在美国的教育界被普遍认可以来，其定义就不断地扩展和演变。1992 年，道尔在《信息素养全美论坛的终结报告》中给信息素养下的定义是："一个具有信息素养的人，他能够认识到精确的和完整的信息是做出合理决策的基础，确定对信息的需求，形成基于信息需求的问题，确定潜在的信息源，制定成功的检索方案，从包括基于计算机的和其他的信息源获取信息，评价信息，组织信息用于实际的应用，将新信息与原有的知识体系进行融合以及在批判性思考和问题解决的过程中使用信息。”

信息素养作为一种高级的认知技能，同批判性思维、解决问题的能力一起，构成了学生进行知识创新和学会如何学习的基础。信息素养不仅仅是诸如信息的获取、检索、表达、交流等技能，而且包括以独立学习的态度和方法，将已获得的信息用于信息问题解决、进行创新性思维的综合的信息能力；不仅是一定阶段的目标，而且是每个社会成员终生追求的目标，是信息时代每个社会成员的基本生存能力。适应多媒体和信息高速公路所创造的数字化生存新环境，成为每个公民必须具备的基本生存能力，成为每个社会成员进入信息时代的“通行证”。

在 E-Learning 中，能够培养学生对信息技术的兴趣和意识，使他们了解和掌握信息技术基本知识和技能，了解信息技术的发展及其应用对人类日常生活和科学技术的深刻影响。网络课程的开展，不仅使学生具有获取信息、传输信息、处理信息和应用信息的能力，还能教育学生正确认识和理解与信息技术相关的文化、伦理和社会等问题，负责任地使用信息技术；培养学生良好的信息素养，把信息技术作为支持终身学习和合作学习的手段，为适应信息社会的学习、工作和生活打下必要的基础。

12.1.5　培养创新型的人才是 E-Learning 的终极目的

通过在线学习，培养学生的创新能力，主要是培养学生的创新思维能力和创新实践能力。创新思维能力主要包括五个基本特征：积极的求异性、敏锐的观察力、创造性的想象力、独特的知识结构以及活跃的灵感与直觉。创新实践能力包括实验动手操作能力、组织管理能力和创新成果开发与转化的能力，捕捉和处理信息的能力等。

通过在线学习，培养学生的创新精神，就要培养学生的创新意识和创新人格，具体讲就是培养学生的好奇心、自信心、责任心、进取心、竞争意识、冒险精神、敢于否定与怀疑的意识、承受力、决断力和群体意识与团队合作精神等，并帮助学生树立人生远大奋斗目标和阶段奋斗目标。

12.1.6　网络学校特点

学生与教师不需要面对面授课听课，采用传输系统和传播媒体进行教学，信息的传输方式多种多样，学习的场所和教学形式灵活多变。突破了时空的限制，提供更大的学生容量和学习机会，扩大教学规模，提高教学质量，降低教学成本。基于网络教育的特点和优势，网校已成为一种普遍的新颖的教学方式和手段。其主要优势如下：

方便快捷。网络学校已经摆脱了传统教学模式，学生不用去教室听课，只要通过网络就能第一时间掌握知识，极其便捷。

网络学校通常都采用名师录制课件讲授，学生可以受到全国顶级名师的指导，是过去的学校、教室这种传统教育场所实现不了的。

网络学校提供全方位的服务。更加全面，人性化，学生往往可以享受全天候的教学服务，更好地掌握知识。

网络学校培训费用低廉。利用网络传输的信息流，省去了面授的教室占用，招生宣传等费用。

中国普遍很认可文凭，高中学历是远远不够的，最好能有个大专或本科文凭，日后的发展才更广阔。网络教学提供了这样一个广阔的开放式的教学平台，实现了这种可能性。

12.1.7 E-Learning 成功的关键

在企业中实施 E-learning，并不是简单地购买平台和发布课程，目的在于和企业内部的各种资源相互协调融合，共同促进企业的进步和发展，所以实施 E-learning是一个系统的、科学的过程。小型企业实施 E-learning 的侧重点可以放在经理人自我学习和教练团队方面，大中型企业实施 E-learning 的侧重点应该放在 ojt(在职辅导与训练)结合方面。

由于时空条件的限制，传统培训解决了企业培训“点线”的问题，而 E-learning 可以实现随时、随地培训，因而解决了组织培训“面”的问题，是大中型企业或组织培训的基础。

E-learning 作为专业的培训应用信息系统，其规划和实施过程都应该是科学而系统的，没有经过调研和分析，仓促上马肯定会给企业带来损失。

在整个 E-learning 实施的过程中应当注意以下 6 个关键要素，它们是成功进行 E-learning 培训的有力保障：

① E-learning 实施是“一把手”工程；

② 明确 E-learning 引进定位；

③ 确保基础设施的正常运行；

④ 课程内容呈现方式要多样化；

⑤ 注重课堂培训与在线培训的相互结合；

⑥ 培训效果要进行测评和跟踪反馈。

12.2　网络学校功能和模块

12.2.1　系统设计思想

基于 Web 的远程教学课程模式的选择焦点是如何将课程提交给学生，即课程结构的信息展示方式。首要任务是将课程内容传送给学生，知识是学生与课程材料以及课程提供的活动的交互作用。交互性还体现在电子答疑，教师的作用是配合与课程内容交互学习的学生，解决学习过程中的疑难问题，并及时批改作业。学生也可以通过“讨论组”的方式相互交流，取长补短。同时，还具有网络考试及评分的功能，用来检验学生的学习效果。

12.2.2　系统功能

12.2.2.1　课程学习

通过与课程配套的 CAI 课件，学生可以进一步理解课堂讲授的知识，可以通过 CAI 课件自学部分课程的内容，以及进行一些课外练习，是以教师指导下的同学自主式学习为主的教学模式。由于课件的交互性，学生不但可以自己掌握学习进度，还可以边学边练，获得比传统授课更好的效果。

12.2.2.2　电子答疑

学生不受时间、地点限制，可以通过网络向教师提出问题，并且查看教师的有关解答。任课老师可以将那些带有普遍性和重要的问题加以归纳并给出解答，使更多的学生受益。

12.2.2.3　交流与讨论

为师生提供一个教学讨论的宽松环境。同学之间也可以在这里互相帮助，交流信息。

12.2.2.4 作业提交

学生通过上传和下载文件来完成提交作业和取作业的任务。

12.2.2.5 消息发布

教师用来公布与本课程有关的通知，如提醒作业提交日期和考试时间等。

12.2.2.6 模拟考试、考试与自动评分

模拟考试可以让学生根据学习进度自由选择知识点生成模拟试卷，对所学知识进行自我评定和检验。考试与自动评分可以实现基于网络 Web 的无纸化考试及自动评分功能。

12.2.3 网络学校模块

12.2.3.1 行政管理办公室

是学校与社会保持联系的组织机构，包括网络学校的教育目标、课程设置、入学手续、毕业条件等各种公众信息。同时，执行和宣传有关招生、入学、注册、教学、评价、毕业、奖学金、学生会等方面的内容。

与传统的学校不同的是，这一切都是通过网络进行操作的。学生在家中就可选择适合自己的学校，完成注册入学和毕业登记手续等。

12.2.3.2 课堂（或在线学习）

和传统的学校校区、校园和上课教室不同，是通过网络平台促进教师和学生之间相互交流的网络学校和课堂。教师根据教学目标和学习者的不同特点，精心编制的网络多媒体教材代替了纸质书本和课堂面授讲课。教材一般包括课程教学大纲、课外学习材料、家庭作业布置等有关教学资源，具有良好的交互性，便于学生进行自学和自我测评。有些网络条件较好的学校还有视频点播、通过电子白板和视频会议等实施交流的方式，由辅导教师定期为学生答疑、交流和互动。同时，教师还会为学生提供丰富的相关教学资源链接，供学生拓展学习。学生也可自己到网络图书馆进行信息查询和学习。

12.2.3.3 教师指导中心

用于教师进行教学研究、教改讨论、指导学生学习。传统的教育方式，教师必须提供纸质的教学大纲、课程辅导材料，为学生在学习过程中遇到的各种困难提

供面对面的指导和帮助,评价学生的学习效果。而作为网络学校的教师,除了教学,更主要的是通过网络平台研究和了解外面的世界,给学生提供更多的信息、与学生交流。教师拥有学生档案信息,可通过电子邮件给学习者以及时的指导和帮助。

12.2.3.4 学生课桌

学生用来存放自己的网页、学习计划、作业、研究项目、课程和学习的材料等。提供学生记录疑点和做笔记的功能,帮助学生记录自己的学习过程。内容便于检索,方便学生自我的知识管理。

12.2.3.5 学习小组

学生与学生之间交流、协作的场所。在网络学校,学生不仅能同教师在网络平台上直接交流,还可通过聊天室、BBS 等场所与其他学生进行交流。根据学习主题来为学习者确定协作学习目标,分组原则以及提供协作资源和协作空间,发挥网络媒体的强大的交互性,以促进学习者之间及教育者之间的协作。

12.2.3.6 评价中心

通过网络对网络学校的学生能力和成绩进行评估。一种是离线测验,留给学生许多问题,让学生回答,然后提交。另一种是在线测验,让学生参加网上考试,并迅速反馈考试结果,进行评价。在这两种方式中,测验题目由教师从题库中挑选或由高级计算机系统生成。通过计算机对学生答卷进行统计计算后,计算机考试系统把结果反馈给学生,并联系考试结果进行评价。这种在线评价节约了教师的工作时间,并能很快获得反馈,增强了考试工作灵活性,改变长期以来靠发书面通知收集数据、用手工统计分析有关资料、制作各种报表费时费力且时效性差的落后管理状况。

12.3 网络教学支持平台

实际地、完整地实施基于网络的教学,需要一套易用、高效的网上教学支撑平台的支持。国际市场上有 Lotus 公司的 LearningSpace、英属哥伦比亚大学计算机科学系开发的 WebCT（Web Course Tools，http://homebrew.cs.ubc.ca/webct/）、WBT System 公司的 TopClass（http://www.wbtsystems.com/）和加拿大 Simon Fraser 大学开发的 Virtual-U（http://virtual-u.cs.sfu.ca/vuweb/）。国内许多公司和学校也已经开发了类似的软件，各重点院校为现代远程教学而开发的教学支持系统。

了解网上教学支撑平台应该具有的功能、可以或应该提供哪些方面的辅助支持、目前的产品各具有哪些特点等，对于有效地开展网上教学是十分重要的。

12.3.1 网络教学支撑平台现状概述

大约是在1996年底，1997年初开始出现支持网上教学的软件平台，完整地支持基于网络教学的支撑平台应该由三个系统组成：网络课程开发系统、网络教学支持系统和网络教学管理系统，分别完成 Web 课程开发、Web 教学实施和 Web 教学管理的功能。后两类平台一般要比第一类平台更强调无须学习编程，无须掌握 HTML 就可以开发出所需要的课程，可以满足网上教学的常规要求，只是所开发的课程有结构雷同、个性不强、发挥余地有限的缺点。

目前，远程教学平台的开发热点也主要是集中于网上教学管理系统和教学支持系统的开发，对教学过程提供全面但是比较基础的支持，如学生注册、教学传递、教学追踪等，在此之上的进一步发展必然是提供对课程开发以及教学过程较深层次的支持。

Web 作为教学媒体，其优势不仅在于它是很好的内容载体，可以随时随地地访问，还在于它提供了很多交流渠道，可以促进师生之间、学生之间的充分讨论，这对于提高教学质量、促进学生高级认知能力的开发是十分重要的。所以，也有一些远程教学平台就是在远程会议系统之上增加了教育管理功能，并逐步向全面支持网上教学方向扩展。

12.3.2 网络课程开发系统

网络课程开发系统主要完成网络课程内容的表示，支持基本教学逻辑的设计，同时还要提供一些设施和工具，方便和加速网上课程的开发。

对网络课程开发系统的一个基本要求是：所开发的课程应该可以在标准浏览器下阅读，不需要用户安装特别的插件。更进一步的要求是不仅所产生的课程可以在多个操作系统平台上使用,网络课程开发系统本身也应该可以在多个操作系统平台上运行。教学内容的表示:多媒体集成工具随着技术的发展,网上信息的内容和种类已基本不受技术条件的制约,课程内容的开发可以根据需要,选择合适的媒体形式,如文字、图形、图像、动画、音频、视频等。一般来说,这些基本媒体素材的制作创建都可以利用相关的专用软件,如文字图形可以用文字处理软件产生,图像可以用图像处理软件加工,动画可以用动画制作工具生成。

作为网络教学平台,对教学内容表示的支持主要是提供对各种素材的集成功能,这与传统的教学软件开发平台的功能是一样的,与传统教学软件开发平台的差别是所产生的最终结果必须能够在网上浏览,如可以转换为 HTML 格式的文件。

因此,网络课程开发系统每一新版本的推出,都是在说又提供了对哪些格式数据的集成,在现有带宽条件下如何提高了流媒体播放的效果,特别在支持教学交互性方面又有了哪些进展等。

考虑到带宽条件的限制,一些课程开发系统在产生课程页面的时候会自动提醒开发者设置在最简易环境下界面的布局,如不显示图形时,在该图形位置应该用什么文字表示要显示的内容;还有一些网络教学支持平台所开发的课程还考虑到有视力障碍的学生。

教学逻辑的设计:课程内容结构图教学逻辑体现了教学内容的层次和相互间的关联。网络教学和课堂教学的差别在于,在教室里,课程内容层次性的展现是由老师通过讲述一步一步完成的;在网络教学时,老师需要将这些关联通过内容的组织立体地揭示,引导学生自己去体会,同时还要注意不要影响学生对课程主干框架的认识,不能使学生感到内容混乱。

因此,网络课程开发系统要为开发课程的教师提供课程内容的建设框架,提供方便老师针对不同学生设计不同教学路径的功能。目前,这一功能的实现有两种途径:一种是提供内容的层次树;另一种是提供内容的关联图。定制学习路径的功能目前只有少数平台提供。具体课程内容的切换可以通过设置按钮、热区和超媒体链接方式实现,但要注意提供界面友好的逻辑性强的导航系统。

此外,有些系统还提供了自动索引工具和自动建词汇表的工具。索引和词汇表是学生学习很有用的信息检索工具。

课程的快速生成:模板和向导网络课程的质量,不仅取决于教学内容的质量、教学内容的表现形式,还取决于教学方法的合理运用、教学策略的具体实施,网上课程开发系统必须提供"低门槛",在保证开发课程方便快捷的同时,保证所开发的课程具有合理界面布局,有助于学生的学习、记忆和掌握。具体的做法是提供模板或开发向导。模板主要是某种类型页面设计的框架,向导可以引导教师完成教学模型或课程框架及页面的设计。使用模板和向导,教师只要按照要求填写有关的参数,系统就可以自动生成所需要的页面。

提供一致的外观,保证满足某个界面设计标准。模板还可以产生一些教师可能没有考虑到,但对教学有用的功能设施,实现一些对于教师来说不知如何实现的教学功能,如讨论组等。在有些情况下,模板还可以为拨号用户减少服务器下载和访问时间。

自动测试自动判题:网络课程开发系统的网络测试系统除了可以开发讲授内容外,还应该支持习题试卷的编写及自动生成。一般的网络教学支撑平台可以创建的题型和能够自动判题的题型有多项选择题、真/假题、匹配题和简答题,有些平台还提供题库管理系统,提供按需求从题库中自动出题、自动判题的功能。

为了了解所开发的课程在网上的表现,了解从学生视角看到的情况,老师必须以学生的身份使用系统。有些产品提供了在课程开发时替换角色的功能。

12.3.3 网络教学支持系统的主要功能

网络教学支持系统的功能包括课程的上网发布,教学过程中对教师教的支持和对学生学的支持,以及对教学活动的管理。

12.3.3.1 课程的网上发布

课程的上网发布为了保护课程内容的版权,一些网络课程开发系统用数据库管理所开发的课程,具体课程页面的显示根据向数据库提交的查询来确定,在这种情况下,课程访问速度、允许同时访问的人数将是网络教学支持系统性能的重要评判指标,一般要求是应至少允许 200 个学生同时使用同一课程。

此外,能够提供高质量文本和图形、高质量的视频和音频也是基本的质量要求。

12.3.3.2　教学活动设计和管理

① 教师工具评估系统。网络教学支持系统所提供的评估系统包括测验试卷的生成工具、测试过程控制系统和测试结果分析工具。测验试卷的生成工具在前面已做了介绍，有些系统有随机出题功能，可以为每个学生产生不同的试卷，以防作弊。测试过程控制系统主要完成对网上测试过程的控制，如在需要时锁定系统，不允许学生进行与测试无关的浏览，控制测试时间，到时自动交卷等。测试结果分析工具一般是根据每道题中的知识点和学生的答题情况，对具体学生给出诊断，对下一步学习提出建议。有些网上教学支持系统还可以根据考试测验的统计数据，运用教育评估理论分析题目的质量，如区分度、难度等。

许多系统对测验提供了自动批改即时反馈功能，一些产品还可以根据学生的答案提供个性化的反馈内容。有些系统允许教员通过对一些问题加权，进一步控制测试环境。

② 学生管理系统。网络教学支持系统应该支持教员根据教学需要，设定学生的行为权限，如可以做什么、不可以做什么、如是否可以查看成绩等。

由于网络教学非常适合于小组合作解决问题，分组学习、协同工作将是未来网上教学的重要组织形式。网络教学支持系统应该为老师给学生分组提供方便，比如老师只要设定分组条件(如按成绩)，系统就自动将学生分组，同时自动产生相关的一系列设施设定，如小组的主页、小组讨论园地、邮件列表等。老师可以以小组为单位，为这组成员布置特别的教学任务。

③ 教学辅助管理工具。对于教师来说，管理一个在线课程很花时间和精力，而网络教学又特别强调一个老师有可能教比现在多得多的学生，因此自动实现一些课程管理工作是十分必要的，使教师可以集中精力于学生的学习辅导。比如提供自动记分系统，在学生做完测验系统自动判分之后，自动将成绩登录，进一步，系统还可以自动提供反馈信息，自动建议学生下一步的学习内容；再比如提供邮件分类系统，对发到教师课程邮箱的信件进行分类，自动区分哪些是学生递交的作业，记录学生递交的时间是否及时，再进一步提供智能系统，自动分析邮件内容，进行归类，或自动解答或提供给老师统一解答。目前的网络教学平台在教学辅助管理方面功能还十分薄弱，而网络教育要发展，教学管理工作量繁重的问题

就必须解决。

12.3.3.3 学习和探索

学生工具网络教学支持平台通过为学生提供一系列辅助学习工具支持学生在网上的学习和探索。主要有书签、搜索工具、学习记录、学生工作区、电子白板、电子邮箱、协同工作等。

书签。学生可以标记所感兴趣的内容，以后再看，有些系统是直接利用浏览器的书签功能，但是浏览器的书签功能在显示页面是多帧的情况下往往不能正确标记。

搜索工具。搜索工具也是很有用的学习工具，有的搜索工具只能搜索本课程内容，或者搜索本课程的讨论内容，但也有一些系统允许学生在他所选的所有课程内容中搜索。

学习记录。学生学习记录重视教学理论的网上教学支持系统都很在意对学生个性的尊重，对学生学习的激励，如支持学生在课程内容上加注，允许学生去查看自己的作业完成情况，了解自己和班上其他同学的差距等。有些系统为了鼓励学生多做练习，允许学生多次完成同一套作业，只在成绩单上记录最好成绩，不过学生每次作业完成情况都会记录下来，老师可以查阅，发现学生的问题，提供适当的帮助。

学生工作区。学生工作区有些产品还支持学生自己建主页，用以张贴小组工作成果，或个人的项目介绍，并提供对学生主页的统一管理讨论和协作的交流工具。提供同步/异步讨论园地网上教学支持系统大多都提供了若干种支持学生之间、师生之间交换信息和讨论的工具，如公告栏、聊天室等。许多教师发现异步多线程讨论或基于E-mail的讨论更适合于专题研讨和课堂作业处理。有些产品提供聊天历史的记录功能。已经有一些网上教学支持系统开始提供实时视频或音频会议系统功能。

电子白板。一个在理工科很有用的讨论工具是电子白板，可以可视地表示公式及问题求解的过程，电子白板常与同步聊天系统、可视会议系统一起使用。

电子邮箱。课程电子邮箱在网上上过课的教师都有这样的体验，邮箱很快就被学生的问题邮件填满，当同时讲授多门网上课程时，区分管理这些邮件是很烦琐的事情。所以，现在一些网上教学支持系统就为师生按课程建立单独的邮箱账户，这样可以将不同课程的信件和私人信件区分开来。学生交作业可以用发电子邮件的形式递交，老师批改后再发给学生。

协同工作。使用计算机协同工作是计算机会议系统的功能，还没有成为网上教学支持系统的标准功能，但有这样的发展趋势。协同工作的意思是，在不同地方的人可以用同一种软件对同一文件一起编辑修改，每个用户都可以看到文件被实时编辑的过程。网上协同机制使不同地方的学生可以像现在的同班同学一样合作完成某个作业，一起做项目。

12.3.3.4 网络教学管理系统

网络教学管理系统必须集成数据库工具，实现在线自动课程管理。网络教学管理功能主要包括课程管理、学籍管理。考虑到以后网络教学将与现在的教学系统融合在一起，网络教学管理系统应该与现有的学校教务管理系统有较好的兼容性，如双方数据可以互相导入导出等。

课程管理。课程管理包括设立课程，指定课程相关人员，如开发人员、授课人员、助教人员和学生的权限和口令，分配建立与课程相关的设施，如邮箱、讨论区、网址等。课程管理还可以提供灵活的数据库报表功能，为教员和管理人员提供有关课程的各种统计信息，数据库连接应采用标准的接口，如 ODBC。

学籍管理。学籍管理以学生为单位，记录每个学生所选的课程和在每门课程的得分情况。有些系统提供了在线注册功能。根据是否进行在线交费，网上教学管理系统所提供的安全权限也不同，有的系统提供了多达 9 级的安全措施。

教学数据采集。学生跟踪系统在进行网上教学时，教师的角色已从讲课者变成学生学习的引导者和服务者，为此老师需要监控学生的学习情况，了解学生的学习进展，已取得的学习成就，及时地发现问题，加以引导。通过学生跟踪系统，教员可以了解到某个学生何时进入课程，花了多长时间阅读某页内容，做了什么练习，对多少题，错多少题，是怎么做的，有些产品还可以向教员提供学生曾经访问过的站点的地址。总之，学生跟踪系统可以为教员提供详细的学生进展报告，利用这些数据不仅可以有针对性地因材施教，还可以改进和提高课程的质量，比如 WebCT 就可以根据学生跟踪系统的统计结果了解课程每个页面的点击次数和持续时间，由此数据可以推测到教学内容的趣味性和难易程度。

教学资源的管理。课程资源库为了保护课程内容的版权，充分复用课程资源，一些网上课程开发系统采用数据库管理所开发的课程内容，当被管理的课程内容的粒度小到一定程度时就产生了该课程的资源库。大多数网上教学支撑平台目前还没有提供资源库的管理，只提供了课程库的管理。

12.3.4 网络教学支撑平台发展趋势

据实践体会及对网络教学发展的认识，我们认为网络教学支撑平台在未来几年会向下面几个方向发展。

12.3.4.1 从单一的网络教学平台向支持多模式的网络教学支撑环境发展

目前的网络教学平台大多是支持基于课程讲授型的教学模式。相对于网络教学平台的单一和固化，教师的教学策略和教学活动则是灵活的，随着教学对象、教学内容和教学进程的不同而不断发生着变化。因此，有必要研究适合多种教学模式和教学策略的弹性的网络教学环境。使得教师或教学设计人员可以依据不同的教学模式和策略自行灵活设置支持该教学模式或策略的网络学习环境，提供从教学模式和策略到实际网络教学活动设计的可操作的方法与工具。

12.3.4.2 网络教学平台与资源中心相结合

教学资源的动态积累、管理与共享是实施网络教学的必要条件。相关研究热点包括：建立教学资源库及其管理系统，支持多媒体教学资源的动态积累、管理、共享、使用和评价，整合中外优质教学资源，形成网上教学资源中心，支持各种教学系统和工具之间的资源积累、使用与交换，并为区域分布式教学资源的广泛共享奠定基础。

12.3.4.3 网络教学平台从通用形态转向对课程或教师教学的个性化支持

通用的网络教学平台不能满足一些教师与课程的个性化教学要求。基于动态虚拟课程网站的交互式网络教学系统能够构建以门户网站形式呈现的课程，其特点是课程与教师能够根据自身教学需要，个性化地实施教学活动，教学内容和形式可以得到很大拓展。这类系统能够支持教师在不掌握 Web 编程技术的情况下借助向导自行定制个性化的门户式网络教学环境，支持教师自定义各级页面和栏目结构，动态维护网站内容，实现基于动态虚拟网站的个性化教学。

12.3.4.4 注重新技术与社会软件的应用

智能技术、移动技术、网格技术、点对点技术等新技术，以及 Blog 、Wiki 与实时通信等社会软件必然对网络教学平台的设计与构建产生重要的影响。

12.3.4.5 网络教学平台中注重知识管理

在以前的网络教学平台中，仅仅将学习材料和教学素材提供给教师和学生使用。从知识管理的角度来看，恰恰是许多教师重新整合材料的经验才是最宝贵的，所以在目前的网络教学平台构架中涉及这些知识的发掘、共享与应用，考虑到教学知识交流环境的构建。

12.3.5 网络学校发展存在的问题

教育部在清华大学、北京邮电大学、浙江大学和湖南大学进行了小范围网络学校试点，随后逐步扩大试点范围，主要开展学历教育和非学历教育，学习形式有全脱产、半脱产、业余等，网络学校覆盖面已逐渐扩大，它开始遍布祖国各地，走入千家万户，呈现出较快增长的势头，取得了可喜的成绩。但同时也应该看到我国的现代远程教育尚处于起步阶段，还有一些不成熟的地方，主要存在以下问题。

12.3.5.1 网络教学的资源相对不足，不适应学生自学的需要

就我国目前网络学校的现状来看，各试点学校尽管在教学资源建设方面做了许多工作，但学生反映所开课程的资源内容仍然不够丰富，形式单一，有的不便学生自学，缺少学习方法和思路的指导等。有一些双向视频和卫星传输的课堂还停留在大头像和照本宣科的水平，提供的讲稿存在着文字教材的电子化现象；使用学校原有的多媒体课件和电子教案也缺乏整合和重新教学设计，不适应远程学生的学习需要，也很难发挥出现代网络学校的优势。

12.3.5.2 教学模式单一，教学效果不理想，还没有形成学生自主学习

一些试点院校基本采用原有学校的教学与管理方法，加上教学点网络环境和条件还不能满足要求等原因，计算机网络优势没有发挥出来，网络和卫星教学基本上还停留在以教师“教为主”，采取的是“教案加题库”的教学模式。学生处于被动学习状态，多数教学点“学生自主学习”模式还没有真正建立起来，教学双向交互信息严重不对称，很难实行互动教学，更谈不上在线答疑和指导，不能在教与学的交流中互相促进、相互补充，激发不了学生学习的积极性。

12.3.5.3 适应现代远程教育的师资力量不足，难以完成远程教育教学的需求

现代网络学校的教师不但要从事远程教育课程的开发设计，而且还要主持各地学生的在线讨论，同时还要对大量的学习作业进行指导和评价，这些工作绝不是依靠一位老师就可以完成，而是需要一个课程教师小组来完成。据调查，我国从事远程教育教学工作的教师除电大系统几乎都是普通高校的兼职教师担任，这些教师由于远程教学经验不足和缺乏现代教育技术知识，严重制约了我国网络学校试点工作的开展。

12.3.5.4 各自为政，教学资源重复建设

现在许多学校的网上远程教育是与企业联合办学，企业出资金和技术，学校出牌子、教学管理和教学力量，这种办学基本属于一种市场行为，为了生存必须赢利，讲求规模效益。在这种情况下，试点学校各自为政，合作是比较困难的，造成教学资源重复建设。从专业设置来看，多数集中在计算机、经济类和法学类专业，忽视对基础学科和其他学科人才培养的需要。现在，不少院校都在突击制作课件，不仅浪费大量费用，而且体现不了现代远程教育名师共享的优势。

12.4 网络学校的优势

网络学校的本质是一个基于网络资源的专题研究、协作式学习系统，它通过在网络学习环境，向学习者提供大量的专题学习资源和协作学习交流工具，让学习者自己选择和确定研究的课题或项目的设计，自己收集、分析、选择信息资料，去解决实际问题。它强调通过学习者主体性的探索、研究、协作来求得问题解决，从而让学习者体验和了解科学探索过程，提高学习者获取信息、分析信息、加工信息的实践能力和培养学习者良好的创新意识与信息素养。相较于传统的校园实体和课堂讲授形式，网络学校具有以下几个方面的优势。

12.4.1 资源利用最大化

各种教育资源通过网络跨越了空间距离的限制，使学校的教育成为可以超出校园向更广泛的地区辐射的开放式教育。各个学校可以充分发挥自己的学科优

势和教育资源优势，把最优秀的教师、最好的教学成果通过网络传播到四面八方。

12.4.2　学习行为自主化

网络技术应用于远程教育，其显著特征是：任何人、任何时间、任何地点、从任何章节开始、学习任何课程。网络教育便捷、灵活的“五个任何”，在学习模式上最直接体现了主动学习的特点，充分满足了现代教育和终身教育的需求。

12.4.3　学习形式交互化

教师与学生、学生与学生之间，通过网络进行全方位的交流，拉近了教师与学生的心理距离，增加教师与学生的交流机会和范围，并且通过计算机对学生提问类型、人数、次数等进行的统计分析使教师了解学生在学习中遇到的疑点、难点和主要问题，更加有针对性地指导学生。

12.4.4　教学形式修改化

在线教育中，运用计算机网络所特有的信息数据库管理技术和双向交互功能，一方面，系统对每个网络学员的个性资料、学习过程和阶段情况等可以实现完整的系统跟踪记录；另一方面，教学和学习服务系统可根据系统记录的个人资料，针对不同学员提出个性化学习建议。网络教育为个性化教学提供了现实有效的实现途径。

12.4.5　教学管理自动化

计算机网络的教学管理平台具有自动管理和远程互动处理功能，被应用于网络教育的教学管理中。远程学生的咨询、报名、交费、选课、查询、学籍管理、作业与考试管理等，都可以通过网络远程交互的方式完成。

然而，目前网络学校并没有发挥它应有的优势，除了消费者的因素外，更多的是网络学校本身的发展也有不尽如人意的地方，比如模式单一，缺少远程教育的特色，各校之间相互独立，缺乏互动性没有形成一定的资源，规模小型化，共享单独化等，还需要更好地建设网络学校，开展网络教学。

12.5　网络学校的发展

当前世界范围的教育大趋势是：从单纯的校园教育转向以校园为核心，但打破传统校园界限的开放式教育;从以教师为中心的灌输式教育转向以学生为中心的主动学习;从以应付考试为目标的应试性教育转向以提高学习者自身能力为目标的素质教育;从传统的以传授知识为主的教学模式转向以探索、发现、协作解决问题等为主的创新教学模式。

网络学校的发展,可以从以下几个方面来进行。

12.5.1 运营模式转型

网络学校应该响应以培养创新与实践能力为核心的素质教育的号召,配合新课程改革,利用互联网丰富的资源,多开展些类似的课外活动的网络探究与协作研究的活动,让学生学会运用相应的知识、掌握研究学习的方法,培养学生的创新和协作能力。

12.5.2 服务理念转型

要坚持以学生为中心,强调学生学习的积极性、自觉性、建构性和累积性,使学生成为学习的主动参与者,成为意义建构的主体。在强调考查学生对基本知识和基本技能掌握程度的同时,更重要的是看其是否具备终身学习、与人协作的能力,是否具有创新精神和实践能力,让学生基于自己与世界相互作用的独特经验去建构自己的知识并赋予经验以意义,使人才更适应新世纪经济、社会发展的要求。

12.5.3 服务形式转型

网络学校发展有两种新的服务方式可以选择,一种是原有教学资源服务的延伸与升华,一种是基于网络的交互运营服务。前一种服务形式是要为课堂教学提供资源,提供交互平台,力图服务于教学中的某一个环节,提高教师的教学效率,要把信息技术作为辅助知识传递的手段转变为学习的方式,发挥信息技术在学生自主学习、主动探究、合作交流等方面的优势。

另外一种服务形式是联合一些教育机构(如中学、大学或研究机构)设立一些适合由特定的学生对象来解决的问题,通过 Internet 向学生发布,要求学生解答。

12.5.4 服务内容转型

服务于课堂教学就是要为学校正规的课堂教学提供资源支持,而不是试图取代课堂教学。要通过紧紧围绕学科知识的多媒体专题资源增强教师的教学效果,促进学生更好地在课堂上实施探究式的学习。这种专题资源应该包括如下基本内容:教学主题知识的展示与推导过程、主题知识迁移应用实例、基于主题知识的实践问题、与教学主题高度相关的拓展资源、可以操作与交互的模拟或情境、练习、作业、测验与评估量表等。

网络教育的发展及与传统课程的融合网络教育与传统教育是一个有益的互补关系,将传统教育与网络教育相结合才会促进教育更快、更健康地发展。学校的教育是多方面的,包括师生之间情感的交流、同学之间的友好相处、成长过程中的环境、氛围等方面,这是网络教育所不能取代的。传统的教育可充分发挥教师的主导作用,教师可以给学习者更大的思维空间,从网上丰富的资源中查询问题的答案,养成他们独立思维的习惯和积极参与的精神。

考虑到我国教师资源的不平衡现状,网络学校提供的优秀的教育资源对师资力量薄弱地区的学校的学生是有益的参考和补充。从这方面考虑,网络学校的教育资源应从互补的角度,精心地策划,需要有多方面的人才,进行精心的整合,以保证网络教育的教学质量和优势。此外,要注意到一大群在职人员的继续教育需求,给他们提供适合的教育课程,扩大教育范围,提高全民素质。

网络学校教育的发展将对我国现行学校教育信息化产生极其重要的影响和意义,网络学校的教育模式将会推动现代教育技术的普及和利用,必将使我国的现行教育进行一次历史性的伟大转变,彻底改变几千年来以教师讲授为主、以学生接受为辅的传统的教育教学模式,实现教育的主体现代化。

网络学校必将走出一条中国特色的远程教育新模式。同时,网络学校终将成为远程教育的生力军,直至主力军。

参考文献

[1] 彭绍东.人类教育革命的概念、划分标准与基本规律(下)——论人类教育革命与教育技术[J].电化教育研究,1999(1):27-29.

[2] 熊梅.试论21世纪基础学校环境改善的新观点——从教的学习向学的学习观念的转变[J].教育发展研究,2002(4).

[3] 宏明.英国终身学习的新变革——“产业大学”的理念和实践[J].比较教

育研究,2001,22(4):18-22.

[4] 赵剑华,李克东.信息技术环境下基于协作学习的教学设计[J].电化教育研究,2000(4):62-63.

[5] 周志风,李华伦.创造性人才的知识结构与能力素质[J].电化教育研究,2000(3):10-12.

[6] 何可抗,李克东,谢幼如,王本中."主导—主体"教学模式的理论基础[J].电化教育研究,2000(2):3-9.

[7] 孙曼璐.基于 E-learning 的培训系统的设计与实现[D].长春:吉林大学,2012.

[8] 王炜.面向企业培训的 E-learning 系统设计[D].上海:华东师范大学,2006.

[9] 格拉妮娅·科诺尔,肖俊洪.高等教育 E-learning 的设计和评价[J].中国远程教育,2014(8):5-14.

13 绿色数字地球

随着全球经济、环境、社会一体化的发展，中国的经济发展进入了快速稳定增长期，同时也面临着资源环境的巨大压力。中国是世界上最大的发展中国家，始终将污染防治和生态保护作为工作重点，从根本上控制环境污染、改善环境状况，实现国家环境保护可持续发展的战略目标。

13.1 全球环境信息系统

早在1975年，联合国环境规划署就与各国政府合作，利用信息技术建立了第一个全球性的环境信息系统，即全球环境信息源查询系统。该系统通过加入国的代表机构将掌握该国有关环境信息的机构作为信息源登记注册，将这些机构汇总编辑，制作成国际信息源册，以印刷出版物以及计算机磁盘等形式，向各国代表机构分发，以促进各国之间相互交换环境信息。到1998年3月，加入国际环境信息源查询系统的国家已达176个，登记注册的单位(包括国际组织)共8000余个(联机服务：http://www.unep.org)。其宗旨是促进各国间环境资料的交流，鼓励和协助各国，特别是发展中国家建立本国的环境资料系统并开展工作。联络点分为3种：① 国家联络点；② 区域联络点；③ 专题联络点。资料交流范围包括26个方面：大气和气候、生物药剂、化学品、教育与情报、能源、粮食和农业、淡水、卫生与福利、土地、环境立法及政策、管理和规划、监测与评价、自然保护、噪声及振动、海洋污染、人口、人类居住区和生境、辐射、娱乐、资源、社会经济、技术及工业、有毒物质、野生生物等。用户可以通过本国的国家联络点直接检索有关资料。中国于1977年6月加入了该系统，国家联络点设在中国科学院生态环境研究中心。

1986年，在联合国环境规划署的领导下，该署与其他国际组织共同建立了一个地球资源信息数据库(GRID)，将收集、加工后的数据和卫星遥感数据等有关环境方面的多种数据进行综合，向全世界的研究工作者和决策人物提供参考和向发展中国家转让环境数据处理技术。现在，GRID中心在全世界共有11个分中心，它们互相帮助、支持，但又都保持着各自的特征和特色进行相关的活动。该数据库关注的基本领域是可再生的自然资源，主要职能是将全球环境监测系统(GEMS)和其他环境数据库的有用数据整合在一起，并加以综合，以便科学和规划工作者迅速吸收资料，进而供世界各国及国际组织决策者利用。该数据库利用先进的计算机技术探索环境中相互作用的因素，以提供最新的环境信息；在地理信息系统的格式中用计算机技术和图像技术方法，从地图、卫星图像、航空照片、表格和其他资料源译解信息，以利于规划和科学工作者监测各种趋势，研究环境中可变因素的相互作用。环境规划署出版有刊物*GRID News*，每年4期，可索取。

联合国主持下的其他全球环境信息工程项目也正在逐步投入使用，已开通和建成的有联合国环境规划署"信使"项目卫星地球站和全球环境绿色通道UNEP网络系统等。这些系统的开通不仅为世界各国政府环境管理和进行环境决策提供了信息支持，而且也为各国间的环境信息交流提供了便捷的通道与桥梁。该网络曾在促进全球环境保护与可持续发展方面发挥过积极的作用。它的主要职能是向信息用户提供信息查询服务和实质性文献资料，即充当环境信息拥有者与环境信息用户之间的纽带与桥梁。UNEP-Infoterra的主要信息服务范畴包括：大气、能源、岩石圈、环境化学、陆地生态系统、污染、淡水、人体健康、海洋与环境、灾害、环境管理、监测、人类住区、环境法、农业、环境意识、工业、主题学科、运输等。

13.2 "数字地球"与环境保护

环境保护事业的发展不断对环境信息的采集、管理、发掘、加工提出新的更高的要求，全面、及时、准确地发掘、掌握和处理各种环境信息是提高环保事业科学化管理水平的必要条件，而现代信息技术在显著提高环境保护工作效率的同时，也在影响着环境保护工作的观念和方式。

目前，信息技术正朝着个性化、集成化、价值化和服务化的方向发展，一体化网络、Interenet/Internet 技术、面向数据的现代信息工程设计方法、数据仓库技术、构件化技术、地理信息系统、虚拟现实技术等是上述发展方向的核心和热点。可以预言，这些技术在各个行业的信息化建设中必将得到越来越广泛的应用，占据越来越重要的地位。我们在环保信息系统的建设过程当中，应充分重视研究上述热点技术的应用和发展，以及这些热点技术可能给我们环保工作的模式、观念带来的影响，以确保系统的先进性和实用性，使系统具有良好的开放性、扩展性和继承性，并能兼容和顺应现代信息技术的发展方向。

从全球环境形势的发展过程来看，建立全球性的环保数据中心和区域性的环保数据中心应是必然趋势，这就需要全球性的环境数据集成以及区域性的环境数据采集和储存。另外，环境保护工作所涉及的大量环境信息，除具有时间性和动态性特点外，还具有空间分布的特点，如江河湖泊水域分布、大气扩散、噪声传播等都表现出这些特点。

传统的信息系统虽然可以完成环境统计、报表处理、属性数据查询等工作，但无法处理具有空间分布特征的信息，从而不能进行空间环境数据的管理。GIS 作为一门介于信息科学、计算机科学、地理学、几何学、测绘遥感学和管理科学之间的新兴边缘学科，能把各种信息同地理位置和有关视图结合起来提供给用户。其最大的特点在于把社会生活中的各种信息与反映地理位置的图形信息有机结合在一起，并可根据用户需要对这些信息进行分析，把环境信息和空间信息结合起来提供给环境管理者。GIS 技术在环境保护工作中的应用，方兴未艾。

13.2.1 数字环保定义

数字地球是当前信息科技发展的热点之一。数字地球是计算机技术、互联网技术和虚拟现实技术等联合框架上以地球为参照系的多学科融汇。数字环保是数字地球在环保信息化和环境管理决策领域的应用。在国家数字地球战略的基础上实施数字环保，是保护人类生存环境的必然选择。数字环保可望成为更好地保护我们家园的利器，呼吁科学、教育、技术、工业以及各级环保部门共同推动“数字环保”的发展，并在建立“数字环保”过程中，优先考虑环境监控、预测预报、环境管理等系统的建设。

“数字环保”是近年来，在数字地球、地理信息系统、全球定位系统、环境管理与决策支持系统等技术的基础上衍生的大型系统工程。“数字环保”可以理解为，以环保为核心，由基础应用、延伸应用、高级应用和战略应用的多层环保监控管理平台集成，将信息、网络、自动控制、通信等高科技应用到全球、国家、省级、地市级等各层次的环保领域中，提供数据汇集、信息处理、决策支持、信息共享等服务，实现环保的数字化。

为了将“数字环保”更好地应用于环保产业的发展，需要在“数字环保”概念的基础上，建立包括环境数据中心、环境地理信息系统、环境监管信息集成系统、环境在线监控系统、环境应急管理系统、移动执法系统等在内的一系列数字环保整体解决方案，并针对环保部、省级环保厅(局)、地市级环保局、企业提出不同的业务框架。利用IT技术，集GPS、RS、GIS于一体，适合环境保护领域应用的综合多功能型的遥感信息技术，对环保的数据要求和业务要求进行深入挖掘和整理，实现对环保业务的严密整合和深度支持，解决“数字环保”领域所面临的环境质量监测管理、污染防治管理、核与辐射监测管理、突发环境事件应急管理等环境问题，从而提高我国环保信息化水平和监管执法水平。

13.2.1 数字环保的发展历程

数字环保目前已经经历了三代。

以短讯为基础的第一代移动办公访问技术实时性较差，查询请求不会立即得到回答。此外，短讯信息长度的限制也使得一些查询无法得到一个完整的答案。这些令用户无法忍受的严重问题也导致了一些早期使用基于短讯的数字环保执法系统的部门纷纷要求升级和改造现有的系统。

第二代数字环保采用了基于WAP技术的方式，手机主要通过浏览器的方式来访问WAP网页，以实现信息的查询，部分地解决了第一代移动访问技术的问题。第二代的移动访问技术的缺陷主要表现在WAP网页访问的交互能力极差，因此极大地限制了移动办公系统的灵活性和方便性。此外，WAP网页访问的安全问题对于安全性要求极为严格的政务系统来说也是一个严重的问题。这些问题也使得第二代访问技术难以满足用户的要求。

第三代数字环保采用了基于SOA架构的Web Service和移动VPN技术相结合的第三代移动访问技术,使得系统的安全性和交互能力有了极大的提高。该系统同时融合了无线通信、数字对讲、GPS定位、CA认证及网络安全隔离网闸等多种移动通信、信息处理和计算机网络的最新的前沿技术,以专网和无线通信技术为依托,为一线值勤环保执法人员提供了一种跨业务数据库、跨地理阻隔的现代化移动办公机制。

通过数字环保执法系统,环保执法人员可以对环保业务资源库、污染源信息、污染企业信息、案件、公文和法律法规等进行迅速的查询,随时随地获得环保业务信息的支持,系统为一线提供区域向导图,使执法人员可以迅速地对区域内的现状做出判断,减少失误,提高工作效率。环境应急监控中心发现异常情况后,立即通知环境监察中队。环境监察人员立即进行现场查处。特别是照片和相关图片的传输应用,不但可以解决协查、堵截、搜查等一线环保人员现场执法问题,而且通过GIS系统为一线提供区域向导图,使执法人员可以迅速地对区域内的现状做出判断,减少失误,提高工作效率。

13.3　构建“绿色数字地球”

“数字地球”是自然科学、社会科学以及人类社会长期发展的必然结果,是地球科学和信息技术发展的一个重要趋势,它并不是一个孤立的科研项目或技术项目,而是以信息高速公路中国家空间数据基础设施为依托的整体性、导向性的战略思想,它包括了三个重要的组成部分:信息的获取、信息的处理、信息的利用。

13.3.1　环境信息系统软件简介

环保局信息管理系统的模块及功能如图13.1所示。

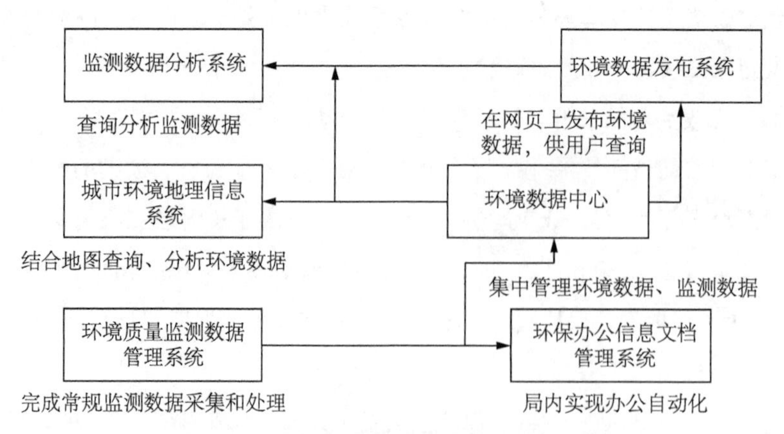

图 13.1 环境信息管理系统各模块的关系

13.3.2 环保办公信息文档管理系统

环保办公信息文档管理系统是实现办公自动化的主要系统之一,与其他系统相对独立。环保办公信息文档管理系统也是涉及面广、较为复杂的系统,需要领导的支持和全局人员的共同努力才可能顺利实施。办公自动化软件利用计算机网络技术、通信技术、多媒体技术结合工作流概念和规范的政府办公管理模式实现现代化的办公管理,极大地加强各职能部门之间的交流与协作,提高信息的共享程度和利用率,提高办公效率和质量,为领导提供信息决策的信息支持,实现更科学的环境管理。该系统包括公文管理、档案管理、行政事务、工作动态和辅助办公几个方面。

公文管理子系统主要包括外部来文、向外发文、内部签报三个子系统。

档案管理子系统是个功能独立的模块。一方面它接收来自办公系统中办结以后的发文、签报和收文;另一方面又可由管理员管理各类档案文件。主要功能包括文件管理、类目管理、案卷管理和借阅管理各业务流程中产生的各类文档汇总,例如建设项目管理、污染治理项目管理、许可证管理等过程的中的文档备份和整理。

行政事务子系统主要包括四个模块:来信来访、人大议案、行政处罚和行政复议。

工作动态子系统主要功能是各个业务部门日常工作进展情况的信息简报,供领导及时掌握各部门的工作动态，记录重要的业务数据，以便于查询。

辅助办公子系统包括会议管理、资料管理（图书管理和办公用品管理）、公共信息（电子论坛和电子公告）、个人信箱等，是个内容丰富而且实用的子系统。

13.3.3 环境数据中心

环境数据中心以满足社会公众和环境管理工作对环境数据的共享需求为目的，依托各业务司、直属单位成熟的业务技术体系，以现有环境数据资源为基础，逐步吸纳国内相关领域和国际数据资源，通过整合集成。标准化和归一化处理，形成一批以环境质量、环境统计、污染源管理、生态环境管理为核心，涵盖环境保护范畴的数据集产品；采用大规模分布式数据库技术、数据仓库技术、WEB 技术、XML 数据交换等技术，建立与部门基础信息库相协调的分布式共享数据库系统，分别建设基于因特网和环保总局电子政务外网的环境数据共享服务网络体系；研究并制定各种面向用户的标准数据格式和存储模型，开展环境数据应用服务技术研究，建立持续稳定的环境数据共建共享运行机制；培养一批从事环境科学数据研究、管理和服务的人才队伍。

环境数据中心是通用环境数据集中管理系统。它充分利用了大型关系型数据库 SQL Server 在性能安全性、可靠性、数据一致性、分布式处理方面的优势，将各主要业务部门的数据（包括环境监测数据、环境统计数据、排污申报登记数据等）集中管理起来，数据管理员可以根据领导决策需求设计查询模板，通过单一界面就可以管理、查询、分析大量的环境数据，简化环境数据管理的难度，提高环境数据管理的水平。

13.3.4 环境质量监测数据管理系统

环境质量监测数据管理系统是为环境监测站制作的一个功能完备的软件，包括采样点维护、数据录入、数据审核、数据查询、数据上报等功能。它充分考虑到基层环境监测站计算机应用水平，在保证数据质量的前提下强化了用户界面的友好性和易操作性，确保本系统能够在环境监测站正常运转，为监测站的数据管理提供软件保证。

监测数据分析系统是一套针对环境常规监测数据进行分析的软件。该系统能够通过地图、数据表格等多种方式进行分析，并且根据常用环境分析指标对数据进行进一步处理，从而在常规分析手段的基础上，能够对环境指标进行分析。

环境质量监测数据管理系统有以下功能和作用：

① 数据管理与存储。利用软件的各种功能，对各种监测数据进行录入、修改、查询、打印、删除等管理操作和数据备份、恢复等存储操作，将分散、零乱的数据有机地组合存储起来，并使用软件自带的计算、统计和分析功能，完成对数据的处理。该应用一改以往手工填制报表、人工汇总数据和查阅纸质表格的传统方式，提高了数据计算的准确性、报表生成的质量和数据检索的效率。

② 监测数据质量保证。该系统是严格按照国家规定的环境监测质量保证要求设计，在应用过程中为环境监测全过程提供了有效的质量保证。该系统提高了环境监测数据处理的技术水平，保证了监测数据的公正、权威和可靠。

13.3.5 城市环境地理信息系统

城市是国家或地区的政治、经济、文化的中心。城市化的过程就是工业、服务业和人口的转移与集中的过程。城市在创造较高的物质财富、推动社会经济发展的同时，产生了许多城市化特有的原发性环境问题。一方面，人口聚集造成生存空间狭小，干扰城市生态系统的强度加大，环境容量降低；交通工具数量增加。负荷增大，交通拥挤，尾气污染和噪声污染加剧；生活垃圾数量剧增，环境压力增大。另一方面，工业及其他经济活动的高度集中，对自然资源开发利用的强度及对生态环境的破坏日益加大，废水、废气和固体废弃物等污染物排放量增加。城市化及城市环境已成为人们关注的热点。

环境保护离不开环境信息的采集和处理，而环境信息 85%以上与空间位置有关。地理信息系统作为一门介于信息科学、计算机科学、地理学、几何学、测绘遥感学和管理科学之间的新兴边缘学科，把各种信息同地理位置和有关的视图结合起来提供给用户。其最大特点在于把社会生活中的各种信息与反映地理位置的图形信息有机地结合在一起，并可根据用户需要对这些信息进行分析，把结果交有关领导和部门作为决策的参考和依据。在地理信息系统的帮助下，不仅可以方便地获取、存贮、管理和显示各种环境信息，而且可以对环境进行有效的监测、模拟、分析和评价，从而为环境保护提供全面、及时、准确和客观的信息服务与技术支持。我国城市环境问题突出，建设和发展城市环境地理信息系统有着十分明显的必要性和迫切性。它对国家环境保护工作的观念、效率、方式和面貌都会带来深刻的变化和影响。

城市环境地理信息系统建立,可以为国家环保总局领导部门提供直观形象的可视化信息获取手段,使领导和有关业务管理部门能够在地理信息系统的帮助下,方便、迅速地了解城市的环境地理信息,如环境背景、污染物排放、污染源、环境监测、预告与评价结果、污染效应等情况,还可从现有环境数据的基本要素和空间关系中挖掘和产生新的信息,引导环境管理者产生形象思维,拓宽思路和视野,发现和解决新问题。城市环境地理信息系统是国家环境地理信息系统的重要组成部分,将能够帮助实现全国范围的环境地理数据更新和数据共享,大范围地利用和管理日趋庞大的环境空间信息。城市环境地理信息系统是针对城市环境信息系统的特点而定制的一套可以直接用浏览器浏览的地理信息系统。它结合地理特点直观清晰地表达环境监测、污染源管理、环境统计等信息。

13.3.6 环境数据发布系统

环境数据发布系统充分利用基于数据库的动态网页技术,将环境数据通过设置查询者的权限在网络上进行有控制的发布,提高了环境数据的利用效率。环境数据发布系统建立在环境数据中心 EDC 的基础上,有效地解决了数据共享的问题。客户基于浏览器查询数据,界面美观、操作极为方便,与平时上网查询信息一样,不需专门培训。该系统还在网页上发布环保法律、法规和标准(共计 120 余部),开辟环境论坛和热点新闻等栏目,为大家提供了快速获取信息和工作交流的新渠道。实现以下功能和作用:

① 实现数据共享。实现了各科室的数据共享,通过站内的局域网,通过所获得的权限,各科室之间可以读取、写入和管理共享文件以及其中包含的数据,不但提高科室间的数据交流效率,还在站内基本实现无纸化办公,节省打印输出成本。

② 环境数据发布。当前社会公众的环境意识普遍提高,对环境信息的需求也在不断增长,通过该系统,监测站可以方便快捷地通过网站在互联网上发布最新的空气质量报告和其他环境信息,并提供对过去发布内容的查询。

14　数字海洋

海洋是地球生命的摇篮，是人类生存与可持续发展的重要空间。自有人类以来，认识海洋、征服海洋、利用海洋等海洋活动就从未停止过。信息时代的到来，第一次为人类全面准确而深入地认识和了解海洋提供了可行的技术支撑。

当前，中国经济已发展成为高度依赖海洋的外向型经济，对海洋资源、空间的依赖程度大幅提高，在管辖海域外的海洋权益也需要不断加以维护和拓展。中共十八大报告提出，提高海洋资源开发能力，发展海洋经济，保护海洋生态环境，坚决维护国家海洋权益，建设海洋强国。数字海洋为中国成为海洋强国提供了有力的技术保障。

14.1　数字海洋

14.1.1　数字海洋

1998年1月31日，美国的阿尔·戈尔提出了数字地球概念，认为数字地球是一种可以嵌入海量地理数据、多分辨率和三维的地球表示，并可在其上添加许多与人们生产生活相关的各种信息。这一概念被迅速应用到政治、经济、军事等各个领域，而由数字地球引申出的数字海洋也成为人类驾驭海洋的必经之路。

“数字海洋”通过卫星、遥感飞机、海上探测船、海底传感器等进行综合性、实时性、持续性的数据采集，把海洋物理、化学、生物、地质等基础信息装进一个“超级计算系统”，使大海转变为人类开发和保护海洋最有效的虚拟视觉模型。

数字海洋是空间地理技术、信息技术、网格技术及信息化环境发展到一定阶段的产物，是一个国家经济、科技等综合实力的体现。以信息化概念来解释时，数字海洋涵盖了3个层次:数据立体实时和持续采集、信息网格集成、知识综合应用。

14.1.1.1 数据立体实时和持续采集

应用高科技手段全面、深入地观测和了解海洋的变化过程，是指在一定的时空内对海洋进行立体观测(空间观测、海面、海底)。

空间观测是利用各类遥感新技术，如高分辨率高光谱卫星图像技术、雷达卫星技术、小卫星技术、植被卫星技术、水色卫星技术等，对海面及海面下一定深度范围内的海洋特性进行全面的观测。

海面观测是由岸基海洋观测站、高频地波雷达、各型浮标等组成的海面观测网，对海洋动力、大气、环境、突发事件等实行全天候观测。

海底观测是由海底工作平台、海底数据和动力特殊光缆、水下滑翔器、海底机器人等智能终端组成的海底观测网，对海洋深处动力、生物、化学、地球物理要素数据进行精确而持续的采集。现代网络技术和能源技术使得以上立体观测的3个内容能够长时间持续地进行，具备了对海洋地球物理、化学、生物、动力变化过程不间断观测的能力，为人类最终驾驭海洋奠定了基础。

14.1.1.2 信息网格集成

把浩瀚大海中的各种要素，包括历史的、动态的数据集中存储、分析和研究，是处理海洋经济发展、环境保护、灾害预防等活动中的各类问题的最有效工具。数字海洋充分利用高科技与现代信息技术手段，将分布式的立体观测终端、分布式的数据库体系、分布式的各级终端，通过网格技术协同数据采集、集成信息处理、统一运行计算，使网络上的所有资源合力工作，从而完成传统方式无法完成的海洋活动中的各种复杂计算，建立功能强大的各种应用与决策模型，实现对海洋的深入精确认识。

数字海洋实现这一目标的核心是日益成熟的网格计算、数据同化与融合、分布式数据库等技术。

14.1.1.3 知识综合应用

数字海洋的突出作用在于它所产生的先进、丰富、实用的海洋知识。因此，完整的数字海洋体系必须在海量信息集成平台上，搭建公共性强、综合性广、功能齐全的基础海洋信息服务平台与产品开发和综合应用平台，并按照资源合理开发利用的原则，实现一次采集、一次集成、统一开发、各家共用的理想目标。这个信息服务平台既是用户根据各自的业务所需，获取相关海洋信息与知识的窗口，又是用户进行信息交换、共享、开展知识二次开发的平台。

14.1.2 国外数字海洋发展现状

14.1.2.1 海洋空间数据基础设施建设

“空间数据基础设施(SDI)”的概念是由美国、加拿大、英国等发达国家在20世纪90年代初最先提出的。SDI的建设开始是在国家范畴内建设和运作的，即NSDI，在美国、英国、加拿大、澳大利亚、日本等发达国家发展很快。“海洋空间数据基础设施”是SDI的重要内容。由于海洋空间数据的特点，开展SDI建设的国家都对其进行专门研究。1998年，美国在SDI方面开展的16个框架示范项目中就有多个项目涉及海洋水文数据库、海洋管理、海洋多源数据融合等内容。

14.1.2.2 海洋立体监测与数据获取

在海洋立体监测和空间数据获取方面，各国都在竞相发射系列海洋卫星和兼有海洋观测功能的多种资源与气象卫星，已经积累了海量的海洋卫星遥感数据。全球海洋观测系统(GOOS)已建立了海洋与气候、海洋生物资源、海洋健康状况、海岸带监测、海洋气象与业务化海洋学等5个GOOS发展领域，初步形成了由海洋卫星、各类浮标和沿海台站组成的全球业务化海洋学系统。

欧美发达国家在海底观测方面也迈出了领先一步。美国和加拿大从2002年开始，联合开展“海王星(Neptune)”计划，在东北太平洋建立海底观测网，该信息传输网被形象地称为“信息水龙带”。该计划完成后将进行约25年的水层、海底、地壳的长期连续实时观测。加拿大海王星网已于2009年7月3日正式启动。2009年12月18日，加拿大“海王星”海底观测有线局域网中使用了“瓦力”机器人等海底探测设备。在海底铺设局域网并使用“瓦力”这样时刻在线的探测设备为海洋研究、地震监测和海底油气勘探开辟了全新视野。以往为完成同样的任务，科学家们只能使用系缆浮标或者动用昂贵的探测船只，而且收集数据的时间也很有限。其他发达国家也制订了相应的海底观测计划。

14.1.2.3 海洋数据处理

在海洋科技领域方面，美国、俄罗斯和日本等世界海洋强国十分重视海洋数据收集、处理、质量控制、数据融合、信息产品开发和可视化技术的研发。综观其发展状况和发展趋势，海洋观测监测和数据处理手段已向综合性立体方向发展，不仅在硬件技术上体现出其业已成熟，更主要的是相配套的以软件为支撑的数据处理能力亦大幅度提高，并充分利用先进的IT技术和通信技术，增加海洋数据的预处理功能和存贮能力。

14.1.2.4 海洋信息共享

在海洋信息共享方面，随着互联网的迅猛发展，建立在空间数据基础设施之上的空间信息共享变得越来越广泛，可以覆盖整个国家、地区乃至全球。信息共享的内容也越来越丰富，从元数据到卫星图像、航空照片、基础地理图和专题图等，几乎无所不含。

14.1.2.5 数字海洋研究与应用

在数字海洋研究方面，美国于2006年初开始进行大规模的"数字海洋原型系统"研究计划，其研究领域包括海岸带管理、防灾减灾、海洋渔业、海洋油气4个方面。在数字海洋应用及产品方面，目前比较领先和有影响力的产品是Google公司推出的GoogleEarth。Google公司继2005年成功推出GoogleEarth之后，于2009年初推出了GoogleOcean。GoogleOcean在GoogleEarth的基础上增加了海洋信息内容，主要包括：旅游景区、冲浪区、沉船地点、海底地形、水面模型、海岸线变迁对比等内容，可查询海洋环境、海洋生物、海洋调查、海洋科普等相关海洋领域的信息，为用户提供了虚拟的海洋世界。

14.1.3 中国数字海洋建设进展

中国根据海洋工作的实际情况，本着统筹规划、分步实施的原则，首先启动了数字海洋信息基础框架构建工作，目的是为中国数字海洋建设奠定数据基础、技术基础和应用基础，为数字海洋的全面建设探索和积累经验。自实施以来，各项工作有序推进，项目进展顺利。信息基础平台、海洋综合管理信息系统、数字海洋原型系统、节点建设以及总集成工作已取得一批阶段性成果；实现了全部节点的网络互联，并开展了节点建设成果的集成，实现了信息交换与共享；通过多次举办技术培训班，加强了与各节点的沟通和技术交流，有效推进了节点建设工作。

14.1.3.1 标准规范制定

数字海洋建设是一项跨地区、跨学科的大型工程，是在国家信息化建设的统一部署下，按照数字海洋总体规划，立足于数字海洋建设实践，条块结合、联合共建、信息资源共享的一项系统工程。在这一系统工程中，确保有效地开发与利用信息资源和信息技术，确保信息化基础设施建设的优质高效和信息网络的互联互通，确保各信息系统间的互操作和信息的安全可靠，是数字海洋建设所面临的关键问题。解决这些问题必须首先抓好标准的制定和应用工作。

在数字海洋建设之初，就着手研制了数据标准化处理、数据库建设、数据交换、产品制作与制图、信息系统建设等系列规程和规范，为数字海洋建设的规范化奠定了基础。其中，《908专项调查要素分类代码和图式图例规程》《海洋环境基础数据库标准》《海洋综合管理专题数据库标准》等技术规程已在专项工作中得到应用，并已列入行业标准转换计划。2012年10月26日，908专项在京通过总验收，圆满完成了预定任务，基本摸清我国近海海洋环境资源家底，对海洋环境、资源及开发利用与管理等进行了综合评价，构建了我国“数字海洋”信息基础框架。

14.1.3.2 信息基础平台建设

初步建成了数字海洋标准规划体系，建成了覆盖国家和11个沿海省(自治区、直辖市)海洋行政主管部门的专网，建成了分布式海洋数据中心和面向主题应用的海洋数据仓库，初步实现了海洋信息的分布式交换与共享服务。

(1) 基础数据库建设

已完成对相关历史调查资料的整合处理，并提取相关信息，经标准化处理纳入数字海洋基础数据平台，为数字海洋提供丰富的历史资料数据源，并为产品制作提供数据。

对908专项获取的水体资料、海底资料、专题调查资料、遥感调查资料等进行了标准化处理和数据库建设工作；设计制定了海洋水文、气象、化学、生物、地质等数据的处理流程、质量控制规范，并开发了相应的质量控制软件。

在专项资料处理工作中得到了应用；利用海底地形调查资料制作了高分辨率的海底地形高程模型；收集处理了专项调查中的卫星遥感、航空遥感资料，并对已收集的资料进行了拼接、调色和切割处理,生成正射影像,生成了海岸带区域的数字地形数据。

上述基础数据经标准化处理后进入基础数据库,形成数字海洋的框架性数据,是各类产品开发和应用的基础。

(2) 专题数据库建设

专题数据是应用服务方向明确,直接为专题应用服务的数据。主要包括:海洋经济专题库、海岛专题库、海域专题库、海洋环保专题库、海洋执法专题库等。

(3) 海洋专题信息产品库建设

结合数字海洋原型系统及海洋综合管理系统应用需求,利用908专项资料和已有海洋环境基础资料,开发了中国近海潮汐潮流预报产品,水位、海流和风暴潮数值预报产品,海平面上升影响评价与适应信息产品,遥感监测基础信息产品,海洋环境要素数值再分析产品,三维温、盐、流数值预报信息产品,并实现了在数字海洋原型系统球体上的叠加显示与信息查询。

(4) 数据仓库建设

数据仓库是数字海洋建设的基础。采用成熟的数据仓库技术和先进的互操作技术,统一处理海量、多源、异构的海洋信息,实现多级海量海洋数据的高效存储和管理,为原型系统和海洋综合管理系统及产品制作提供基础数据支撑。

数据仓库实体包括标准数据集、基础数据库、专题数据库、产品库4个组成部分。目前已经完成数据仓库实体创建、数据仓管管理系统、数据仓库服务系统的开发建设工作。

14.1.3.3 数字海洋原型系统研发

数字海洋原型系统是在对大量海洋基础数据和产品进行整合、融合与集成管理的基础上,形成的一个信息集成与展示基础平台,它集成了业务系统产生的专题数据、各种专题信息产品和部分海洋计算模式,采用三维球体模型的表达方式,实现了海洋自然要素、自然环境和海洋现象的交互式三维可视化表达和模拟,并实现了针对各种海洋管理类信息的查询统计和分析应用。

数字海洋原型系统分为管理版、公众版和手机移动平台3个版本。管理版主要面向“数字海洋”专网内的用户,公众版主要面向社会公众,移动服务平台主要面向管理人员和社会公众。

(1) 数字海洋原型系统(管理版)

数字海洋原型系统利用可视化、虚拟现实等技术,实现对各类海洋信息及海洋现象的动态表达和模拟,为海洋管理和科学研究提供一个基于三维地球球体模型的管理、研究和决策平台。目前数字海洋原型系统(管理版)集成了基础信息以及海域管理、海岛海岸带、海洋灾害、海洋环境、经济资源、海洋执法、极地大洋等多个专题的信息内容,并集成了较为专业的数据分析模型和可视化功能模块。

(2) iOcean 中国数字海洋(公众版)

2009 年 6 月 12 日正式发布的"iOcean 中国数字海洋公众版"(www.iocean.net.cn)是基于数字海洋的最新研发成果和广泛收集的大量海洋科普资料,面向公众的信息发布系统,表现形式较为生动,内容较为丰富,通过新颖的形式和丰富的内容,宣传数字海洋建设成果,普及海洋知识。"iOcean 中国数字海洋公众版"包括海洋实事新闻、海洋调查观测、数字海底、海岛海岸带、海洋资源、探访极地大洋、海洋预报、海上军事、海洋科普、虚拟海洋馆等 10 个主题版块、35 个二级版块。自发布以来,已实现安全稳定业务化运行,目前正在持续更新内容,不断完善功能服务。

(3) iOcean@touch 移动服务平台

数字海洋移动服务平台(iOcean@touch)是基于手机的 PDA 信息发布系统,侧重信息发布的时效性和实用性,用户可以随身、随时、随地了解重大海洋事件和国内外海洋最新形势,查询各类海洋信息,起到信息助手的作用,成为信息"掌中宝"。在智能手机或掌上电脑上实现海洋相关信息的移动服务,使接收信息更方便、更快捷。目前,已开发了包括新闻时讯、海水浴场预报、沿海地区天气预报、沿海旅游、海水浴场、海洋法律法规、海浪预报、海冰预报、风暴潮、海洋科普等 10 个模块,具有完善的用户权限功能。

14.1.3.4 应用系统研发

在应用系统研发方面:① 针对海域使用、海岛管理、海洋环境保护、海洋防灾减灾等 8 个方面的业务管理需求,建成了平台统一、架构开放的综合管理信息系统;② 研发了为提高海洋保护意识和普及海洋知识服务的公众服务系统;③由各沿海省、市、自治区海洋主管部门根据其自身业务需要而开展的特色服务系统。

（1）海洋综合管理信息系统开发

为了充分发挥数字海洋信息基础平台的作用，结合海洋管理的实际应用需求，在用户需求调研基础上，设计开发了包括海域管理、海岛管理、环境保护、海洋经济、海洋执法、防灾减灾、海洋科技等多个子系统的海洋综合管理信息系统。依据用户需求和详细设计方案，目前已完成整合框架和系统基本功能的开发，系统具有操作简便、用户配置灵活、综合查询、二三维联动等功能特点。

（2）数字海洋主干网络和节点建设

数字海洋主干网络建设涉及国家海洋局系统节点及省级节点共计 24 个，目前已完成了全部节点的网络连通，各节点完成了软硬件环境建设、网络建设与运行、数据整合处理与建库、产品制作、特色系统开发等工作，初步实现了节点间的信息共享。

（3）数字海洋系统总集成和运行控制中心建设

系统总集成是基于数据和服务总线，形成整体集成框架，通过单点登录、统一身份验证及统一界面管理，实现数据仓库、海洋综合管理系统、原型系统以及节点建设成果等的一体化集成。运控系统实现对国家级、省级节点设备的工作情况、数据流程、网络运行状态的实时或准实时监控，实现系统的一体化集中管理和控制。目前，数字海洋国家主节点已完成国家数据主中心一期软硬件环境建设，主要配置了数据仓库服务器、存储局域网及磁盘阵列、原型系统数据库服务器、综合系统应用服务器、原型系统应用服务器等，初步形成了“数字海洋”信息基础框架开发与运行平台。

目前，数字海洋的各项建设成果已经在国家和沿海省、市、自治区有关单位进行了部署和应用，并在海洋管理和服务中显现出了重要作用。

14.2 数字海洋内容

14.2.1 数字海洋研究内容

“数字海洋”的主要内容包括：建设近海海洋信息基础平台、海洋综合管理信息系统和“数字海洋”原型系统;逐步完成“数字海洋”空间数据基础设施的构建,基本满足全国中比例尺(局部区域大比例尺)海洋空间数据的获取、交换、配准、集成、维护与更新要求;重点突破“数字海洋”建设所急需的支撑技术;完成“数字海洋”原型系统的开发,实现试运行,并开展应用示范研究,开发出一批可视化程度高的新型海洋信息应用产品。

14.2.1.1 数据处理与信息服务模型

“数字海洋”建设是一项庞大、复杂的信息化系统工程。通过多种观测、调查等手段获取的大量宝贵的海洋数据,需要进一步整合处理,从中提取所需要的信息,以满足“数字海洋”基于交互式三维可视化的地球球体模型,数字化再现、预现海底、水体、海面及海岛海岸带等海洋自然要素、自然现象及其变化过程的应用需求。从数据处理流程角度分析,“数字海洋”由数据获取、数据处理、增值信息服务组成。

14.2.1.2 海洋空间数据集成研究

数字海洋体系中的海洋空间数据具有海量性和异构性的特点。海洋空间数据集成是指把不同格式、来源、性质和特点的海洋地理空间数据进行逻辑上或物理上的有机集成。在这个数据处理过程中充分考虑到海洋空间数据的属性、时间和空间特征、海洋空间数据自身及其表达的地理特征和过程的准确性。其目标是通过对海洋数据形式特征(比如单位、格式、比例尺等)与海洋空间数据的内部特征(如属性等)进行全部或者部分转换、调整、分解、合并等操作,使其形成充分兼容的无缝海洋空间数据集。

无缝集成是指数据在时间、空间以及属性上的无间断性。海量的海洋地理地图数据、遥感影像数据、海洋环境数据作为数据源存储在物理地址不同的服务器上,由于获取海洋空间数据的手段和标准不同,造成了海洋空间数据规范标准和格式的不统一,无法对海量多源异构空间数据进行统一的分析和使用,进而很难运用数据挖掘的方法分析出海洋空间数据的关联规则。海量多源异构空间数据无缝集成技术的提出彻底解决了海洋空间数据格式不同而造成的集成问题。

14.2.2 数字海洋开发方式研究

数字海洋系统根据其内容可分为两大基本类型:一是应用型数字海洋系统,

以某一专业、领域或工作为主要内容，包括专题数字海洋系统和区域综合数字海洋系统；二是工具型数字海洋系统，也就是使用GIS工具软件包（如ARC/INFO、MAPGIS等）开发具有空间数据输入、存储、处理、分析和输出等功能的数字海洋系统。

自主开发方法：指不依赖于任何GIS工具软件，从空间数据的采集、编辑到数据的处理分析及结果输出，所有的算法都由开发者独立设计，然后选用某种程序设计语言，如VisualC+、Delphi等，在一定的操作系统平台上编程实现。

二次开发方法：指完全借助于GIS工具软件提供的开发语言进行数字海洋应用系统开发。

集成二次开发是指利用专业的GIS工具软件，如ArcView、MapInfo、MapGis等，实现数字海洋信息系统的基本功能，以通用软件开发工具，尤其是可视化开发工具，如Delphi、VisualC+、VisualBasic、PowerBuilder等为开发平台，进行二者的集成开发。

14.3 数字海洋关键技术

14.3.1 数字海洋的基准

海洋数据繁多，必须制定基准以构建数字海洋。采用海岸线为基线，河口为中心，港口为节点的方式构建中国数字海洋原型。在数据收集与整编，乃至数据的存储上，以岸线为基线，向海一侧收集数据，并分不同性质岸段进行整编和组织。以大江大河的河口为中心，组织足以反映河海陆相互作用的多源数据。以港口为节点，集成社会经济与自然数据，满足城市与港口建设与保护需要。

数字海洋中实现的是对过程的记录和管理。由此，当采用适合海洋数据的时空数据模型，完成对过程逻辑的记录，利用数据仓库技术完成时空过程的重组、查询和检索等功能。过程仓库还存储动力模型和其他用于描述现象、过程及其动态特征的方程，并完成其组织与管理、查询、检索和提取等功能，特别是模型或方程在数字海洋中的上载和下传。

我国的海图并不是统一标准分幅，投影方式和坐标基准各不相同，比例尺也不成体系，致使出现数据冗余、矛盾和缝隙等问题。所以，数字海洋的建设需要完成基准的统一。高程基准则以 20 世纪 80 年代中国海岸带和海涂资源综合调查的理论深度基准面零米线为参照归算。

14.3.2 海洋基础环境数据组织与管理技术

科学高效地对数量巨大、来源分散、格式多样的海洋数据资料进行存储与管理是海洋数据共享的前提基础。本研究对我国现有的海洋数据资料分类和管理体系进行深入梳理，立足现有业务需求，规划设计数据资料分类分级的组织与管理方法，形成了海洋环境数据、海洋综合管理数据、基础地理与遥感数据组织的海洋数据体系。

从海洋数据处理级别和流程开展海洋数据领域的模型设计，概括海洋数据对象的数据属性、数据特征及数据间关联关系，形成一套适用于海洋业务领域的数据对象约束体系。对应原始资料、基础数据及应用产品三个数据处理级别及其数据处理流程，分别抽象出清单数据对象、元数据对象、原始数据对象、基础数据对象、产品数据对象以及时空索引数据对象，并将各类海洋数据对象按照学科、要素、专题等不同粒度进行抽取，构建可扩展的、复用性高的海洋数据领域模型。

建立海洋数据对象间的关联关系，生成数据模型，在此基础上构建了海洋原始数据、基础数据、产品数据 3 个层次的数据库。

针对海洋环境原始资料，采用清单—数据文件关联方式进行管理；针对海洋环境基础数据，采用要素—航次—站位（或测线）—标准数据文件关联方式管理；针对海洋环境数据产品，采用学科—产品类型—空间区域—要素—网格分辨率—数据文件关联方式进行管理；针对海洋环境图集产品，采用学科—空间区域—数据文件关联方式进行管理。针对海洋综合管理数据，采用专题进行组织，如海域使用、海岛管理、海洋经济等。其中的空间数据，采用空间数据库 GeoDatabase 进行管理，属性数据则采用数据库的形式进行管理。针对基础地理数据，采用空间数据库 GeoDatabase，以比例尺为数据集单元，进行组织管理；针对地形数据，按空间区域、数据分辨率、数据采集时间 3 个层次进行组织，采用关键信息数据库索引、元数据和数据文件相关联的方式进行管理。

14.3.3 基于三维球体平台的可视化表达分析

按照海洋基础地理类、海洋管理业务类和海洋环境类数据等3个方面实现海洋信息可视化表达。

第一，海洋基础地理类数据基于虚拟球体模型构建影像和地形金字塔，按照数据空间分辨率进行LOD分层和瓦片地图服务调用，并以数据流发布服务。多尺度影像和地形金字塔由原始多尺度影像地形文件、索引文件、数据逻辑处理信息、统一金字塔参数、坐标系统参数、环境参数等数据文件组成。

该模型存储了全部原始数据，对其进行空间索引编码，并对原始数据进行裁剪、去除异常值、局部数值编辑、边缘平滑、影像色彩均衡和LOD级别设置等逻辑性处理，从而生成统一金字塔模型。

第二，对于以数值、文字形式存在的海洋管理类数据，如海域使用管理中渔业用海、交通运输用海等的面积、周长，海洋经济中经济生产总值等。

该类数据的可视化根据其空间地理信息集成于球体系统中，同时针对实际业务管理需求，以统计图表(如柱状图、饼图、曲线图、散点图等)的形式对各类业务进行分类可视化。

第三，对于多源异构、多维动态的海洋环境类数据，受数据安全、图形接口和浏览器资源限制影响客户端实时读取与可视化绘制效率。

基于ArcEngine的数据可视化处理与发布，实现了温度盐度等标量场数据的等值线等值面、海流潮流等矢量场数据的矢量线绘制和实时发布OGCWFS服务功能，三维球体平台远程调用服务，满足了Web环境下大规模数据的准同步可视化绘制需求，实现了环境数据的提取、处理、发布与显示一体化无缝衔接。

14.3.4 面向共享的数据服务发布技术

针对数字海洋节点用户在海洋开发与管理、环境保护与防灾减灾以及海洋科学研究等方面的数据共享需求，基于VMware的桌面虚拟化应用和面向服务架构(SOA)的多源异构数据服务接口封装与发布研究。

通过VMware虚拟化技术，对数字海洋的存储资源(NAS)和计算资源(服务器)进行整合与虚拟化，并部署数据处理软件、管理模型组件、资源管理和监控软件，为海洋数据的存储、计算、处理、管理、开发和共享服务提供统一、安全、高效的运行环境,数字海洋节点用户通过虚拟桌面实现数据在线。

数字海洋应用服务系统涉及的数据内容包括:海洋环境数据、综合业务管理数据、遥感影像、数字高程模型、地物倾斜摄影测量模型和网页照片多媒体数据,具有多源异构、多元多样的特点。

14.3.5 中国数字海洋原型体系结构

鉴于我国的海洋数据获取源主要在海洋、渔业、环保、交通、地矿等部门,保存较为分散,无条件共享或集中尚有困难。由此,采用分布式数据虚拟集中方式,不同站点或用户具有不同的读写与运算权限或能力。

数字海洋涉及时间、空间和属性三域。属性上分专题,面向应用进行组织,提供本体驱动的数据获取工具。处理程度上,包括原始数据和衍生数据。一类衍生数据是由一种或多种要素生成的同一时空尺度或不同时空尺度的要素数据,比如水深数据推导的重力数据、温度和盐度推导的声学数据、盐度推导的电导率等。另一类是由一种要素或多种要素推导的分析结果数据,或者称为特征数据。原始数据与衍生数据分不同库进行存储。数据分析方法庞杂,模型应用多样,标准化困难。由此,在分析运算工具上分 2 个层次,即基础层面的算子和面向各专业应用的模型,以算子库和各专业模型库分别存储。与之对应是现实对象的多样性,前端可视化和符号化方式方法各异。

由于数据来源往往是实时的和全球性的,如此海量的数据和计算量,数字海洋采用格网技术,这符合格网计算体系,以完成海量数据的集成、存储、操作、分析、模型的集成与运算、信息产品的制作和发布等。同时由于用户对原始数据、衍生数据的不同需求,数字海洋基于数据仓库概念与技术。

14.3.6 格网生成与模型集成

海陆数据密度不同,不同海区或同一海域不同区块的数据密度也差别极大;海图比例尺繁杂;在精度方面也同样存在这一问题。为此,在中国数字海洋原型中采用多层格网。在数据的访问、可视和分析基础上采用复合格网,如此解决不同海区或区块,不同部门不同目的,以及由于测量使用不同精度的不同类型的仪器,造成的精度不同、覆盖度不同、密度不同、要素不同的问题。

不同时空格网层次的转换,需要时空聚合冈与插值;无缝的时空过程,需要对时空上分布不均匀的数据进行聚合与插值。聚合与插值为一对逆过程。

不同来源的数据标准、密度、精度不同，所描述的要素性质不一，导致聚合与插值技术必须具有针对性。数据密度高，解决数据的取舍与质量控制，处理方法的优化；数据稀少，或者属于空白，甚至等值线都难以画出来的区域，考虑时空及要素上的转换插补和精度评价。

原型中聚合与插值方法分三大类：① 空间不同，其要素的时间变化特性不同。因此对不同的空间独自进行时间轴上的拟合，从而实现时间的聚合与插值；② 时间不同，其要素的空间变化不同。对同一区域的不同时间采用不同的空间拟合；③ 时间与空间同时考虑，即三维空间上某点的值，除用同一时间的周围点作为输入外，同时考虑不同时间的周围点作为输入。这除了时空统计方法外，还利用了动力方程的方式实现过程的时空内插与聚合。由此实现缩放和漫游等，完成时空域多层次多尺度的探索。

"数字海洋"是一个虚拟可视的动态海洋，由此在数据库的基础上需要集成大量的海洋动力模型，以驱动数字海洋的动态。模型的集成方式主要包括：自主开发，二次开发，集成二次开发，自主控件集成开发。原型中，采用集成二次开发，集成了海浪、赤潮、巨浪、水下地形、海雾、初级生产力反演等模型，具备海浪过程模拟、赤潮遥感监测、巨浪信息反演、水下地形监测、海雾遥感监测和初级生产力遥感监测等功能。

14.3.7 逻辑运算分析与时空过程可视化

数字海洋为用户提供时空过程思维的工具，使人脑的思维过程用计算机的逻辑计算与推理进行实现和验证。数字海洋中存储各时空过程的时间、空间与属性描述信息的同时，还存贮了过程间的时空关系，这一特点为进行时空分析提供了基础。通过数字海洋的分析工具(例如时空缓冲区分析、时空叠置分析)，完成逻辑思维。

数字海洋将许多时空分析工具集成起来，并提供二次开发工具。用户借助数字海洋进行时空思维时，将各种分析工具按所研究领域的专业模型组织成一个处理序列，交由数字海洋完成，最后提供过程、时间或空间可视化的分析结果。数字海洋所提供的空间思维功能使用户可视地完成其时空思维，从而能够揭示过程间相互关系、过程中的时空分布与发展趋势。

时空过程的逻辑思维过程在数字海洋中可视，即对过程对象的操作是可见的。可视化是前端的部分，计算是后端进行的形式逻辑过程。数字海洋提供将数值转化为几何图形的计算方法，同时提供图像的理解和综合，可视化解释输入复杂的多维数据，完成人和计算机间视觉信息的协调交流。

动力模式是过程研究的主要手段之一。但在其处理数据的过程中，时空过程往往“不可视”，数字海洋提供动力模式的可视化输入和演化。可视化为各专业过程的研究提出假设、检验结果。由于过程的多维性，需要考虑针对不同维设计不同的可视化算法和表现方法。主要有多窗口显示、过程动态演进、时间剖面等，并可在此方式下实现对时空过程的缩放、平移、旋转、变换视角与剪切等。

数字海洋实现对时空过程及其关系的数值化模拟，使用户对于在时空中各时空过程有一个非常直观的感受。比如，无论是在屏幕上展示一个可以无级缩放和信息查询的海表温变化过程，还是展现一个剖面的时间动态过程，都使我们对海洋现实世界现象的时空关系认识更为形象、直观。

14.4 数字海洋的不足

尽管我国数字海洋建设已经成功并取得了丰硕成果，但在其实施和应用过程中，仍显露出了一些不足，集中表现在以下几个方面。

14.4.1 对数字海洋的认识和定位不统一

对数字海洋的认识和定位不统一，导致在建设过程中出现目标或步调不协调现象，难以发挥数字海洋在海洋信息化建设中的带动作用。

数字海洋既是一门新兴的边缘交叉科学，同时又是一项科学工程，具有创新性、系统性、科学性和持续性的特点，其整体结构上涵盖国家、海区、涉海科研院所和业务中心以及沿海地区。数字海洋的核心是用数字化和信息化手段，整体性地解决以地理空间为关联的各种与海洋相关的问题。数字海洋建设是海洋信息化工作的重要内容和实现海洋信息化的有效手段，而海洋信息化则是在海洋领域遵照国家信息化的战略部署所开展的各种工作。对此,《国家海洋十二五规划》已经做出了明确指示。因此,数字海洋的建设不应局限在科研和专项范围内,而是应作为一项长期的战略任务,作为推动海洋信息化的有效手段,需要从宏观上统一认识、统筹把握、持续投入,要充分整合海洋系统内的各种资源,将其打造成为海洋事业服务的综合性平台。

14.4.2 缺乏实时、持续、立体的数据获取手段与能力

缺乏实时、持续、立体的数据获取手段与能力,导致数字海洋的数据源保障能力不足,无法完全发挥数字海洋的建设成效。

中国的海洋数据来源主要有以下几方面:① 通过各种批次性调查项目获取的调查数据;② 以岸基和平台基等设备为手段获取的观测和监测数据;③ 在日常海洋业务工作中形成的各种管理类资料;④ 国际合作和交换资料。近年来,我国的海洋调查观测能力显著增强,特别是在海洋卫星、深海载人潜水器以及极地和大洋科考方面取得了突破性进展,初步形成了由海洋卫星、飞机、调查船、岸基监测站、高频地波雷达、海底观测设备、浮标等组成的海洋环境立体监测网络,开始走向从空中、海面、水层到海底的立体综合观测阶段。

目前,数据获取仍以批次性的调查项目为主,主要集中在近海,存在大量的数据空白区,大范围、长期性、常态化的海洋和海底观测或监测还处于起步状态,数据获取手段与能力明显不足,海洋数据的更新机制尚未有效建立起来,数据的现势性较差;我国自主对地观测卫星数量少,遥感图像分辨率低,加之受天气因素制约,不能满足快速更新海洋数据的需要。数据获取方面的诸多制约,也成为数字海洋建设和持续发展的瓶颈之一。

14.4.3 数据交换渠道不够畅通

数据交换渠道不够畅通、共享和交换手段不够先进,导致难以实现海洋资料的高效共享。由于多种原因,目前我国的海洋数据管理和交换存在着各自为政的情况。不同的部门和单位因其工作需要,分别建立了各自的业务网络,而这些网络之间彼此相互隔绝,再加上出于政策、利益、技术、安全等考虑,对数据共享持有消极态度,形成一个个信息孤岛,一定程度上人为地制约了数据的共享与交换,也造成了资源的浪费。另外,传统的以介质传递形式或简单地以文件和数据库表在

线访问形式的数据共享和交换手段已经难以满足目前日益增长的信息应用和服务的需要。海洋信息共享不仅要建立畅通的渠道和完善的约束机制，还要有先进的共享理念和技术。其中，一种可行的方式是建立分布式的、输入输出受管制的海洋公共信息共享服务平台。

14.4.4　系统之间信息交换和协同能力较差

数字海洋的应用主要体现在数据管理系统和业务管理系统建设等方面，信息管理主要以文字、数据、图表数据的管理为主，而在揭示机理、分析评价、决策服务等深层次应用的技术支持方面仍有很大的不足，使得数字海洋应用平台暂时只能停留在显示、查询层面上，距离真正为海洋科学研究和管理决策提供服务尚有较大距离。另外，社会公众多样化、多层次、及时性的信息需求还难以满足。

目前，许多信息系统建设仍以满足单一领域的业务流转或数据管理为主，各个系统之间缺少信息交换和协同，同时对信息的深层次的挖掘或知识提炼仍有不足。决策者往往面对的情况要么是无信息可用，要么是面对大量的信息却无从下手。数字海洋三维可视化平台为用户提供了直观、丰富的海洋信息，但在分析评价、决策服务等较为深入的功能方面仍有欠缺，距离真正地为管理决策提供服务尚有一定距离。

数字海洋建设一方面要强化数据和各个系统之间的整合；另一方面必须要增加对信息的提炼功能和对管理决策模型的集成应用。

14.4.5　海洋信息化工作中各个环节的约束机制上仍有缺陷

在海洋信息化规划和海洋数据获取、处理、存储、共享与应用服务等环节的约束机制上仍有缺陷，导致海洋信息化建设无法发挥整体优势，无法满足海洋事业发展和国家信息化建设的总体需求。海洋信息化建设中面临的信息难以整合、系统重复建设、规范无章可循等难题，除了需要技术手段上的努力以外，更需要从管理机制上开展工作，使海洋信息化工作中的各个环节有章可循、有章必循。

众多涉海部门在海洋不同领域开展了大量工作，获取了多类专业海洋数据。由于没有完善、长效、共赢的工作和数据管理机制，造成海洋数据资源分散管理，同时，单位间互不联通，数据集成和交换困难，形成信息孤岛，不同数据源之间难以整合与共享；我国海洋信息标准化标准体系尚未形成，数据标准和处理方法不统一;海洋信息产品的开发与应用明显不足,制约了服务效能的发挥。

14.4.6 缺少自主知识产权的数字海洋核心技术体系

尽管在我国数字海洋信息基础框架建设中取得了众多的关键技术成果,但这些成果的自主化程度仍显不足,尤其是在数据库平台、三维球体平台、GIS 平台以及建模工具等方面,基本上仍以沿用国外软件为主。从数字海洋的战略地位以及我国信息产业的长久发展来看,建立自主化的海洋信息核心技术体系十分必要且已迫在眉睫,应大力支持数字海洋关键技术研发和自主创新。

14.5 海洋科学数据共享平台

14.5.1 平台设计目标与原则

海洋科学数据共享平台要实现各类公开海洋数据、产品的充分共享,发挥现有数据产品资源的价值。在功能开发上,要充分借鉴原有系统较优良的功能,充分尊重系统用户的使用操作习惯。平台系统涉及不同类型的用户,其信息化技术掌握程度各不相同,软件操作应当遵从实用易用的原则。应方便用户权限控制,系统具有高度的可配置性和自适应性。系统应具有严格的身份认证控制机制,采用多层安全级别,管理级与系统级分别设立权限授权机制,支持角色、群组、个人等多种授权。

14.5.2 平台系统架构

系统采用 5 层架构体系,包括基础层、数据层、服务层、应用层和用户层,符合“高内聚低耦合”的系统设计思想,保证系统的安全性、稳定性和易扩展性。

14.5.2.1 基础层

平台运行的硬件环境、软件环境、网络环境及安全环境,包括中心机房、内部办公局域网、外部服务局域网、互联网、服务端、终端硬件设备与基础软件。

14.5.2.2 数据层

数据层对系统后台数据进行组织与管理,主要分为基础海洋数据和产品数据,分别构建相关数据库,封装数据访问接口为服务层提供数据调用服务,提高数据访问安全性和开发效率。

14.5.2.3　服务层

服务层包括数据服务、产品服务、地图服务、综合信息服务和定制化服务等。Web浏览器以图片、表格、文字等形式提供数据、产品及信息服务，同时将具有空间索引信息的数据和产品以可视化方式提供地图服务，有效提升系统实用性和用户参与度。

14.5.2.4　应用层

应用层对系统的业务逻辑进行封装，开发一系列功能组件，通过功能调用接口为用户层提供服务。根据用户需求，系统应用层包括前台功能建设和后台加载与维护工具建设。

14.5.2.5　用户层

系统将用户分为游客、普通注册用户、实名注册用户和系统管理员，不同的用户群组权限不同。

14.5.3　系统功能

14.5.3.1　系统功能实现

海洋科学数据共享平台主要从数据服务、产品服务、地图服务、定制化推送服务和个人中心等几个方面开展设计。

14.5.3.2　数据服务

数据服务是指对主中心及各分中心可公开的海洋数据的查询检索、数据目录、在线预览、在线统计分析、服务打包、数据收藏及下载等服务。海洋科学数据共享平台的数据内容主要包括可公开的海洋基础地理与遥感数据、海洋环境数据(调查、观测、监测、国际业务化、国际合作与交换)和海洋综合管理数据等。采用元数据库和数据文件相关联的方式进行管理，元数据库中记录了数据来源、采集要素、仪器设备、发布机构、发布人、数据精度、空间范围及数据存放路径等描述信息。

14.5.3.3　查询检索

数据查询检索服务主要包括任意条件查询、模糊匹配查询及关联查询 3 种方式。其中，任意条件查询依据每一类海洋数据的特点，提供与之对应的数据查询检索条件，如数据类型、发布机构等，直接查询出满足条件的所有数据，并以数据列表的形式展现出来。模糊匹配查询是指用户通过选择查询字段并输入关键字，元数据库通过对该字段进行关键字模糊匹配，查询出包含该关键字的所有数据记录。关联查询是在前两种查询基础上，根据查询结果匹配对应关系的数据内容，以类别作为区分并以数据列表形式展示。

14.5.3.4　数据目录

数据目录主要包括数据首页目录和数据服务目录，数据目录结构可以在系统后台进行定制，系统根据目录的选择展示相应最新、置顶的数据清单。

14.5.3.5　在线统计分析

数据在线预览能够帮助用户进一步查看及了解其感兴趣的数据，通过查看样例数据，了解该类数据的文件头、数据结构、数据内容等信息。系统将提供数据站位分布可视化功能，以二维地图的方式描述该类数据的空间分布情况。在线统计分析以柱状图、饼状图、热力图及雷达图等形式表达用户对数据的访问情况、数据收藏及下载情况等。

14.5.3.6　数据服务打包

数据服务打包是以 API 的方式对外提供数据查询检索服务、数据统计分析服务，用户可通过这些 API 进行动态的重组和串联，在自己的网页或业务系统中构建各种数据服务应用，最大限度实现海洋科学数据共享服务，同时有效避免重复建设。

14.5.3.7　数据收藏与下载

数据收藏及下载主要包括数据收藏、数据订单查询、数据订单取消、数据订单申请、数据订单下载及使用等功能。数据收藏及下载仿照在线购物的方式，将数据当作“商品”，通过让用户检索自己感兴趣的“数据商品”，添加收藏并提交生成数据订单，后台审核系统对订单进行审查。对于通过审查的订单，根据用户所处网络状况等条件，将“数据商品”提供给用户下载或在线使用。对于未通过审查的订单，拒绝提供“数据商品”。无论审查是否通过，系统都会给用户反馈申请信息，并记录用户的数据申请和使用情况。

14.5.3.8 历史数据版本

对于历史版本数据，系统提供查询检索及收藏功能，用户可以根据检索条件查询历史版本数据，收藏自己感兴趣的数据。

在海洋强国建设的背景下，海洋科学数据共享平台作为国家科技基础条件平台的重要组成部分，面向社会公众已经发挥了很大作用。基于互联网的海洋科学数据充分共享不仅是技术上，还有制度上、观念上的进一步提升，才能更深入地推动数据共享，发挥更大的作用。

附　录

附录一　数字地球——认识21世纪我们这颗星球①

一场新的技术革新浪潮正使得我们能够获取、储存、处理并显示有关地球的空前浩瀚的数据以及广泛而又多样的环境和文化数据信息。大部分的这类数据是"参照于地理坐标的"，即数据的地理位置是参照于地球表面的特定位置的。

充分利用这些浩瀚的数据的困难之处在于把这些数据变得有意义，即把原始数据变成可理解的信息。今天，我们经常发现我们拥有很多数据，却不知如何处理。有一个很好的例子可以说明这一点。陆地卫星(LANDSAT)是设计来帮助我们了解全球环境的，它每两星期将全球拍摄一遍，并已经这样持续收集图像数据20多年了。尽管存在着对这些数据的大量需求，但是这些图像的绝大部分并未使任何一个人的任何一个神经细胞兴奋起来——它们仍静静地躺在电子数据仓库里。正如我们过去一个时期的农业政策一样，一方面生产的粮食被堆积在中西部的粮食仓库里霉烂，另一方面却有数百万人被饿死。现在，我们贪婪地渴求知识，而大量的资料却被闲置一边，无人问津。

把信息显示出来能部分地解决这个问题。有人曾经指出，如果用计算机术语

① 注：这是美国副总统戈尔(Al GORE)于1998年1月31日在美国加利福尼亚科学中心发表的题为"The Digital Earth: Understanding our planet in the 21st Century"的中文译文。

来描述人脑，人脑似乎有较低的比特率和很高的分辨率。比如，研究人员很早就发现，在短时记忆中，人们很难记住7个以上的事项，这就是比特率低下。但是，如果把大量的数据相互关联地排列成可辨认的图案——如人脸或是星系，我们却能在瞬间理解数十亿比特的信息。

目前，人们通用的数据操作工具——如在Macintosh和Microsoft操作系统上所用的被称为“台式隐喻(desktop metaphor)”的图形工具等——都不能真正适应这一新的挑战。我们相信，人类需要一个“数字地球”，一种关于地球的可以嵌入海量地理数据的、多分辨率和三维的表示。

比如，可以设想一个小孩来到地方博物馆的一个数字地球陈列室，当他戴上头盔显示器，他将看到如同出现在空中的地球。使用“数据手套”，他开始放大景物，伴随越来越高的分辨率，他会看到大洲，随之是区域、国家、城市，最后是房屋、树木以及其他各种自然和人造物体。在发现自己特别感兴趣的某地块时，他可乘上“魔毯”，即通过地面三维图像显示去深入查看。当然，地块信息只是他可以了解的多种信息中的一种。使用数字地球系统的声音识别装置，小孩还可以询问有关土地覆盖、植物和动物种类的分布、实时的气候、道路、行政区线，以及人口等方面的文本信息。在这里，他还可以看到自己以及世界各地的学生们为“全球项目”搜集的环境信息。这些信息可以无缝地融入数字地图或地面数据里。用“数据手套”继续向超链接部分敲击，他还可以获得更多的有关他所见物体的信息。比如，为了准备全家去黄石国家公园度假，他策划一个完美的步行旅游，去观看刚从书中读到的喷泉、北美野牛和巨角岩羊。甚至在离开他家乡的地方博物馆之前，他就可以把要去步行旅游的地方从头到尾地浏览一遍。

他不仅可以跨越不同的空间，也可以在时间线上奔驰。为了去参观卢浮尔宫，他先在巴黎进行了一番虚拟旅游，又通过细读重叠在数字地球表面上的数字化地图、时事摘要、传说、报纸以及其他第一手材料，便回到过去，了解法国历史。他会把其中一些信息传输到自己的E-mail库里，等着以后研读。这条时间线可回到很久以前，从数日、数年、数世纪甚至到地质纪元，去了解恐龙的情况。

显然，这不是一个政府机构、一个产业或一个研究单位能担负起的事业。就像万维网(WWW)一样，它需要有成千上万的个人、公司、大学研究人员以及政府机构参加的群众性努力。虽然数字地球的部分数据将是公益性的,但是也有可能形成数字化市场,一些公司可将大批的商业图像从中出售,并提供附加值信息服务。它也可能形成一个“合作实验室”——一个没有墙的实验室,让科学家们去弄清人与环境间的错综复杂的奥妙。

数字地球所需要的技术

虽然这一方案听起来像科幻小说一样,然而建设数字地球的大部分技术和能力或是已经具备或是正在研发。当然,数字地球本身的能力也将随着时间的推进而不断增强,2005 年的数字地球与 2020 年的相比较,前者就会显得初级多了。下面是几项所需要的技术:

计算科学:在发明计算机之前,以实验和理论研究的方法来创新知识都很受局限。许多实验科学家想研究的现象却很难观察到——它们不是太小就是太大,不是太快就是太慢,有的一秒钟之内就发生了十亿次,而有的十亿多年才发生一次。同时,纯理论又不能预报复杂的自然现象所产生的结果,如雷雨或是飞机上空的气流。有了高速的计算机这个新的工具,我们就可以模拟从前不可能观察到的现象,同时能更准确地理解观察到的数据。这样,计算科学使得我们突破了实验与理论科学各自的局限。建模与模拟给了我们一个深入理解正在搜集的有关地球的各种数据的新天地。

海量储存:数字地球要求储存数倍个 10^{15} 字节的数据。今年年末,美国航空航天局(NASA)实施的地球行星项目每天都将得到 10^{12} 字节量级的数据。所幸的是,在这方面我们正进行着奇迹般的改进。

卫星图像:美国政府部门已经批准从 1998 年年初开始提供分辨率为 1 米的卫星图像的商业卫星系统。这达到了制作精确详图的水准,而在过去这只有飞机摄影才能办到。这种首先在美国情报界研制出来的卫星图像技术非常精确。正像一家公司所比喻的,“它像一台能从伦敦拍巴黎的照相机,照片中像汽车前灯间距离大小的每种物体都能看清”。

宽带网络:整个数字化地球所需的数据将被保存在千万个不同的机构里,而不是放在一个单独的数据库里。这就意味着参与数字地球的各种服务器需由种种高速计算机网络联结起来。在因特网通信量爆炸性增加的驱使下,电信营运部门已经试用了每秒可以传送1万兆比特数据的网络。下一代因特网的技术目标之一就是每秒传送100万兆比特数据。要使具有如此能力的宽带网络把大多数家庭都接通还需要时间，这就是为什么有必要把连通数字地球的站点放在像儿童博物馆和科学博物馆这样的公共场所。

互操作：因特网和万维网能有今天的成功，离不开当时出现的几项简明并受到广泛赞同的协议，如因特网协议（Internet Protocols）。数字地球同样需要某种水准的互操作，使得一种应用软件制作出的地理信息能够被其他软件通用，地理信息系统产业界正在通过“开放地理信息系统集团（Open GIS Consortium）”来寻求解决这方面问题的答案。

元数据：元数据是指“有关数据的数据”。为了便于卫星图像或是地理信息发挥作用，有必要知道有关的名称、位置、作者或来源、时间、数据格式、分辨率等。联邦地理数据委员会（FGDC）正同工业界以及地方政府合作，为元数据制定自发的标准。

当然，要充分实现数字地球的潜力还有待技术的进一步改进，特别是以下领域：卫星图像的自动解译，多源数据的融合和智能代理，这种智能代理能在网上找出地球上的特定点并能将有关它的信息联结起来。所幸的是，现在已有的条件足够保证我们去实现这一令人激动的创想。

潜在的应用

广泛而又方便地获得全球地理信息使得数字地球可能的应用广阔无比，并远远超出我们的想象力。如果我们看看现今主要是由工业界和其他一些公共领导机构驱动的地理信息系统和传感器数据的应用，就可以从中提炼出数字地球应用的种种可能性的概貌。

指导仿真外交：为了支持波斯尼亚地区的和平谈判，美国国防部开发出了一个有争议边界地区的仿真景观，它能让谈判双方对此地区上空进行模拟飞行。有一次，塞尔维亚主席在查看到萨拉热窝与戈拉日代地区的穆斯林领地之间的通道由于山峦阻挡变得狭窄时，便同意拓宽该通道。

打击犯罪：加利福尼亚州的萨利纳斯市，运用地理信息系统来监视犯罪方式和集团犯罪活动情况，从而减少了青年手枪暴行。根据收集到的犯罪活动的分布和频率数据，该城还可以迅速对警察进行重新部署。

保护生态多样性：加利福尼亚地区的潘得尔顿野营地计划局预计，该地区的人口将从1990年的110万增到2010年的160万。该区有200多种动植物被联邦或州署列为受到危险、威胁或是濒于灭绝的动植物。科学家们依据收集到的有关土地、土壤类型、年降雨量、植被、土地利用以及物主等方面的信息，模拟出不同的地区发展计划对生态多样性的影响。

预报气候变化：模拟气候变化时的一个重要未知量是全球的森林退化率。美国新罕布什尔州大学的研究人员与巴西的同事们合作，通过对卫星图像的分析，监测亚马逊地区土地覆盖的变化，从而得出该地区的森林退化率以及相应位置。这一技术现在正向世界上其他森林地区推广。

提高农业生产率：农民们已经开始采用卫星图像和全球定位系统对病虫害进行较早的监测，以便确定田地里更需要农药、肥料和水的部分。这被人们称为"准确耕种"或"精细农业"。

今后的路

我们有一个空前的机遇，来把有关我们社会和地球的大量原始数据转变为可理解的信息。这些数据除了高分辨率的卫星图像、数字化地图，还包括经济、社会和人口方面的信息。如果我们获得成功，将带来广阔的社会和商业效益，特别是教育、可持续发展的决策支持、土地利用规划、农业以及危机管理等方面。数字地球计划将给予我们机会去对付人为的或是自然界的种种灾害，或者说能帮助我们在人类面临的长期的环境挑战面前通力合作。

数字地球提供一种机制，引导用户寻找地理信息，也可供生产者公布地理信息。它的整个结构包括以下几个方面：一个供浏览的用户界面，一个不同分辨率的三维地球，一个可以迅速充实的联网的地理数据库以及多种可以融合并显示多源数据的机制。

把数字地球同万维网做一下比较是有建设性意义的(事实上它可能依据万维网和因特网的几个关键标准来建立)。数字地球也会像万维网一样，随着技术的进步以及可提供的信息的增加而不断改进。它不是由一个单独的机构来掌握，而是由公共信息查询、商业产品和成千上万不同机构提供的服务组成的。就像万维网的关键是互操作一样，对于数字地球，至关重要的能力是找出并显示不同格式下的各种数据。

我相信，使数字地球蓬勃发展起来的方式在于建立一个政府、工业界和研究单位都参与的实验站。该站的目标应集中在以下较少的若干方面的应用上：教育、环境、互操作以及私有化等方面的有关政策问题。相应的原型完成后，就可能通过高速网络在全国多个地方试用，并在因特网上以有限程度的方式对公众开放。

毫无疑问，数字地球不会在一夜之间发生。

第一阶段，我们应集中精力把我们已有的不同渠道的数据融合起来，也应该把儿童博物馆和科学博物馆接上如同前面说的"下一代因特网"一样的高速网络，让孩子们能在这里探索我们的星球。应该鼓励大学同地方学校及博物馆合作来加强数字地球项目的研究——目前可能应集中在当地的地理信息上。

下一步，我们应该致力于研制1米分辨率的数字化世界地图。

从长远看，我们应当努力使有关我们星球和历史的各个领域的数据唾手可得。

在以后的数月里，我将提议政府机构、工业界、研究单位以及非营利机构里的专家们行动起来，为实现这一美好前景制定战略方案，大家一起努力，我们就能解决大部分我们社会面临的最紧要的问题，激励我们的孩子更多地了解他们周围的世界，并且加速数十亿美元的工业的增长。

附录二　数字地球北京宣言

我们来自20个国家的500多位科学家、工程师、教育家、管理专家以及企业家，汇聚历史名城北京，于1999年11月29日至12月2日参加了由中国科学院主办、19个部门和组织共办的首届"数字地球国际会议"。全体与会代表认为，在即将进入新的千禧年之际，人类仍然面临着人口快速增长、环境恶化以及自然资源匮乏等方面的严峻挑战；这些问题仍然威胁着全球可持续发展。

我们注意到20世纪全球的发展，是以科学技术的辉煌成就对经济增长和人类生活的巨大贡献为特征。新世纪将是一个以信息和空间技术为支撑的全球知识经济的时代。

我们高度评价美国副总统戈尔《数字地球:21 世纪认识我们这颗星球的方式》的讲演和中华人民共和国主席江泽民纵论世界社会、经济、科学技术发展趋势时有关数字地球的论述。

我们认识到,在"联合国环境与发展大会"、《21 世纪议程》所做的决定中,以及和三届联合国外层空间会议和《关于空间和人类发展》的维也纳宣言中,除其他要旨外,一致强调综合的全球对地观测战略、建立全球空间数据基础设施、地理信息系统、全球导航与定位系统、地球空间信息基础设施及动态过程建模的重要性。

我们认识到数字地球有助于回应人类在社会、经济、文化、组织、科学、教育、技术等方面面临的挑战。它让人类洞察地球上的任何一个角落,获得相关信息,帮助人们认识在邻里、国家乃至全球范围内影响人们生活的社会、经济和环境等问题。

我们建议政府部门、科学技术界、教育界、企业界以及各种区域性与国际性组织,共同推动数字地球的发展。

我们建议在实施数字地球的过程中,应优先考虑解决环境保护、灾害治理、自然资源保护、经济与社会可持续发展,以及提高人类生活质量等方面的问题。

我们进一步建议,数字地球亦应为解决全球问题和地球系统的科学研究、开发与探索有所贡献。

我们强调数字地球对实现全球可持续发展的重要性。

我们呼吁在如下方面给予足够的投资和强有力的支持:科学研究与技术开发、教育与培训、能力建设、信息与技术基础设施;特别强调在全球系统观测以及建模、通信网络、数据仓库开发、地球空间数据互操作等方面的投资和支持。

我们进一步呼吁政府、公有以及私人部门、非政府组织、国际组织之间的密切合作,以确保发达经济体和发展中经济体之间平等地从数字地球的发展中获益。

全体与会代表一致同意,把在北京举行的首届"数字地球国际会议"继续坚持下去,每两年举行一次,由有关国家或组织轮流举办。

'99 数字地球国际会议